中国水利教育协会　组织

全国水利行业"十三五"规划教材（职工培训）

乡镇给排水技术

主编　陈亚萍

主审　李兴旺

中国水利水电出版社
www.waterpub.com.cn
·北京·

内 容 提 要

本书从给水排水角度出发，结合乡镇给排水的特点介绍了乡镇给水与排水系统的基本概念和理论。全书共分为四篇九章：第一篇，乡镇给排水概论（乡镇给水概论、乡镇排水概论、水源水质及取水构筑物）；第二篇，乡镇水处理（乡镇给水处理技术、乡镇污水处理技术）；第三篇，乡镇给排水管网规划设计（乡镇给水管网及其设计计算、乡镇排水管网及其设计计算）；第四篇，乡镇给排水运行管理（乡镇给排水施工与验收、乡镇给排水运行管理）。教材编写中附有工程实例，既有一定的理论水平，又具有较强的实际应用价值。

本书既可作为水利类单位的职工培训教材，也可作为水利类专业学生必修或选修教材，还可供从事建筑类、城镇给排水工程及环境工程专业的技术人员参考。

图书在版编目（CIP）数据

乡镇给排水技术 / 陈亚萍主编. -- 北京 ：中国水利水电出版社，2016.12
全国水利行业"十三五"规划教材. 职工培训
ISBN 978-7-5170-5087-2

Ⅰ. ①乡… Ⅱ. ①陈… Ⅲ. ①乡镇－给排水系统－教材 Ⅳ. ①TU991

中国版本图书馆CIP数据核字(2017)第006886号

书　　名	全国水利行业"十三五"规划教材（职工培训） **乡镇给排水技术** XIANGZHEN JIPAISHUI JISHU
作　　者	主编　陈亚萍　主审　李兴旺
出版发行	中国水利水电出版社 （北京市海淀区玉渊潭南路 1 号 D 座　100038） 网址：www.waterpub.com.cn E-mail：sales@waterpub.com.cn 电话：(010) 68367658（营销中心）
经　　售	北京科水图书销售中心（零售） 电话：(010) 88383994、63202643、68545874 全国各地新华书店和相关出版物销售网点
排　　版	中国水利水电出版社微机排版中心
印　　刷	北京瑞斯通印务发展有限公司
规　　格	184mm×260mm　16 开本　14 印张　332 千字
版　　次	2016 年 12 月第 1 版　2016 年 12 月第 1 次印刷
印　　数	0001—3000 册
定　　价	**34.00 元**

✖ 前言

安全的饮用水和良好的环境卫生是人类健康生存的必需条件。随着城镇化步伐的加快，乡镇给水和排水的问题显得越来越重要，社会对给排水方面的技术人才的需求也与日俱增，很多水利类单位为了提高职工的专业技术水平，经常聘请专家对其进行专业培训，但目前缺乏系统的、适合职工培训的教材。为了满足水利类单位培训需求，培养更多的能够胜任相关工作的基层技术人才，杨凌职业技术学院组织相关人员编写了本书。

根据现阶段社会对专业技术人才的需求，本着"特色明显、技术实用、易教易学"的原则，结合近年来我国给排水行业的相关技术，构建了本教材的课程体系和教学内容。本书共分为四篇九章：第一篇，乡镇给排水概论（乡镇给水概论、乡镇排水概论、水源水质及取水构筑物）；第二篇，乡镇水处理（乡镇给水处理技术、乡镇污水处理技术）；第三篇，乡镇给排水管网规划设计（乡镇给水管网及其设计计算、乡镇排水管网及其设计计算）；第四篇，乡镇给排水运行管理（乡镇给排水施工与验收、乡镇给排水运行管理）。

本书在编写过程中，对于基本概念和作用机理力求简明扼要，重点突出了给排水实用技术，并附有工程实例。既有一定的理论水平，又具有较强的实际应用价值。为了加深理解、巩固记忆和提高，书中编写了相当数量的插图，每一设计单元尽可能增加较多的计算示例，供学生在学习中参考。

本书既可作为水利类单位的职工培训教材，也可作为水利类专业学生必修或选修教材，又可供从事建筑类、城镇给排水工程及环境工程专业的技术人员参考。

本书编写分工为：绪论、第一章、第二章、第四章、第六章、第七章、第九章由杨凌职业技术学院陈亚萍编写；第三章由杨凌职业技术学院王雪梅编写；第五章由杨凌职业技术学院赵彦琳、康晋编写；第八章由杨凌职业技术学院田佳编写。本教材由陈亚萍教授担任主编，王雪梅、康晋、赵彦琳、田佳参与编写，全书由陈亚萍教授统稿，安徽水利水电职业技术学院李兴旺教授任主审。

在编写过程中，编者力求尽善尽美，但由于时间仓促，水平有限，书中错误和不当之处在所难免，敬请广大师生、同行批评指正。

编者

2016 年 3 月

目　录

绪　　论

第一节　发展乡镇给排水的意义

乡镇给排水工程是乡镇建设、企业生产和人民生活的重要基础设施，解决和改善乡镇的给排水条件是乡镇进入小康社会的重要标志。改革开放以来，我国乡镇企业蓬勃发展，农业大量剩余劳动力分流转移，从而大大推进了农村工业化和城镇化进程。但是随之带来的给水矛盾也日益尖锐。给水不足或水质不符合标准，已经成为许多地区发展农村经济、改善人民生活的制约因素。

一、发展乡镇给水工程的意义

水在国民经济各部门及人们生活中有着极其重要的地位。人均用水量、给水水质标准等，在一定程度上已成为衡量一个国家或地区文明先进程度的几个重要标志。乡镇给水可为乡镇广大群众提供符合卫生标准的生活饮用水，也可为乡镇企业、牧副渔业等提供生产用水及环境用水。乡镇给水工程是关系到全国亿万乡镇人民身体健康、促进乡镇经济发展和造福子孙后代的伟大事业。党的十一届三中全会以来，特别是近30年来，乡镇给水工程产生了巨大的社会效益、经济效益和环境效益。主要表现在以下方面。

（1）改善农村人民群众生活条件，提高农民的生活质量。确保广大农民能够饮用安全、卫生的自来水，这对提高我国农民的身体健康水平和卫生条件有显著作用，特别是对降低肠道传染病的发病率以及各种以水为介质的地方病有显著作用。据国家有关部门统计，饮用安全、卫生的自来水后，肠道传染病发病率约可降低70%～90%，传染性肝炎、痢疾、伤寒的发病率可降低75%～85%。

（2）繁荣乡镇企业，促进农村经济的发展。一是促进乡镇和村办企业的发展。由于农村有了集中给水设施，为村办工、副业的发展提供了有利条件，如粮食加工、农副产品加工、畜产品加工、棉毛织品加工、果品加工、饮料加工、化工、印染、建材加工等因地制宜的企业得以充分发展。二是良好的给水条件，改善了投资环境，有利于招商和吸引外资搞开发。优质水源和清洁用水是外商投资搞开发的重要基础条件之一，增加了对外开放的吸引力。

（3）缩小城乡差别、促进全社会协调发展。饮用安全卫生的自来水，不仅对提高人民群众的健康水平产生直接的影响，而且使许多家庭卫生设施、设备、洗衣机等进入农村家家户户成为可能，从而有利于改善农户家庭环境，缩小城乡差别，促进全社会协调发展。

（4）提高了水利工作在社会上的影响力和在农村经济中制约因素的重要地位，进一步体现了水利的基础设施与基础产业的重要作用，拓宽了水利服务功能，增强了水利经济实力。

二、发展乡镇排水工程的意义

乡镇排水工程是乡镇基础设施的重要组成部分。它的完善程度反映了我国乡镇城镇化的水平。随着乡镇经济的发展，乡镇交通、供电、供水事业有了长足的发展，排水事业也已起步。中央提出："现在农村建设已经到了一个新的时期，应当从农村建设的全局出发，综合考虑村镇的规划与建设，加强卫生基础设施的规划，合理布局、配置卫生设施，修建污水排水系统。采取有力措施，进行三废治理，达到规定卫生标准"。根据《农村生活污染防治技术政策》（环发〔2010〕20 号）要求，农村雨水宜利用边沟和自然沟渠等进行收集和排放，通过坑塘、洼地等地表水体或自然入渗进入当地水循环系统。对于分散居住的农户，宜采用低能耗小型分散式污水处理；在土地资源相对丰富、气候条件适宜的农村，对于污水宜采用集中自然处理；鼓励采用粪便与生活杂排水分离的新型生态排水处理系统。鼓励采用沼气净化池和户用沼气池等方式处理粪便污水，产生的沼气可以利用。因此，推动乡镇排水事业的发展，对于控制水体、保护环境、保障广大乡镇居民的身心健康，促进农业生产的发展，都具有重大的现实意义。

第二节　乡镇给排水的现状

一、乡镇给水的现状

（1）农村饮水与乡镇给水建设严重滞后于当地的经济发展水平。2009 年年底，我国乡镇级区划总数为 40858 个，大多数乡镇是当地政治、经济和文化中心，是小城镇建设的重点。改革开放以来，我国乡镇企业一直以较快的速度增长，对 GDP 的贡献率越来越大，但目前约有一半的乡镇给水不足，影响了当地经济和社会发展及小城镇建设的进程。

（2）地区之间差距过大。在地域分布上，东南沿海是我国经济最发达的地区，农村水利基础条件较好，自来水普及率达到 75％，农村的饮水基本得到了保障。但在中西部地区尤其是西部的"老、少、边、穷"地区仍存在着比较严重的饮水困难问题。即使在同一地区，城市周边和经济较发达的地方与广大农村的差距也十分巨大。

（3）现有工程建设标准低，多数只解决水源问题，用水方便程度和保证率都较低。农村供水除人畜饮水国家积极支持外，其他用水基本处于一种自然发展的状态，缺少科学规划和有效管理，存在水资源的不合理开采利用、工程标准低、用水方便程度和保证率低的问题。

（4）缺乏排水设施，卫生条件差。随着我国农村饮水和乡镇给水的持续发展，农村、乡镇居民生活用水量不断增加，其直接的负面影响是家庭污废水的增加。但目前在全国的小城镇和广大农村的居住区缺乏排水设施，更谈不上污水的处理和利用，严重影响人类居住区的环境和可持续发展。

（5）给水水价偏低。目前，我国乡镇所在地已建成并投入运行的集中给水工程中，保本微利的、仅达到成本的和达不到成本的约各占 1/3，村级给水工程的水价更低，使工程的正常维修和更新改造难以保证，不仅影响了给水的经济效益，也不利于给水条件的改善和服务水平的提高。

（6）经营管理粗放，效率低下。主要表现为一些工程仍在沿用计划经济体制下的管理模式，管理意识淡薄，管理方式和手段落后，管理规章制度不完善。

二、乡镇排水的现状

"生产发展、生活宽裕、乡风文明、村容整洁、管理民主"是社会主义新农村建设的总体目标。其中"村容整洁"是新农村建设的一项重要目标内容，而排水问题则是影响村容整洁的一个重要因素，农村生活污水和生产污水的达标排放是保障"村容整洁"的重要措施。农村排水系统是新农村建设中不可或缺的重要的基础设施，是提高居民生活质量、改善人居环境、防治水污染的重要手段。污水中含有大量的有毒有害物质，如果不加控制任意排放，就会破坏原有的自然环境。同时，乡镇雨水和冰雪融化水也需要及时排除，否则将积水为害、妨碍危及乡镇居民的生产和日常生活。目前，乡镇排水工程建设存在的主要问题如下：

（1）农村排水设施建设滞后，投入资金严重不足。随着农村经济的发展和居民生活水平的提高，越来越多的生活污水未经处理直接排放到水体，对农村人居环境造成极大危害。农村基础设施的建设，特别是排水设施的建设未能引起足够的重视，使得农村建设"只见新房，不见新村"。这不仅难以改善人居环境，也影响到生态环境的保护。

（2）农村环境保护机构和法制体系不健全。目前，农村最基层的环保系统是县一级环保机构，县级以下政府基本没有专门的机构和专职工作人员。少数乡镇级虽设有环保办公室，但仅限于管理乡镇工业的环保问题。我国目前的诸多环境法规，对农村环境管理和污染治理的问题考虑不多，需要建立健全适应农村环境保护工作需要的法律体系。

（3）环境保护意识薄弱。由于人们对保护水环境的观念淡薄，农村生活环境的脏、乱、差现象较为突出，河道污染较为严重。需要加大宣传力度，提高村民的环保意识。目前农村建设已经到了一个新的时期，应当从农村建设的全局出发，加强排水工程的规划，合理布局，配置卫生设施，修建排水工程，使排出的污水达到规定的排放标准。加强乡镇给排水工程的建设，对保护和改善环境，消除污水危害，保护水体，实现污水资源化，保障人民的健康具有重大意义。

第三节　乡镇给排水的特点

一、乡镇给水工程的特点

乡镇给水工程的主要对象是村镇群众生活用水和乡镇企业的生产和生活用水。我国乡镇（含县城）数量多，分布广。由于各地区自然、生活习惯特别是经济发展水平不同，对乡镇给水的要求不同，给水的特点表现出很大的差异。与城市给水相比，它具有下列主要特点。

（1）乡镇给水用水点多且分散，特别是山区或丘陵地区的居民居住更为分散，甚至采用一家一户的给水方式。乡镇所在地的居民较为集中，但超过万人居住的集镇并不多。总之，居住和用水点多而分散的特点仍未改变。

（2）在经济不发达地区，乡镇给水以提供生活饮用水为主，其中包括居民生活用水和农家饲养用水及必要的庭院作物。

（3）给水性质单一，用水时间比城市集中，时变化系数大。据调查，农村给水的时变化系数可达 3.0～5.0，而城市给水的时变化系数一般只有 1.3。乡镇给水工程建设时，应充分考虑间歇运行的条件。

（4）遵循"因地制宜、就地取材、分期实施、逐步完善"的原则。由于农村地域广阔、人口众多，山区经济状况相对并不富裕，在进行乡镇给水工程设计时，尤其在给水水质方面，有时限于财力、物力条件，一次性不可能完全达到国家生活饮用水质标准时，近期可先最低限度地达到国家饮用水水质标准中规定的浊度、酸碱度（pH 值）、余氯及细菌总数等指标，在逐步完善水质净化设施后，分期使给水水质完全达到国家饮用水水质标准的要求。

（5）专业技术力量薄弱。施工安装往往由地方非专业队伍承担，且又兼管经营管理工作，维修往往不及时。

在进行乡镇给水工程的规划设计时，必须充分考虑上述因素和特点，使工程建成后能适应这些特点并正常运行。

二、乡镇排水工程的特点

乡镇排水与城市排水基本相同，但也有自己的特点：

（1）我国各地乡镇经济发展很不平衡，而且财力有限，因此，乡镇排水只能分期分批建设，逐步普及和完善。

（2）我国乡镇居民居住点分散，乡镇企业的布置分散，所以乡镇排水规模小且分散。

（3）在同一居住点上，大多数居民都从事同一生产活动，生活规律也较一致，所以排水时间相对集中，污水量变化较大。

（4）污水处理系统应适合乡镇的特点，尽量利用乡镇现有的坑塘洼地，有条件的乡镇最好采用氧化塘或土地处理系统。

第一篇 乡镇给排水概论

第一章 乡镇给水概论

【学习目标】 让学生了解乡镇给水系统的组成及功能，理解乡镇给水系统各部分的流量关系和水压关系；掌握乡镇给水工程用水量变化规律及设计用水量的计算方法，调节构筑物清水池和水塔的容积计算方法，各种工况下水泵扬程的确定方法。

第一节 乡镇给水系统

一、乡镇给水系统的组成

乡镇给水系统是将水源的水经过提取并按照用户对水质的要求，经过适当的净化处理，然后经调节、储存、加压输送到用户的一系列工程的总称，乡镇给水系统一般由取水构筑物、净水构筑物、输配水管网三部分组成，如图1-1和图1-2所示。

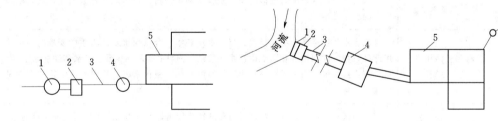

图1-1 地下水源给水系统
1—井；2—泵房；3—输水管道；
4—水塔或高位水池；5—配水管网

图1-2 地表水源给水系统
1—取水口；2—取水泵房；3—输水管道；
4—净水厂；5—配水管网；6—水塔

（1）取水构筑物。一般是指从选定的天然水源中取水的构筑物，在水量上应满足用水要求。对于地下水，取水构筑物包括管井、大口井、渗渠、集泉等；对于地表水，取水构筑物包括取水头部和一级泵房。

（2）净水构筑物。对由取水构筑物取来的原水经过净化处理，使水质达到村镇生活饮用水水质标准要求的各种构筑物和设备。通常由净水构筑物和消毒设备组成。对于水质较好的地下水源，可只设置消毒设备；有些地下水源还需设置除铁、除锰、除氟等设施。

（3）输配水管网。将原水从水源输送到水厂，清水从水厂输送到配水管网，由转输水量的输水管承担。清水由配水管网分配到各用户。输配水管网通常由输水管、清水池、二级泵房、配水管网、水塔或高位水池等组成。

二、乡镇给水系统类型及给水方式

我国乡镇数量多，分布广，气候特征、地形地貌有很大差异。水源及其水质变化较大，而且生活习惯特别是经济发展水平不同，对乡镇给水的要求也不一样。乡镇给水与城市给水工程相比，规模小，用水户分散，建设条件、管理条件、供水方式、用水条件和用水习惯等方面都有较大差异，乡镇给水系统可分为集中式和分散式两大类。集中式给水工程是以村镇为单位，从水源集中取水，经净化和消毒，水质达到生活饮用水卫生标准后，利用配水管网统一送到用户或集中给水点的给水工程。其他以户为单位和联户建设的给水工程为分散式给水工程，分散式给水工程可分为雨水集蓄给水工程、分散给水井和引蓄给水工程等。表1-1为乡镇给水系统的几种类型。

表1-1　　　　　　　　　　　　　　乡镇给水系统类型

序号	类　型	说　　　明
1	联片式给水系统	采用一个给水系统同时供给多个村镇用水的系统。该系统管理集中，供水安全，单位水量的基建投资和制水成本都较低，是首先应该考虑采用的系统。适用于居住点比较集中，又有可靠水源的地区
2	单村、单镇给水系统	各个行政村镇兴建独立的给水系统。此种系统设施简单、规模小、投资省、施工工期短、效益快，很受农民的欢迎。但因设备利用率低、管理分散、供水安全性较差，单位水量的基建投资和制水成本较高，适用于居住点分散、水源缺乏地区
3	分压给水系统	当采用同一供水系统向地形高差相差较大的不同村镇供水时，宜采用此系统，以降低电耗制水成本
4	灌溉与生活用水联合系统	对已有永久性灌溉系统的村镇，当其水质基本符合饮用水水源水质的要求时，可采用此种系统。即利用原有取水构筑物和泵站，配以必要的加压泵、净水和输配水设施，对村镇进行供水。当采用同一水源进行灌溉和向村镇供水时，其取水构筑物和泵站可合建
5	自流式给水系统	某些山区有丰富的泉水资源，且山泉的地势较高，可重力引水入村。此种系统简单、水质好，一般无需净化，消毒后就可直接饮用
6	雨水集蓄给水系统	某些山区和半山区主要以季节性山泉、山溪小河和雨水为水源，天旱时，山泉、山溪干枯，缺水达半年以上。对此类乡镇，可采用水窖储水。在雨季时储水，供来年春旱使用。不仅可以解决干旱时的生活用水，而且也可以解决育苗和播种用水

给水范围和给水方式应根据区域的水资源条件、用水需求、地形条件、居民点分布等进行技术经济比较，按照优水优用、便于管理、工程投资和运行成本合理的原则确定。

（1）水源水量充沛，在地形、管理、投资效益比、制水成本等条件适宜时，应优先选用适度规模的联片集中式给水。

（2）水源水量较小，或受其他条件限制时，可选择单村或单镇给水。

（3）距离城市供水管网较近，条件适宜时，应选择管网延伸给水。

（4）有地形条件时，宜选择重力流方式给水。

（5）当用水地区地形高差较大时或用水区较远时，应选择分压给水。

（6）只有唯一水质较好水源且水量有限，或用水成本较高用户难于接受时，可分质给水。

（7）有条件时，应全日给水；条件不具备时，可定时给水。

第二节　乡镇给水用水量计算

用水量是指设计时所规定的给水系统各组成部分在投产后所能达到的日最大给水能力。在规划给水工程时，首先要对设计用水量做出估算；然后根据设计用水量选择水源、取水方式和给水方式，确定取水、净水、输配水等工程的规模。它直接影响着整个工程的投资、工程效益和社会效益。

用水量主要是根据用户对水量的要求而定，即取决于供水范围的大小、规划年限的长短、用水人口及乡镇企业的多少和用水定额的高低。乡镇供水按其用水目的不同，用水类型主要有居民生活用水、乡镇企业用水、村镇公共建筑用水、饲养禽畜用水、消防用水、浇洒道路和绿地用水、管网漏失水量及未预见用水量等。

一、用水量定额

用水定额是指每一种不同用水性质的用水所给定的单耗水量标准，即用水量标准。如每人每日需耗多少水量 [L/（人·d）]；每生产一件产品需多少水量 [L/（单位产品）] 等。用水量定额是确定设计用水量的主要依据，在确定用水定额时，应结合现状和规划资料，并参考类似地区用水情况。

（一）居民生活用水量定额

农村居民生活用水是指居民家庭的日常生活用水，包括居民的饮用、烹调、洗涤、清洁、冲厕、洗澡等用水。生活用水定额用 [L/（人·d）] 表示。生活用水量定额与水源条件、经济水平、居住条件、供水设备完善情况、生活水平等因素有关。不同地区人均生活用水量会有较大差别，即使同一地区、不同村镇，因水源条件不同，用水量也可能相差较大。影响生活用水量的因素很多，设计规划时，农村生活用水量定额可参考《村镇供水工程技术规范》（SL 310—2004）、《村镇规划标准》（GB 50188—2004）等有关规定（表1-2）。

（二）公共建筑用水量定额

公共建筑包括学校、机关、医院、饭店、旅馆、公共浴室、商店等。其用水涉及面广，难以用统一的指标衡量。机关、学校等行业一般用 L/（人·d）表示，旅馆、医院等行业一般用 L/（床·d）表示，商店、餐饮等行业一般用 L/（营业面积·d）表示。

表1-2	居民生活最高日用水定额			单位：L/（人·d）	
主要用（给）水条件	地 区 类 型				
	一区	二区	三区	四区	五区
集中给水点取水，或水龙头入户且无洗涤池和其他卫生设施	30～40	30～45	30～50	40～55	40～70

主要用（给）水条件	地 区 类 型				
	一区	二区	三区	四区	五区
水龙头入户，有洗涤池，其他卫生设施较少	40～60	45～65	50～70	50～75	60～100
全日给水，户内有洗涤池和部分其他卫生设施	60～80	65～85	70～90	75～95	90～140
全日给水，室内有给水、排水设施且卫生设施较齐全	80～110	85～115	90～120	95～130	120～180

注 1. 本表所列用水量包括了居民散养畜禽用水量、散用汽车和拖拉机用水量、家庭小作坊生产用水量。
    2. 一区包括新疆，西藏，青海，甘肃，宁夏，内蒙古西北部，陕西、山西黄土高原丘陵沟壑区，四川西部。
    二区包括黑龙江，吉林，辽宁，内蒙古西北部以外地区，河北北部。
    三区包括北京，天津，山东，河南，河北北部以外地区，陕西关中平原地区，山西黄土高原丘陵沟壑区以外地区，安徽、江苏北部。
    四区包括重庆，贵州，云南南部以外地区，四川西部以外地区，广西西北部，湖北、湖南西部山区，陕西南部。
    五区包括上海，浙江，福建，江西，广东，海南，安徽、江苏北部以外地区，广西西北部以外地区，湖北、湖南西部山区以外地区，云南南部。
    3. 取值时，应对各村镇居民的用水现状、用水条件、给水方式、经济条件、用水习惯、发展潜力等情况进行调查分析，并综合考虑以下情况：村庄一般比镇区低；定时给水比全日给水低；发展潜力小取较低值；制水成本高取较低值；村内有其他清洁水源便于使用时取较低值。调查分析与本表有出入时，应根据当地实际情况适当增减。
    4. 本表中的卫生设施主要指洗涤池、洗衣机、淋浴器和水冲厕所等。

《建筑给水排水设计规范》（GB 50015—2010）对各种公共建筑用水标准作了较详细的规定，旅馆、学校、医院等，对于条件好的村镇，可按表1-3确定公共建筑用水量标准。但对于条件一般或较差的乡镇，应根据公共建筑类型、用水条件以及当地的经济条件、气候、用水习惯、给水方式等具体情况对表1-3中的公共建筑用水量标准适当折减，折减系数可为0.5～0.7；无住宿学校的最高日用水量标准可为15～30L/（人·d），机关的最高日用水量定额可为20～40L/（人·d）。

表1-3　　　　　　　　　　公共建筑用水量标准

公共建筑物名称		生活最高日用水标准	时变化系数	日用水时间/h	备　注
普通旅馆、招待所	有盥洗室	50～100L/（床·d）	2.5～2.0	24	不包括食堂、洗衣房、空调、采暖等用水
	有盥洗室和浴室	100～200L/（床·d）	2.0	24	
	有淋浴设备的客房	200～300L/（床·d）	2.0	24	
宾馆	客房	400～500L/（床·d）	2.0	24	不包括餐厅、厨房、洗衣房、空调、采暖、水景、绿化等用水。宾馆指各类高级宾馆、饭店、酒家、度假村等，客房内均有卫生间
医院、养疗院、休养所	有盥洗室	50～100L/（床·d）	2.5～2.0	24	不包括食堂、洗衣房、空调、采暖、医疗、药剂和蒸馏水制备、门诊等用水。陪住人员应按人数折算成病床数
	有盥洗室和浴室	100～200L/（床·d）	2.5～2.0	24	
	有淋浴设备的病房	250～40L/（床·d）	2.0	24	

公共建筑物名称		生活最高日用水标准	时变化系数	日用水时间/h	备　注
集体宿舍	有盥洗室	50～100L/(A·d)	2.5	24	不包括食堂、洗衣房用水；高标准集体宿舍（如在房间内设有卫生间）可参照宾馆定额
	有盥洗室和浴室	100～200L/(A·d)	2.5	24	
公共浴室	有淋浴器	100～150L/(人·次)	2.0～1.5	12	淋浴器与设置方式有关，单间最大，隔断其次，通间最小；单管热水供应比双管热水供应用水量小，女浴室用水比男浴室多；应按浴室中设置的浴盆、淋浴器和浴池的数量及服务人数，确定浴室用水标准，或各类淋浴用水量分别计算然后叠加
	有浴盆	250L/(人·次)	2.0～1.5	12	
	有浴池	80L/(人·次)	2.0～1.5	12	
	有浴池、淋浴器、浴盆和理发室	80～170L/(人·次)	2.0～1.5	12	
公共食堂	营业食堂	15～20L/(人·次)	2.0～1.5	12	不包括冷冻机冷却用水；中餐比西餐用水量大，洗碗机比人工洗餐具用水量大
	企业、学校、机关、居民食堂	10～15L/(人·次)	2.5～2.0	12	
养老院、托老院	全托	100～150L/(人·d)	2.0～2.5	24	
	日托	50～80L/(人·d)	2.0	10	
幼儿园、托儿所	有住宿	50～150L/(人·d)	2.0～3.0	24	
	无住宿	30～50L/(人·d)	2.0～1.5	10	
中、小学（无住宿）		30～50L/(人·d)	2.0～1.5	10	中小学校包括无住宿的中专、中技和职业中学，有住宿的可参照高等学校，晚上开班时用水量应另行计算。不包括食堂、洗衣房、校办工厂、校园绿化和教职工宿舍用水定额值为生活用水
理发室、美容院		40～100L/(人·次)	1.5～2.0	12	
高等学校（有住宿）		100～200L/(人·d)	2.0～1.5	24	定额值为生活用水综合指标，不包括实验室、校办工厂、游泳池、教职工宿舍用水
剧院		10～20L/(人·次)	2.5～2.0	6	不包括空调用水
体育场	运动员淋浴	50L/(人·次)	2.0	6	不包括空调、场地浇洒用水；运动员人数按大型活动计算。体育场有住宿时，用水量另行计算
	观众	3L/(人·场)	2.0	6	

在缺乏统计资料时，公共建筑用水量可按居民生活用水量的 5%～25% 估算，其中无学校的村庄不计此项，其他村庄宜为 5%～10%，集镇宜为 10%～15%，建制镇宜为 10%～25%，条件一般的村庄和条件较差的镇取低值，条件较好的村镇取高值。

（三）企业用水量定额

乡镇企业用水包括生产用水和工作人员的生活用水。

1. 企业生产用水定额

乡镇企业生产用水一般是指乡镇企业在生产过程中用于加工、净化和洗涤等方面的用水。乡镇企业生产用水量定额与生产规模、生产工艺、设备类型和管理水平等因素有关，各地差异较大。一般有两种计算方法：①按单位产品计算，如每生产 1t 水泥需水 1.5～3.0m³，每印染 1 万 m 棉布需 200～300m³ 水；②按每台设备每台或台班的用水量计算，如农用汽车 100～120L/(台·d)，锅炉 1000L/(h·t)（以小时蒸发量计）。企业生产用水量通常由工艺部门提供数据，还应参照同类性质工厂的生产用水量并结合当地实际情况定，表 1-4 可供参考。

表 1-4　　　　　　　　　乡镇企业生产用水定额

企业种类	单位	用水定额/m³	企业种类	单位	用水定额/m³
生铁	t	65～220	制茶	万担	0.1～0.3
炼油	m³	45	果脯	t	30～50
炼焦	t	9～14	豆制品	t	5～15
水泥	t	1～7	酿酒	t	20～50
玻璃	t	12～24	制糖	t	15～30
皮革	t	100～200	酱油	t	4～5
#造纸	t	500～800	植物油	t	7～10
化肥	t	2.0～5.5	汽水	千瓶	2.4（Ⅰ）
制砖	千块	0.7～1.2	棒冰	千支	6.2（Ⅰ）
人造纤维	t	1200～2000	冰块	m³	7.4（Ⅲ）
缫丝	t	100～220	豆腐	50kg 黄豆	1.69（Ⅰ）～2.78（m）
棉布印染	万 m	200～300	糕点	50kg 原料	0.05（Ⅰ）
丝绸印染	万 m	180～220			0.03（Ⅲ）
肥皂	万条	80～90	烙饼	10kg	0.98（Ⅵ）
屠宰（猪）	头	1.0～2.0	冲洗镀件	t	22.7～27.5
肠衣加工	万根	80～120			

注 1. 表中括号内的罗马数字代表气候分区。

　　2. 气候分区：第Ⅰ分区包括黑龙江和吉林全部，内蒙古和辽宁的大部分地区，河北、山西、陕西、宁夏的一小部分县市；第Ⅱ分区包括北京、天津和山东的全部，河北、陕西、山西的大部分，甘肃、宁夏、辽河、河南、青海、江苏的部分县市；第Ⅲ分区包括上海、浙江、安徽和江西的全部、江苏的大部分地区、福建、湖南、湖北、河北、河南的部分县市；第Ⅳ分区包括广东和台湾的全部，广西的大部分，福建、云南的部分县市；第Ⅵ分区包括贵州的全部，四川、云南的大部分，湖南、湖北、陕西、甘肃和广西的部分县市。

2. 乡镇企业职工生活用水定额

乡镇企业的职工生活用水定额是指每一职工每班的生活用水量和淋浴用水量。职工生活用水定额，应根据车间性质确定，无淋浴的可为 25～35L/(人·班)，有淋浴的可根据具体情况确定，淋浴用水定额为 40～60L/(人·班)。

（四）饲养禽畜用水量定额

集体或专业户饲养畜禽，不同饲养方式的用水量定额不同。饲养禽畜最高日用水量，应根据畜禽饲养方式、种类、数量、用水现状和近期发展计划确定。

（1）圈养时，饲养畜禽用水定额可按表1-5选取。

表1-5　　　　　　　　　饲养禽畜最高日用水定额　　　　　　　单位：L/（头·d）

牲　畜	用水定额	牲　畜	用水定额
乳牛	70～120	母猪	60～90
育成牛	50～60	育肥猪	30～40
马	40～50	羊	5～10
驴	40～50	鸡、兔	0.5～1.0
骡	40～50	鸭	1.0～2.0

（2）放养畜禽时，应根据用水现状对按定额计算的用水量适当折减。

（3）有独立水源的饲养场可不考虑此项。

（五）消防用水量定额

消防用水一般是从街道消火栓取水。此外，有些建筑物中采用特殊消防措施，如自动喷水设备等。消防给水设备由于不经常工作，可与生活饮用水给水系统结合在一起考虑。对防火要求高的场所，如仓库和工厂，可设立专用的消防给水系统。大型城镇应根据《建筑设计防火规范》（GB 50016—2006）的规定，把消防水量计算在用水量之内。消防用水量标准参照表1-6。

表1-6　　　　　　　　　城镇或居民区室外消防用水量标准

人口数/万人	同一时间内火灾次数	一次性灭火用水量/（L/次）	人口数/万人	同一时间内火灾次数	一次性灭火用水量/（L/次）
<1.0	1	10	30.0～40.0	2	65
1.0～2.5	1	15	40.0～50.0	3	75
2.5～5.0	2	25	50.0～60.0	3	85
5.0～10.0	2	35	60.0～70.0	3	90
10.0～20.0	2	45	70.0～80.0	3	95
20.0～30.0	2	55	80.0～100.0	3	100

允许短时间中断给水的村镇，当前述四项用水量之和高于消防用水量时，确定给水规模可不单列消防用水量。

（六）浇洒道路和绿地用水量定额

浇洒道路和绿地用水量，水资源丰富地区、经济条件好或规模较大的镇可根据需要适当考虑，村镇道路的浇洒用水标准可按浇洒面积乘以1.0～2.0L/（m²·d）计算；绿地浇洒用水标准可按浇洒面积乘以1.0～3.0L/（m²·d）计算。若道路的喷洒频率不高，则该项用水量很少，一般也可按综合生活用水量的3%～5%估算，其余村镇可不计此项。

（七）管网漏失水量和未预见用水量定额

未预见水量是指给水系统设计中，对难于预测的各种因素而准备的水量。村镇的未预见水量和管网漏失水量参照《镇（乡）村给水工程技术规程》（CJJ 123—2008），可按最高日用水量的 15%～25%合并计算。村庄取较低值，规模较大的镇区取较高值。

二、用水量变化

由于乡镇居民用水具有随机性，所以每天用水量时刻变化，用水量只能按一定时间范围内的平均值进行计算，通常用以下方式表示。

1. 用水量的表示

（1）平均日用水量：即规划年限内，用水量最多一年内的总用水量除以用水天数。该值一般作为水资源规划的依据。

（2）最高日用水量：即用水量最多一年内，用水量最多一天的总用水量。该值一般作为供水取水与水处理工程规划和设计的依据。设计给水工程时，一般以最高日用水量来确定给水系统中各项构筑物的规模。

（3）最高日平均时用水量：即最高日用水量除以 24h，得到的最高日平均每小时的用水量，实际上只是对最高日用水量进行了单位换算，它与最高日用水量作用相同。

（4）最高时用水量：即用水量最多的一年内，用水量最高的 24h 中，用水量最大的 1h 的总用水量。该值一般作为供水管网工程规划与设计的依据。

2. 用水量变化的表示

无论是生活用水还是生产用水，其耗水量绝不是一个恒定不变的数值，用水量随时都在变化。一年中不同季节的用水量有变化，同一季节中不同日的用水量有变化，同一天不同小时的用水量也有变化。生活用水量随着生活习惯和气候而变化，如假期比平日高，夏季比冬季用水多；在一天内又以起床后和晚饭前用水最多。农业生产活动有较强的季节性，同工业生产相比年内用水量变化也较大。用水量定额只是一个平均值，在设计给水系统时，还须考虑每日每时的用水量变化。各种用水量的变化幅度和规律有所不同，用水量的变化可以用变化系数表示。规划和设计供水工程时主要是考虑逐日、逐时的变化。

在一年中，每天用水量的变化可以用日变化系数表示，即最高日用水量与平均日用水量的比值，称为日变化系数，记作 K_d，即

$$K_d = \frac{Q_d}{Q_{ad}} \qquad (1-1)$$

式中　Q_d——最高日用水量，m^3/d；

　Q_{ad}——平均日用水量，m^3/d。

日变化系数应根据给水规模、用水量组成、生活水平、气候条件，结合当地相似给水工程的年内给水变化情况综合分析确定，可在 1.3～1.6 范围内取值。

在进行给水工程规划和设计时，一般首先计算最高日用水量，然后确定日变化系数，由此，计算出全年用水量或平均日用水量，即

$$Q_y = 365 \frac{Q_d}{K_d} \qquad (1-2)$$

式中　Q_y——全年用水量，m^3/a。

在一日内，每小时用水量的变化可以用时变化系数表示，最高时用水量与最高日平均

时用水量的比值，称为时变化系数，记作 K_h，即

$$K_h = \frac{Q_h}{Q_{ah}} \qquad (1-3)$$

式中　Q_h——最高时用水量，$\mathrm{m^3/h}$；

　　　Q_{ah}——最高日平均时用水量，$\mathrm{m^3/h}$。

根据最高日用水量和时变化系数，可以计算最高时用水量为

$$Q_h = K_h \frac{Q_d}{24} \qquad (1-4)$$

图 1-3 为 2785 人的村庄全日供水的用水量变化曲线，每小时用水量按最高日用水量的百分数计，图形面积为 $\sum Q_i\% = 100\%$，$Q_i\%$ 是以最高日用水量百分数计的每小时用水量。从曲线上看出，用水量变化较大，出现 4 个用水高峰，最高时用水量为最高日用水量的 8.9%，发生在 16~17 时，时变化系数 K_h 为 2.13。图中虚线为最高日平均时用水量。

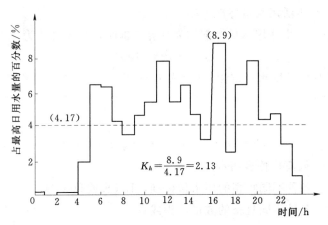

图 1-3　某村生活用水量变化曲线

3. 时变化系数的选用

设计乡镇给水系统时，要认真考虑时变化系数的取值。时变化系数与用水人口数、乡镇企业多少和规模及给水方式等有关。通过一些实际用水情况分析，时变化系数的大小，有如下变化规律。

（1）供水时间越短，K_h 越大。

（2）当两水厂规模相同时，定时给水的 K_h 大于全日供水的 K_h。

（3）K_h 与用水人口成反比。用水人口越多，则 K_h 越小；用水人口越少，则 K_h 越大。

（4）K_h 与乡镇企业多少成反比，乡镇企业越多，K_h 越小；乡镇企业越少，则 K_h 越大。

根据上述 K_h 的变化规律及有关调查资料，全日给水的乡镇水厂 K_h 可选为 2~4；定时给水的乡镇水厂 K_h 可选为 3~5。具体可参考表 1-7。

表 1-7 **乡镇给水 K_h 建议值**

给 水 方 式	用 水 人 口 数/人			
	<500	$500 \sim 1000$	$1000 \sim 3000$	>3000
全日给水	2.7~3.7	3.0~2.0	2.5~1.8	2.0~1.6
定时给水（$t \geqslant 8h$）	5.0~3.8	3.8~3.2	3.8~3.2	—

注 用自来水浇洒庭院时，K_h 宜采用相应人数的高值；工、商、企业较集中的村镇，K_h 宜采用相应人数的低值。

三、用水量计算

1. 生活用水量

（1）当采用最高日生活用水量标准作为计算依据时，计算公式为

$$Q_1 = Pq/1000 \tag{1-5}$$

式中　Q_1——日生活用水量，m^3/d；

　　　　P——设计年限内规划人口数，人；

　　　　q——最高日生活用水量标准，$L/(人 \cdot d)$。

（2）当采用平均日生活用水量标准作为计算依据时，计算公式为

$$Q_1 = K_d Pq'/1000 \tag{1-6}$$

式中　q'——平均日生活用水量定额，$L/(人 \cdot d)$。

2. 牲畜用水量

计算公式为

$$Q_2 = (q_1 n_1 + q_2 n_2 + \cdots + q_n n_n)/1000 \tag{1-7}$$

式中　　　　　Q_2——最高日牲畜用水量，m^3/d；

$q_1，q_2，\cdots，q_n$——各种不同牲畜的用水量标准，$L/(头或只 \cdot d)$；

$n_1，n_2，\cdots，n_n$——各种不同牲畜的数量，头或只。

3. 企业用水量

计算公式为

$$Q_3 = q_a + q_b + \cdots + q_n \tag{1-8}$$

式中　　　　　Q_3——乡镇企业最高日用水量，m^3/d；

$q_a，q_b，\cdots，q_n$——各个乡镇企业最高日用水量，m^3/d。

4. 未预见水量

当不单独考虑庭院及消防用水时，未预见水量可按最高日生活用水量、牲畜用水量及乡镇企业用水量之和的 $10\% \sim 20\%$ 计算。计算公式为

$$Q_4 = (Q_1 + Q_2 + Q_3) \times (10\% \sim 20\%) \tag{1-9}$$

式中　Q_4——未预见水量，m^3/d。

5. 管网漏失水量

同样，在不单独考虑庭院及消防用水时，管网漏失水量可按最高日生活用水量、牲畜用水量及乡镇企业用水量之和的 $5\% \sim 10\%$ 计算。计算公式为

$$Q_5 = (Q_1 + Q_2 + Q_3) \times (5\% \sim 10\%) \tag{1-10}$$

式中 Q_5——管网漏失水量，m^3/d。

6. 水厂自用水量

一般可按最高日生活用水量、牲畜用水量及乡镇企业用水量之和的 $5\% \sim 10\%$ 计算。计算公式为

$$Q_6 = (Q_1 + Q_2 + Q_3) \times (5\% \sim 10\%) \tag{1-11}$$

式中 Q_6——水厂自用水量，m^3/d。

7. 水厂规模及给水系统各组成部分的流量

水厂规模即水厂建成投产后，每天所能提供的最大供水量。计算公式为

$$Q_d = Q_1 + Q_2 + Q_3 + Q_4 + Q_5 \tag{1-12}$$

取水构筑物、一级泵站和水厂等按最高日平均时流量计算，即

$$Q_{\mathrm{I}} = (Q_d + Q_6)/T \tag{1-13}$$

式中 Q_{I}——一级泵站计算流量，m^3/h；

T——一级泵站每天工作小时数。

二级泵站的流量是从泵站到管网的输水管、管网和水塔等的计算流量，应按照用水量变化曲线和二级泵站工作曲线确定。二级泵站的计算流量与管网中是否设置水塔或高位水池有关。当管网内不设水塔时，任何小时的二级泵站供水量应等于用水量，这时二级泵站应满足最高日最高时的用水要求。水厂的输水管和管网应按二级泵站最大供水量即最高日最高时用水量计算。如图 1-3 所示的用水量变化曲线为例，该计算流量等于 8.9% 的最高日用水量。若采用公式计算，则

$$Q_{\mathrm{II}} = \frac{Q_d}{24} K_h \tag{1-14}$$

式中 Q_{II}——二级泵站计算流量，m^3/h；

Q_d——水厂最高日供水量，m^3/d；

K_h——时变化系数（参考表 1-7）。

【例 1-1】 某乡镇现有人口 3500 人，在已定的供水范围内，据调查：牲畜用水总共为 $45 m^3/d$；乡镇企业用水总共为 $110 m^3/d$。根据当地情况，人口自然增长率确定为 1.2%，设计年限按 15 年计。生活用水的最高日用水量标准按 $80 L/(人 \cdot d)$ 考虑。未预见水量按 15% 计算，管网漏失水量按 5% 计算，水厂每天工作 16h，水厂自用水量按 10% 计算，时变化系数采用 3.0。试计算供水系统各组成部分的设计流量。

解：（1）确定设计年限人口数。可按下式计算：

$$P = P_0 (1+a)^n \tag{1-15}$$

式中 P——设计年限末的用水人口总数；

P_0——设计时现有人口数；

a——人口的年自然增长率；

n——设计年限。

所以 $P = 3500 \times (1+0.012)^{15} = 4186（人）$

（2）确定水厂最高供水量。

1）最高日生活用水量 $Q_1 = Pq/1000 = 4186 \times 80/1000 = 335（m^3/d）$

2）牲畜用水量　　　　　$Q_2 = 45 (\text{m}^3/\text{d})$

3）乡镇企业用水量　　　$Q_3 = 110 (\text{m}^3/\text{d})$

4）未预见水量　　　　　$Q_4 = (Q_1 + Q_2 + Q_3) \times 15\% = 73.5 (\text{m}^3/\text{d})$

5）管网漏失水量　　　　$Q_5 = (Q_1 + Q_2 + Q_3) \times 5\% = 24.5 (\text{m}^3/\text{d})$

6）水厂自用水量　　　　$Q_6 = (Q_1 + Q_2 + Q_3) \times 10\% = 49 (\text{m}^3/\text{d})$

水厂最高日供水量　　　　$Q_d = Q_1 + Q_2 + Q_3 + Q_4 + Q_5 = 588 (\text{m}^3/\text{d})$

实际水厂规模可按 600m³/d 考虑。

（3）给水系统各组成部分设计流量。

1）一级泵站及水厂净水构筑物设计流量。由式（1-13）有

$$Q_{\mathrm{I}} = (Q_d + Q_6)/T = (588 + 49)/16 = 39.8 (\text{m}^3/\text{h})$$

2）二级泵站及配水管网设计流量。由式（1-14）有

$$Q_{\mathrm{II}} = (Q_d/24)K_h = (588/24) \times 3 = 73.5 (\text{m}^3/\text{h})$$

由二级泵站到配水管网的输水管设计流量也为 73.5m³/h。

第三节　给水系统的关系

一、给水系统流量关系

（一）取水构筑物、一级泵站给水流量

在乡镇供水中，为管理方便，一级泵站一般都按全天24h均匀供水，这样可以降低构筑物的规模和泵站的造价。所以取水构筑物、一级泵站的设计流量是按照最高日平均时给水量进行设计的，即

$$Q_{\mathrm{I}} = (Q_d + Q_6)/24 \qquad\qquad (1-16)$$

一些乡镇供水厂为了节约用水常采用间断供水，不是一天24h都供水，而是某一段时间，或一天分几段时间供水，故此取水构筑物一级泵站的时供水量为

$$Q_{\mathrm{I}} = (Q_d + Q_6)/T \qquad\qquad (1-17)$$

式中　T——一级泵站每天实际供水的小时数。

（二）二级泵站与管网配水流量的关系

二级泵站的任务就是供给供水管网配水流量和保证其用水水压。而供水管网的配水流量即为乡镇用水量。二级泵站流量与管网配水流量的关系，分为有水塔和无水塔两种情况。

1. 无水塔的情况

当管网内不设置水塔，二级泵站任何小时的供水量都应等于用水量，最大供水流量应满足最高日最高时用水量的要求，否则就会造成不同程度的供水不足现象。由于乡镇用水量一天24h每个小时都不相同，二级泵站内应选用多台流量大小不同的水泵，进行多种不同的组合，搭配运行，以保证用水量变化的要求。二级泵站内多台水泵的每种组合在一定的时间内供给一个固定的水量，这种供水方式称为分级供水。为了保证供水比较均匀，就目前我国乡镇实际供水状况，二级泵站在一天中最多分成3~4级供水，一般为2~3级

供水。

2. 有水塔的情况

当管网内设置水塔（或高位水池）时，水塔可以调节二级泵站供水和用户用水之间的流量差，二级泵站分级供水流量可以不等于用水量。当二级泵站分级供水流量小于管网用水量时，可以由水塔向管网供水，以补充二级泵站供水的不足；当二级泵站分级供水流量大于用水量时，多余的水量可转输到水塔中储存起来。这样，水塔不仅起到了调节水量的作用，而且可使二级泵站供水的分级数减少。如图1-4所示。

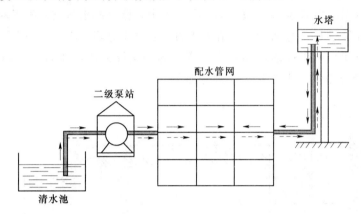

图1-4 水塔调节二级泵站与配水管网流量示意图

不管二级泵站设计几级供水，但一天中总供水量应等于最高日设计用水量，所设计的水泵分级工作供水线必须满足这一要求。显然，有水塔时，二级泵站的设计供水量变化过程应根据用水量变化曲线来拟定。当水泵供水量越接近用水量，水塔的调节量越小，即水塔的容积越小，但供水越不均匀。为满足供水均匀的要求，就必须增加泵站的供水分级数；水塔的调节能力越大，即水塔的容积越大，则供水越均匀，二级泵站供水分级数就可越少。因此，在确定二级泵站设计供水量时，需要两者兼顾，在保证供水均匀情况下，既要使水塔容积尽量小，又要使二级泵站供水分级数不宜过多。

当乡镇靠近山区或丘陵地区时，尽可能利用地形条件，在地形高处设置高位水池，即可起到水塔调节水量的作用。由于水池的建造成本比水塔低得多，并且容积也可以建造得很大，所以建造高位水池比建造水塔可节省大量资金。若水源和地形条件允许，小型水厂亦可以建造在山上或地形高处，这样，水厂的清水池可兼做高地水池，起到调蓄水量的作用。

（三）一级泵站与二级泵站的流量关系

一般情况下，一级泵站为均匀供水，以保证水厂水处理构筑物的稳定运行，而二级泵站为满足用户用水量要求分级供水，两泵站间就存在较大的供水量差额，所以必须在一、二级泵站之间建造清水池，以调节两者的流量差。

1. 无水塔的情况

管网中不设置水塔时，二级泵站需按照乡镇用水量变化情况供水，因此，一级泵站与二级泵站的流量关系，就转化为一级泵站供水与用户用水量之间的流量平衡问题。此时，清水池的调节容积可按一级泵站均匀供水与用户用水曲线之间的差额确定。

2. 有水塔的情况

当管网内设置水塔时，一级泵站和二级泵站的流量关系，就是一级泵站均匀供水与二级泵站分级供水之间的流量平衡问题。如图 1-5 所示，二级泵站分两级供水，实线表示为二级泵站供水工作线，虚线表示为一级泵站均匀供水工作线。在 20 时至次日 5 时（共9h）一级泵站供水量大于二级泵站供水量，多余的水量即储存在清水池中，清水池储存的水量可以用图中 B 部分面积表示；在 5 时至 20 时的时间内，一级泵站供水量小于二级泵站供水量，这段时间内二级泵站要取用清水池中的存水，以满足用水量的需要，二级泵站取用的水量可以用图中 A 部分面积表示。在一天中，储存的水量刚好等于取用的水量，即 A 部分面积正好等于 B 部分面积。而清水池的调节容积应等于用水量一个调节周期（在这里为一昼夜的时间）中累计的储存水量，或者等于累计的取用水量；如用图中的面积表示，即等于 B 部分面积，或者等于 A 部分面积。

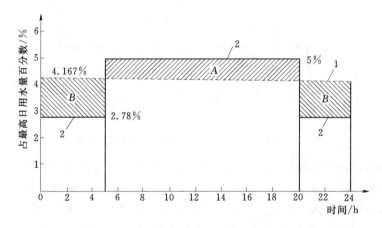

图 1-5　有水塔时，清水池的调节容积计算
1——级泵站供水线；2—二级泵站供水线

水塔（或高位水池）和清水池都是供水系统中调节流量的构筑物，称作调节构筑物，两者有着密切的关联。如果二级泵站供水线接近用水线，则水塔容积减小，清水池容积相应增大；如果二级泵站分级供水级数增多，供水均匀程度增大，则水塔和清水池容积都会减小。但二级泵站的水泵台数增多会导致管理程序复杂，设备和运行费用增加。所以乡镇供水通常不采用增加泵站供水级数的做法，而是多采用增大清水池容积的做法，且清水池建造技术简单，成本低。

二、清水池和水塔的容积计算

（一）清水池容积计算

清水池是用于调节一级泵站和二级泵站流量差的，所以清水池的调节容积可由一、二级泵站供水量曲线确定。

（1）当无水塔时，清水池的容积即是一级泵站均匀供水线与用水量变化曲线之间的差值。为计算准确起见，首先计算它们之间每个小时的供水百分数之差值，见表 1-8，第（2）项为乡镇用水逐时用水量占最高日设计用水量的百分数，第（4）项为一级泵站均匀供水平均时用水量百分数，第（2）项减去第（4）项等于第（5）项，即是无水塔时清水池逐时调节百分数。当用水量小于一级泵站平均时供水量时，两者的差额为负值；当用水量大于一级泵站平均时供水量时，两者的差额为正值。由表中可以看出，正值累计百分数等于负值累计百分数，说明储存水量等于流出水量。于是，正值累计百分数，或者负值累计百分数，即为清水池调节水量百分数，如表1-8第（5）项所列，为17.98%。清水池调节百分数乘以最高日设计用水量，即为清水池调节容积：$Q_d \times$ 清水池调节百分数（m^3）。

表1-8　　　　　　　　　　　清水池和水塔调节容积计算

时间/时	用水量/%	二级泵站供水量/%	一级泵站供水量/%	清水池调节容积/%		水塔调节容积/%
				无水塔时	有水塔时	
(1)	(2)	(3)	(4)	(5)	(6)	(7)
0—1	1.70	2.78	4.17	−2.47	−1.39	−1.08
1—2	1.67	2.78	4.17	−2.50	−1.39	−1.11
2—3	1.63	2.78	4.16	−2.53	−1.38	−1.15
3—4	1.63	2.78	4.17	−2.54	−1.39	−1.15
4—5	2.56	2.77	4.17	−1.61	−1.40	−0.21
5—6	4.35	5.00	4.16	0.19	0.84	−0.65
6—7	5.14	5.00	4.17	0.97	0.83	0.14
7—8	5.64	5.00	4.17	1.47	0.83	0.64
8—9	6.00	5.00	4.16	1.84	0.84	1.00
9—10	5.84	5.00	4.17	1.67	0.83	0.84
10—11	5.07	5.00	4.17	0.90	0.83	0.07
11—12	5.15	5.00	4.16	0.99	0.84	0.15
12—13	5.15	5.00	4.17	0.98	0.83	0.15
13—14	5.15	5.00	4.17	0.93	0.83	0.15
14—15	5.27	5.00	4.16	1.11	0.84	0.27
15—16	5.52	5.00	4.17	1.35	0.83	0.52
16—17	5.75	5.00	4.17	1.58	0.83	0.75
17—18	5.83	5.00	4.16	1.67	0.84	0.83
18—19	5.62	5.00	4.17	1.45	0.83	0.62
18—20	5.00	5.00	4.17	0.83	0.83	0.00
20—21	3.19	2.77	4.16	−0.97	−1.39	0.42
21—22	2.69	2.78	4.17	−1.48	−1.39	−0.09
22—23	2.58	2.78	4.17	−1.59	−1.39	−0.20
23—24	1.87	2.78	4.16	−2.29	−1.38	−0.91
累计	100.00	100.00	100.00	17.98	12.50	6.55

（2）当有水塔时，清水池调节百分数就是二级泵站分级供水线百分数与一级泵站均匀供水平均时供水百分数之差，即表中第（6）项，等于第（3）项减去第（4）项，为12.50%。显然，有水塔时清水池的调节容积比没有水塔时要小得多。

当缺乏用水量变化资料，无法计算清水池调节百分数时，清水池的调节容积，可凭经验确定，通常按最高日设计用水量的10%～20%估算。乡镇供水因一天24h的用水量变化较大，应取较高的百分数。

清水池中除了储存调节水量以外，还要存放消防用水量和水厂自身用水量以及安全储备水量，因此，清水池的有效容积 W 应按下式计算：

$$W = W_1 + W_2 + W_3 + W_4 \qquad (1-18)$$

式中　W_1——调节容积，m^3；

　　　W_2——消防储水量，m^3，可按每次火灾延续时间 2h 计算；

　　　W_3——水厂本身用水量，m^3，可按最高日设计用水量的 5%～10% 计算；

　　　W_4——安全储备水量，m^3，即为避免清水池抽空，威胁供水安全而保留的一定水深的容积。

为了便于清洗或检修时不间断供水，清水池应建成相等容积的两个，如仅有一个，则应采用中间分格的方式。

（二）水塔容积计算

水塔用于调节二级泵站分级供水与用户用水量变化之间的流量差。如表 1-8 所列，第（2）项是用水量变化逐时百分数，第（3）项为二级泵站分级供水百分数，第（2）项减去第（3）项等于第（7）项，即为水塔逐时调节百分数。当用水量大于二级泵站供水量时，两者差额为正值，当用水量小于二级泵站供水量时，两者的差额为负值。正值累计百分数，或负值累计百分数，都等于水塔容积调节百分数，如表 1-8 第（7）项，为6.55%。而水塔的调节容积为 Q_d × 水塔调节容积百分数（m^3）。

若缺少用水量变化资料，水塔的调节容积可凭工作经验确定，当泵站分级工作时，可按最高日设计用水量的 2.5%～3% 至 5%～6% 计算。用水量大，供水比较均匀时，采用低值；用水量小，供水不均匀时，采用高值。

水塔除了储存调节流量外，还须储存消防用水量，因此水塔的总容积为

$$W = W_1 + W_2 \qquad (1-19)$$

式中　W_1——调节容积，m^3；

　　　W_2——消防储水量，m^3，因水塔容积不能太大，所以只按 10min 室内消防用水量计算。

从上面计算和表 1-8 第（5）、（6）、（7）项可以看到，无水塔和有水塔时，水塔与清水池总调节容积并不相同。无水塔时总调节容积为清水池调节的容积，为 17.98%；有水塔时总调节容积包括清水池调节容积和水塔调节容积两部分，清水池调节容积虽可减小，但多了水塔的调节容积，两者的总调节容积为 12.50%＋6.55%＝19.05%。也就是说，有水塔时，清水池和水塔的总调节容积，要比无水塔时清水池单独调节水量时的调节容积大一些。

三、供水系统的水压关系

（一）供水系统的水压

为了供给用户足够的生活用水或生产用水，供水系统应保证一定的水压，通常叫自由水压，即从地面算起的水压。村镇供水管网保持最小的自由水压为：1 层 10m，2 层 12m，3 层及以上每层增加 4m。当用户高于接管点，还应加上用户与接管点地形的高差。在配水管网中，消火栓设置处的最小服务水压不应低于 10m。

（二）一级泵站的水泵扬程

一级泵站是向水厂供水的，首先必须满足水厂前端水处理构筑物（一般为配水池或混合絮凝池）对水压的要求，还应考虑到输水管道的水头损失和水泵吸水管路的水头损失，如图1-6所示。所以一级泵站的水泵扬程 H_p 为

$$H_p = H_0 + h_d + h_s \qquad (1-20)$$

式中　H_0——静扬程，即吸水池最低水位和水厂水处理构筑物最高水位的高程差，m；

　　　　h_d——按最高日平均时供水量时输水管道的水头损失，m；

　　　　h_s——水泵吸水管路和压水管路的水头损失，m。

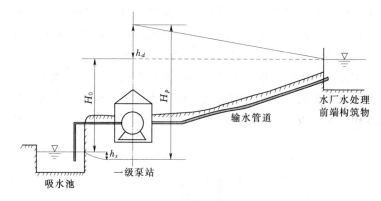

图1-6　一级泵站的水泵扬程计算

（三）无水塔管网的二级泵站水泵扬程

供水管网不设置水塔时，管网由二级泵站直接供水，供水水压必须首先满足管网中控制点的最小服务水头。所谓控制点，是指整个供水管网中控制水压的点，这一点往往位于离二级泵站最远点，或地形最高处，或压力最大的点，即只要该点的压力在最高用水量时可以达到最小服务水头，则整个管网就不会出现水压不足地区。

二级泵站的水泵扬程还要考虑控制点高程和清水池最低水位的高差，以及整个管网由水泵出水口到管网控制点的总水头损失和水泵吸水管路的水头损失。如图1-7所示。

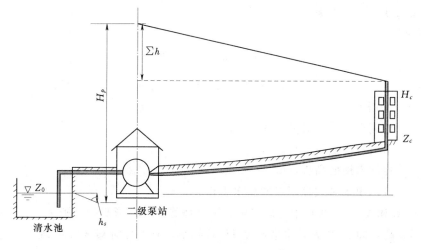

图1-7　无水塔管网的水泵扬程计算

由图可以看出，二级泵站的水泵扬程 H_p 为

$$H_p = H_c + (Z_c - Z_0) + \sum h + h_s \tag{1-21}$$

式中　H_c——控制点的最小服务水头，m；

　　　　Z_c——控制点地面高程；

　　　　Z_0——清水池最低水位，m；

　　　　$\sum h$——管网总水头损失，m；

　　　　h_s——水泵吸水管路和压水管路的水头损失，m。

（四）网前水塔管网的水塔高度和水泵扬程

当乡镇供水区的地形在二级泵站附近较高，由二级泵站向控制点方向为下坡，即地形逐渐降低，而供水区总用水量又不太大时，可以采用网前水塔供水管网，如图 1-8 所示。网前水塔管网的工作情况是，二级泵站先供水到水塔，再由水塔经管网供水到用户。为了确定水泵扬程，须先求出水塔高度。水塔的高度是指水塔水柜底到地面的高度，供水管网就是由水塔提供所需水压的，可见网前水塔管网由水塔供水地段与无水塔管网由水泵供水相似，水塔高度相当于二级泵站的水泵扬程。所以，水塔的高度 H_t 按下式计算：

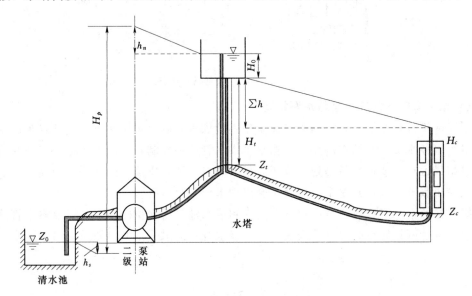

图 1-8　网前水塔管网水压线

$$H_t = H_c + (Z_c - Z_t) + \sum h \tag{1-22}$$

式中　H_t——水塔的高度，m；

　　　　H_c——控制点的最小服务水头，m；

　　　　Z_t——水塔底部地面高程，m；

　　　　Z_c——控制点地面高程，m；

　　　　$\sum h$——管网由水塔到控制点的总水头损失，m。

从图 1-8 和式（1-22）中可以看出，因水塔修建在地形高处，则 $Z_c - Z_t$ 为负值，水塔处的地形越高，即 Z_t 越大，水塔高度 H_t 就越小；有条件时甚至可使 $H_t = 0$，就可以用高地水池代替水塔，使造价大为降低。

网前水塔的优点是：由于给水管网是由水塔供给水量和水压的，在设计年限内，水量和水压都能得到保证，供水稳定可靠。网前水塔的缺点是：水塔一旦建成后，其供水量和供水水压就固定不能变动了，为使水塔使用年限尽量长，发挥作用尽量大，一般都是按近期规划、着眼于远期规划设计，所以在开始使用的一段时期内，水塔的水量和水压都将高于供水管网的需求造成浪费；随着乡镇的发展，用水量越来越大，水压要求也会大幅度提高，一旦超过水塔设计的供水流量和水压时，水塔就没有办法满足乡镇用水对水量和水压的要求，因而网前水塔的调节能力较差。

二级泵站向水塔供水与无水塔管网供水相似，水塔的水柜最高水位相当于控制点的最小服务水头，于是，二级泵站的水泵扬程 H_p 为

$$H_p = H_t + H_0 + (Z_t - Z_0) + h_n + h_s \tag{1-23}$$

式中　H_0——水塔水柜的有效水深，m；

　　　　h_n——由二级泵站到水塔输水管路的总水头损失，m；

　　　　Z_0——清水池最低水位，m；

其余符号意义同前。

（五）对置水塔管网的水塔高度和水泵扬程

当乡镇地形离二级泵站越远越升高，即由二级泵站向控制点方向为上坡时，水塔应设置在管网末端，构成对置水塔的管网系统，又称网后水塔，如图1-9所示。

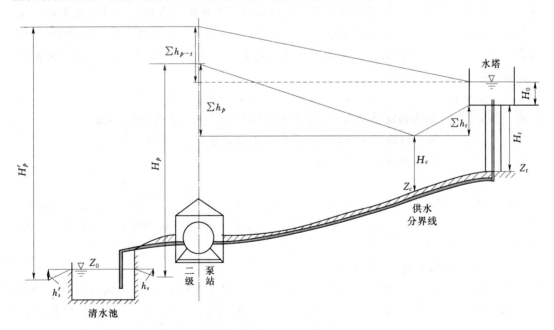

图1-9　对置水塔管网工作图

1. 最高用水时

由图1-9可看出，在最高用水时，泵站的供水量小于管网最大用水量，此时由泵站和水塔同时向管网供水，两者各有自己的供水区域，则必然有一供水分界线。在供水分界线上，水压最低，对于泵站和水塔两者来说，在供水分界线处水压必须相等，否则供水就

不平衡。同时，供水分界线对于泵站和水塔两者来讲，即相当于控制点。

如供水分界线处的最小服务水头为 H_c，水塔的高度可为

$$H_t = H_c + (Z_c - Z_t) + \sum h_t \qquad (1-24)$$

式中 Z_c——供水分界线处的地面高程，m；

$\sum h_t$——由供水分界线到水塔管网部分的水头损失，m；

其余符号意义同前。

同样，如供水分界线处的地面高程低于水塔处的地面高程，$Z_c - Z_t$ 是负值，水塔高度将减小。

二级泵站的水泵扬程为

$$H_p = H_c + (Z_c - Z_0) + \sum h_p + h_s \qquad (1-25)$$

式中 $\sum h_p$——由供水分界线到泵站管网部分的水头损失，m；

Z_0——清水池最低水位，m；

其余符号意义同前。

2. 最大转输时

在管网用水量低时，二级泵站供水量大于用水量，多余的水量将通过整个管网流入水塔，流入水塔的流量称为转输流量。一天内泵站供水量大于用水量的时间很多，一般取转输流量为最大时的流量进行计算，以保证安全供水，称此流量为最大转输流量。在最大转输时，虽然用水量小，但因转输流量通过整个管网流入水塔，管线长，总的水头损失大；而且，水塔成为最不利点，其最小服务水头应为 $H_t + H_0$，往往比供水分界线处的自由水压高得多，所以最大转输时的水泵扬程通常都大于最高用水时的水泵扬程。最大转输时，水泵提供的扬程 H_p'，应为

$$H_p' = H_t + H_0 + (Z_t - Z_0) + \sum h_{p-t} + h_s \qquad (1-26)$$

式中 $\sum h_{p-t}$——最大转输时，由二级泵站到水塔整个管网的水头损失，m；

h_s——最大转输时，水泵吸水管路和压水管路的水头损失，m；

Z_0——清水池最低水位，m；

其余符号意义同前。

对置水塔的优点是：对管网用水量和水压的调节作用强，供水均匀、稳定。对置水塔的缺点是：当配水管网管线很长，最大转输时，泵站向水塔转输路线长，一般又为上坡，所以水头损失大，消耗能量大。

（六）网中水塔管网的水泵杨程

当乡镇中间部位的地形较高或为了靠近用水大户，水塔设置在管网中间时，构成网中水塔的给水系统。根据网中水塔在管网中的位置，可有两种工作情况：当水塔靠近二级泵站，并且泵站给水量大于泵站和水塔之间用户的用水量时，情况类似于网前水塔，不会出现给水分界线；当水塔离泵站较远，以致泵站给水量不够泵站和水塔之间用户使用时，必须由水塔供给一部分水量，这时情况类似于对置水塔，会出现供水分界线，但水塔还必须供给水塔后至管网末端部分用户用水量。网中水塔给水系统的水泵扬程和水塔高度的确定，根据水塔在管网中的位置和实际工作情况，可参照网前水塔和对置水塔的有关公式计算。

网中水塔的优点是：可充分利用乡镇高处地形，可大量节约供水能量；其缺点是：当水塔与泵站之间给水分界线处的地面高程及最小服务水头和水塔后管网末端（控制点）处的地面高程及最小服务水头相差较大时，水塔高度的计算将趋于复杂化，并且此时的水塔负担过重。

（七）加压泵站管网

随着乡镇的发展，给水区不断扩大，用水量大幅度增加，二级泵站的扬程再也不能满足用户对水压的要求时，如果用提高二级泵站的水泵扬程来满足给水要求，会带来经济和技术两方面的问题，即会出现在靠近泵站的区域内给水压力远高于用户所需水压，造成给水能量的极大浪费，给水管道将承受过大的压力，水管易爆裂而出现漏水和断水事故等问题。所以在这种情况下，不宜提高二级泵站的扬程，而适宜于在管网中途设置加压泵站，或者由用水大户自己设置加压泵站。

对于设置水塔的供水管网，随着乡镇用水量的增加，当旧的水塔失去了调节水量和水压的作用时，也可以设置加压泵站，从而使水塔仍能继续发挥其调节作用。当供水管网管线很长时，增加二级泵站扬程也会带来上述的经济和技术问题，也须设置加压泵站来满足给水系统对水量和水压的要求。在城市水资源不丰富的情况下，为弥补局部地区供水不足，由各用水大户自己设置加压泵站，也是一种解决问题的途径。设置加压泵站后，在不提高、甚至降低二级泵站扬程的情况下，可将两部分地区的水压提高。这样，不仅可节省动力费用，而且可使整个给水区的水压比较均匀。此外，通过调度使加压泵站在高峰用水时开机，在用水量小时停机，还能使二级泵站经常处于高效率下工作。

本 章 小 结

乡镇给水工程是新农村建设必不可少的基础设施。本章重点阐述乡镇给水系统的给水类型、给水方式，给水工程中用水量的变化及设计用水量的计算；给水系统中各部分流量的关系及计算、清水池及水塔容积的计算；各部分水压关系及各类工况下水泵扬程的确定。通过本章学习，培养学生根据用户资料确定总用水量及各系统用水流量的能力；具备清水池和水塔容积计算的能力；能根据各种工况确定供水系统控制点，从而确定各级泵站扬程和水塔高度的能力。

复 习 思 考 题

一、单选题

（1）一级泵站、取水构筑物等均按（　　）进行设计。

    A. 平均日用水量　　　　　　　　B. 最高时用水量

    C. 最高日用水量　　　　　　　　D. 最高日平均时用水量

（2）村镇给水管网保持的最小自由水压应根据供水区域的建筑物层数确定，一层为10m，二层为12m，三层及以上每增加一层增加（　　）的水头，以满足用户的水压要求。

    A. 2m　　　　　　　B. 3m　　　　　　　C. 4m　　　　　　　D. 5m

二、多选题

(1) 乡镇供水系统由 (　　) 部分组成。

A. 取水构筑物　　　B. 净水构筑物　　　C. 输配水管网　　　D. 水塔　E. 水泵

(2) 农村供水按其用水目的的不同，主要用水类型有 (　　)。

A. 居民生活用水　　B. 乡镇企业用水　　C. 公共建筑用水　　D. 灌溉用水

三、简答题

(1) 乡镇设计用水量包括哪些内容？

(2) 什么是日变化系数和时变化系数？利用时变化系数如何计算最高日用水量？

(3) 水塔用来调节什么用水量的？

(4) 清水池用来调节什么用水量的？

(5) 如何确定水塔的调节容积？

(6) 如何确定有水塔和无水塔时清水池的调节容积？

(7) 什么是给水管网的最小服务水头？

(8) 无水塔管网的二级泵站水泵扬程如何计算？

四、计算题

某乡镇现有人口 3200 人，牲畜用水总共为 45m³/d；生产用水总共为 90m³/d；根据当地情况，人口自然增长率确定为 1.2%，设计年限按 15 年计；生活用水的最高日用水量标准按 60L/(人·d) 考虑；未预见水量按 15% 计算，管网漏失水量按 5% 计算；水厂每天工作 24h，水厂自用水量按 10% 计算，时变化系数采用 2.0。试确定该水厂的设计用水量和供水系统各组成部分的设计流量。

第二章 乡镇排水概论

【学习目标】 掌握乡镇排水系统的体制及其分类；熟悉排水体制的选择及排水系统的组成；了解乡镇排水系统的布置形式。

第一节 乡镇排水系统的体制与选择

一、乡镇排水系统的体制

乡镇排水主要是指排除生活污水、工业污水、雨水三大部分。生活污水又可分为居民生活污水、公共设施排水、工业企业内生活污水和淋浴污水三部分。居民生活污水和公共设施排水的总和又可称为综合生活污水。居民生活污水是指居民日常生活中洗涤、冲洗厕所、洗澡等产生的污水。公共设施排水是指娱乐场所、宾馆、浴室、商业网点、学校和机关办公室等地方产生的污水。工业废水是指工业企业在生产过程中所产生的废水，它可分为生产污水和生产废水两种。生产污水是指在生产过程中受到严重污染的工业废水，而生产废水是指受到轻微污染的工业废水。如果工业废水的水质满足（或经过处理后满足）《污水综合排放标准》（GB 8978—1996）和《污水排入城市下水道水质标准》（CJ 3082—1999）的要求，则可直接就近排入乡镇污水管道系统，与生活污水一起输送到污水处理厂进行处理后排放或再利用。

对于乡镇中的生活污水、工业废水和雨水，所采取的汇集排除方式称为乡镇排水系统的体制，简称排水体制。它一般分为合流制和分流制两种类型。

（一）合流制排水系统

将生活污水、工业废水和雨水用一个管渠系统来汇集和排除的系统称为合流制排水系统。根据生活污水、工业废水和雨水汇集后的处置方式，可将合流制排水系统分为以下两种情况。

1. 直泄式合流制

城市污水与雨水径流不经任何处理直接排入附近水体的合流制称为直排式合流制排水系统。国内外老城区的合流制排水系统均属于此类。

2. 截流式合流制

随着工业化的不断发展，污水对环境造成的污染越来越严重，必须对污水进行适当的处理才能够减轻城市污水和雨水径流对水环境造成的污染，为此产生了截流式合流制排水系统。

这种系统是将管渠中的生活污水、工业废水和雨水，一起排向沿河的截流干管。晴天时全部输送到污水处理厂；雨天时当生活污水、工业废水和雨水的混合量超过一定数量时，其超出部分通过溢流井泄入水体。这种系统在经济条件比较发达的乡镇应用较多。

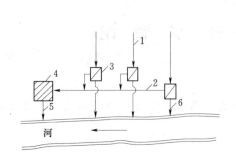

图 2-1 截流式合流制排水系统
1—干管；2—截流主干管；3—溢流井；
4—污水厂；5—出水口；6—溢流出水口

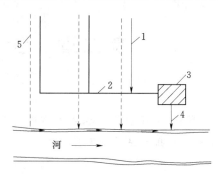

图 2-2 分流制排水系统
1—污水干管；2—污水主干管；3—污水厂；
4—出水口；5—雨水干管

（二）分流制排水系统

将生活污水、工业废水和雨水分别用两个或两个以上各自独立的管渠来汇集和排除的系统，称为分流制排水系统。其中排除生活污水和生产污水的系统称作污水排水系统；排除雨水和生产废水的系统称作雨水排水系统（图2-2）。

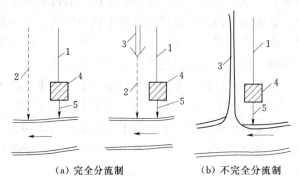

（a）完全分流制 　　（b）不完全分流制

图 2-3 完全分流制及不完全分流制排水系统
1—污水管道；2—雨水管渠；3—原有渠道；
4—污水厂；5—出水口

由于排除雨水方式的不同，分流制排水系统又分为完全分流制和不完全分流制两种形式（图2-3）。在乡镇中，完全分流制排水系统具有污水排水系统和雨水排水系统，而不完全分流制只有污水排水系统，雨水沿地面、道路边沟和明渠泄入天然水体；或者为补充原有渠道输水能力的不足而修建部分雨水管道，待乡镇进一步发展后，将其转变为完全分流制排水系统。

二、乡镇排水体制的选择

合理选择排水系统的体制，是乡镇排水系统规划设计中的重要问题。它不仅从根本上影响排水系统的设计、施工、维护管理，而且对乡镇和乡镇企业的规划及环境保护影响深远，同时也影响排水系统工程的总投资和初期投资以及运行管理费用。通常，排水体制的选择应满足环境保护的需要，根据当地经济条件，通过技术经济比较确定。

从环境保护方面看，采用截流式合流制，对控制和防止水体污染比较有利，但截流干管尺寸大，污水厂规模大，建设费用也相应增高。雨天仍有部分混合污水通过溢流井直接泄入水体，易对受纳水体造成周期性污染。分流制只将乡镇中的生活污水和生产污水送往污水厂进行处理，这可降低污水厂的规模，节省建设费用。但较脏的初降雨水未加处理就直接泄入水体，也会对受纳水体造成污染。总而言之，分流制排水系统对于保护环境、防止水体污染要优于截流式合流制排水系统。

从造价方面看，合流制排水管渠系统的造价比完全分流制低20%～40%，可是合流制的泵站和污水厂的造价却比分流制高。但由于管渠造价在排水系统总造价中占70%～80%，所以从总造价来看，完全分流制一般比合流制高。从初期投资来看，不完全分流制因初期只建污水排水系统，因而可节省初期投资，缩短工期，发挥工程效益也快。因此，目前尚不发达的乡镇可根据当地实际情况，采用不完全分流制排水系统。

从维护管理方面看，晴天时，污水在合流制管道中是非满流，管内流速较低，易产生沉淀。雨天时才逐渐达到满流，沉淀物易被暴雨冲走。这样，合流管道的维护管理费用可以降低。但晴天和雨天时进入污水厂的水量水质变化很大，增加了污水厂运行管理的复杂性。分流制可以保持管内的流速，不致产生沉淀，同时，进入污水厂的水量水质变化小，污水厂的运行管理也较方便。

从施工方面来看，合流制管渠总长度短，管线单一，减少与其他地下管线和构筑物的交叉，管渠施工简单，对人口稠密、街道狭窄、地下设施较多的乡镇更为适用。

总之，排水系统体制的选择，应根据乡镇规划、环保要求、污水利用情况、原有排水设施、水质、水量、地形、气候和水体等条件，从全局出发，在满足环保要求的前提下，通过技术经济比较，综合考虑确定。截流式合流制对水体有周期性污染，所以新建的排水系统宜采用分流制。经济不发达的乡镇可采用不完全分流制，待经济发展后再改造成完全分流制。但在附近有较大河流或近海的乡镇，或在街道较窄、地下设施较多、修建雨污两条管线有困难的乡镇，或在雨水稀少、废水能够全部处理的乡镇等，采用合流制排水系统可能是有利的、合理的。

三、乡镇排水系统的组成

（一）乡镇污水排除系统的组成

乡镇污水包括排入乡镇污水管道的生活污水和工业废水。这些用以收集和排除乡镇污水的管道系统称为乡镇污水排除系统。它一般由下列4个部分组成。

1. 室内污水管道系统和设备

室内污水管道系统和设备的作用是收集生活污水，并将其排出至室外庭院或街坊污水管道中去。

2. 室外污水管道系统

埋设在地面下依靠重力流输送污水至泵站、污水厂或水体的管道系统称为室外污水管道系统。它分为庭院或街坊管道系统和街道管道系统。

（1）庭院或街坊管道系统。敷设在一个庭院下，并连接各房屋出户管的管道系统称为庭院管道系统。敷设在一个街坊下，并连接一群房屋出户管或整个街坊内房屋出户管的管道系统称为街坊管道系统（图2-4）。生活污水经室内管道系统流入庭院或街坊管道系统，然后再流入街道管道系统。为了控制庭院或街坊污水管道并使其良好地工作，在该系统的终点设置检查井，称为控制井。控制井通常设在庭院内或房屋建筑界线内便于检查的地点。

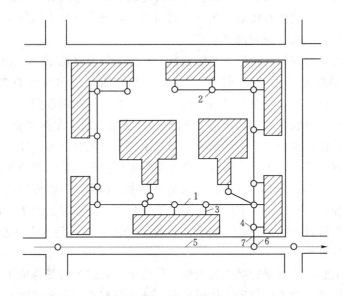

图 2-4 街坊污水管道系统布置

1—污水管道；2—检查井；3—出户管；4—控制井；

5—街道管；6—街道检查井；7—连接管

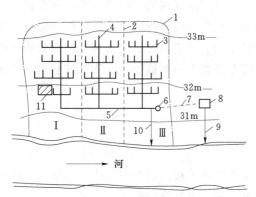

图 2-5 乡镇污水排除系统平面示意图

1—乡镇边界；2—排水流域分界线；3—支管；4—干管；

5—主干管；6—总泵站；7—压力管道；8—污水厂；

9—出水口；10—事故排除口；11—工厂

（2）街道污水管道系统。敷设在街道下用以排除庭院或街坊管道流来的污水。在一个乡镇内，该系统由支管、干管、主干管组成（图 2-5），支管承接由庭院或街坊污水管道流来的污水。干管汇集输送由支管流来的污水。主干管汇集输送由两个或两个以上干管流来的污水。污水经主干管输送至总泵站、污水厂等。

3. 污水泵站及压力管道

污水一般以重力流排除，但当受到地形等条件限制使重力流有困难时，就需要设置泵站。泵站分为局部泵站、中途泵站和总泵站等。压送从泵站流出的污水至高地自流管道或污水厂的承压管段，称压力管道。

4. 污水厂

供处理和利用污水、污泥的一系列构筑物及附属构筑物的综合体称为污水厂。它通常设置在河流的下游地段，并与居民点或公共建筑保持一定的卫生防护距离。

污水排入水体的渠道和出口称出水口，它是乡镇污水排除系统的终端设备。事故排出口是指在污水排除系统的中途，在某些易于发生故障的组成部分前面设置的辅助性出水渠。一旦发生故障，污水就通过事故排出口直接排入水体。

（二）工业废水排除系统的组成

在乡镇企业中，有些工业废水是直接排入污水管道或雨水管道的，不单独形成排水系统，而有些工厂需单独设置工业废水排除系统，它主要由下列各个部分组成：

（1）车间内部管道系统和排水设备。

（2）厂区管道系统及附属设备。

（3）污水泵站及压力管道。

（4）废水处理站。

（5）出水口。

（三）雨水排除系统的组成

雨水排除系统主要由下列各部分组成：

（1）房屋的雨水管道系统和设备。

（2）街坊或厂区雨水管渠系统。

（3）街道雨水管渠系统。

（4）排洪沟。

（5）出水口。

上述各排水系统的组成部分，对每一个具体的排水系统来说并不一定都完全具备，必须结合当地具体条件来确定排水系统内所需要的组成部分。

四、乡镇排水系统与乡镇企业排水系统的关系

在规划乡镇企业排水系统时，对于工业废水的治理，应从改革生产工艺和技术革新入手，力求把有害物质消除在生产过程中，做到不排或少排废水。对于必须排入乡镇排水管道的工业废水，其水质应符合《工业三废排放试行标准》（GBJ 4—1973）中的有关规定；若须进行二级生物处理，其水质还应符合《城镇污水处理厂污染物排放标准》（GB 8978—2002）中的有关规定。当乡镇企业排出的工业废水不能满足上述要求时，应在厂区内设置废水局部处理设施，将废水处理至符合要求后，再排入乡镇排水管道。

第二节 乡镇排水系统布置

污水管道系统是收集输送乡镇污水的管道及其附属构筑物。其设计依据是当地乡镇总体规划和排水系统规划。主要设计内容是在适当比例的地形图上划分排水流域；布置管道系统；计算污水设计流量；进行管道水力计算，从而确定管径、设计坡度、埋设深度；确定污水管道在道路横断面上的位置；绘制管道平面图和纵剖面图。

一、确定排水区界、划分排水流域

排水区界是污水排除系统设置的界限。凡是采用完善卫生设备的建筑区都应设置污水管道，它决定于乡镇规划的设计规模。

在排水区界内，一般按地形划分排水流域。在地势起伏及丘陵地区，流域分界线与分水线基本一致，每个排水流域就是由分水线围成的地区。在地势平坦的地区，可按面积的

大小划分，使相邻流域的管道系统负担合理的排水面积，每个流域的污水都能自流排水。

二、管道定线和平面布置的组合

在乡镇地形图上确定污水管道的位置和走向，称为污水管道的定线。它一般按主干管、干管、支管的顺序依次进行。定线应遵循的主要原则是尽量以较短的管线和较小的管道埋深，使最大区域内的污水能自流排出。

（一）影响污水管道系统平面布置的因素

（1）乡镇地形和水文地质条件。

（2）乡镇的远景和竖向规划及修建顺序。

（3）排水体制、污水厂和出水口位置。

（4）排水量大的乡镇企业和大型公共建筑的分布情况。

（5）道路宽度和交通情况。

（6）地下管线和其他地面上下障碍物的分布情况。

（二）污水管道系统平面布置的方法

（1）根据乡镇地形特点和污水厂、出水口的位置，利用地形，先布置主干管。主干管一般布置在排水流域内较低的地带，沿集水线或河岸等低处敷设，以便干管的污水能自流汇入。

（2）干管一般沿乡镇道路布置。通常设在污水量较大、地下管线较少一侧的人行道、绿化带或慢车道下。

（3）支管的布置取决于地形和街坊建筑特征，并应便于用户接管排水。

（4）污水管道应避免穿越河道、铁路、地下建筑或其他障碍物，尽量减少与其他地下管线的交叉。

（5）尽可能顺坡排水，使管道的坡度与地面坡度一致，以减小管道的埋深。为节省工程造价和经营管理费，要尽量不设或少设中途提升泵站。

（6）管线布置要简洁，尽量节约大管道的长度。

（三）乡镇污水管道系统的平面布置形式

（1）污水干管的布置按干管与地形等高线的关系分为平行式和正交式两种。

平行式布置的特点是干管与等高线基本平行，而主干管则与等高线基本垂直，如图2－6所示。此种形式适用于地形坡度较大的乡镇，这样可以减少管道埋深、改善管道的水力条件，避免采用过多的跌水井。

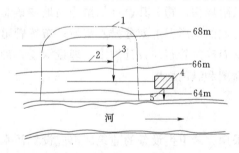

图 2－6　污水干管平行式布置

1—排水区界；2—干管；3—主干管；
4—污水厂；5—出水口

正交式布置的特点是干管与等高线基本垂直，而主干管则布置在乡镇较低的一边，与等高线基本平行，如图2－7所示。此种形式适用于地形比较平坦、向一边稍有倾斜的乡镇。

（2）污水支管的布置形式分为低边式、围坊式和穿坊式。

低边式是将支管布置在街坊地形较低的一

边，如图 2-8 所示。它的布置特点是管线较短，在乡镇规划中使用较多。

围坊式是将支管布置在街坊四周，如图 2-9 所示。它适用于地势平坦的大型街坊。

穿坊式是将污水支管穿过街坊，而街坊四周不设污水支管，如图 2-10 所示。该布置形式的特点是管线较短，但只适用于乡镇建筑规划已确定的新村式街坊。

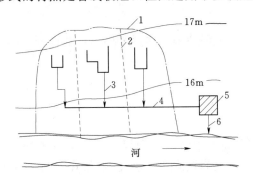

图 2-7 污水干管正交式布置

1—排水区界；2—排水流域分界线；3—干管；
4—主干管；5—污水厂；6—出水口

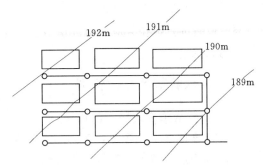

图 2-8 污水支管低边式布置

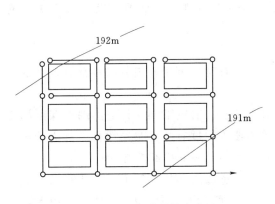

图 2-9 污水支管围坊式布置

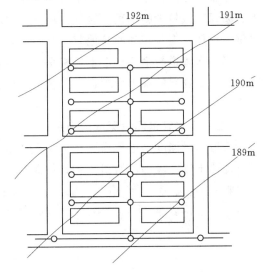

图 2-10 污水支管穿坊式布置

三、控制点的确定和泵站的设置地点

在污水排水区界内，对管道系统的埋深起控制作用的地点称为控制点。各条管道的起点大都是这条管道的控制点。这些控制点中离出水口最远最低的一点，通常是整个管道系统的控制点。该点的管道埋深，决定了整个管道系统的埋深。

确定控制点的管道埋深，一方面应根据乡镇的竖向规划，保证排水区界内各点的污水都能够排出，并考虑发展，在埋深上适当留有余地；另一方面，不能因照顾个别控制点而增加整个管道系统的埋深。对此通常采取加强管材强度，填土提高地面高程以保证最小覆土厚度，设置泵站提高管位等措施，减小控制点的管道埋深，从而减小整个管道系统的埋深，降低工程造价。

当管道埋深超过最大埋深时，应设置泵站来提高下游管道的管位，这种泵站称为中途泵站。地形复杂的乡镇，往往需要将地势较低处的污水抽升到较高地区的管道中去，这种抽升局部地区污水的泵站称为局部泵站。污水厂中的处理构筑物一般都建在地面上，而污水主干管终端的埋深都很大，因此由主干管输送来的污水需用泵抽升到处理构筑物，这种泵站称为终点泵站或总泵站。

泵站设置的具体位置应考虑环境卫生、地质、电源和施工条件等因素，并征询卫生主管部门的意见。

四、污水管道的具体位置

（一）污水管道在道路上的位置

污水管道是重力流管道，管道（尤其是干管和主干管）的埋设深度较大且有很多连接支管，若管线位置安排不当，将会造成施工和维修的困难。所以必须在各种地下设施、工程管线综合规划的基础上合理安排其在街道横断面上的空间位置。所有地下管线应尽量布置在人行道、非机动车道和绿化带下，只有在条件受限的情况下，才考虑将埋深大、修理次数较少的工程管线（如污水、雨水管）布置在机动车道下。由于污水管道难免渗漏、损坏，会对相邻的其他管线产生不利影响，或对附近建筑物、构筑物的基础造成危害，当污水管道与生活给水管道相交时，应敷设在生活给水管道的下面。污水管道与其他管线（构筑物）的最小净距，在《城市工程管线综合规划规范》（GB 50289—2016）中有规定。

（二）污水管道埋设深度的确定

管道埋设深度是指管道内壁底到地面的距离。有时也可用管道外壁顶部到地面的距离，即覆土厚度表示，如图 2-11 所示。

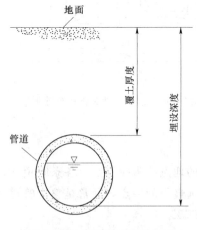

图 2-11　管道埋深设计深度
与覆土厚度

为了降低造价，缩短工期，管道的埋设深度越小越好。但管道覆土厚度有一个最小限值，称为最小覆土厚度，它是为满足如下技术要求而提出的：

（1）防止冰冻膨胀而损坏管道。生活污水温度较高，即使冬天，水温也不低于 4℃。此外，污水管道按一定坡度敷设，管内污水以一定的流速不断流动。因此，不必把整个污水管道都埋设在土壤冰冻线以下。《室外排水设计规范》（GB 50014—2006）规定：无保温措施的管道或水温与生活污水接近的工业废水管道，管底可埋设在冰冻线以上 0.15m。有保温措施或水温较高的管道，管底在冰冻线以上的距离可以加大。

（2）为了防止管壁因地面荷载而被破坏，要有一定的管顶覆土厚度。《室外排水设计规范》（GB 50014—2006）规定，在车行道下，管顶最小覆土厚度不小于 0.7m；在保证管道不被外部荷载损坏时，最小覆土厚度可酌情减小。

（3）必须满足道路连接管在衔接上的要求。在气候温暖的平坦地区，管道的最小覆土厚度取决于室内污水出户管的埋深。道路污水管必须承接街坊污水管，而街坊污水管又必须承接室内污水出户管。从安装技术上讲，室内污水出户管的最小埋深一般为 $0.55 \sim 0.65\text{m}$。所以街坊污水管起端的埋深一般不小于 $0.60 \sim 0.70\text{m}$。

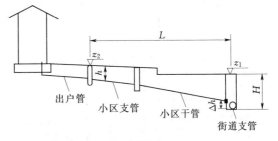

图 2-12 污水管道最小埋深示意图

街道污水管起点埋深可按下式计算（图 2-12）：

$$H = h + iL + z_1 - z_2 + \Delta h \qquad (2-1)$$

式中 H——道路污水管道的最小埋深，m；

$\quad h$——街坊污水管起端的最小埋深，m；

$\quad z_1$——街道支管检查井处地面标高，m；

$\quad z_2$——小区支管起端检查井处地面标高，m；

$\quad i$——街坊污水管和连接支管的坡度；

$\quad L$——街坊污水管和连接支管的总长度，m；

$\quad \Delta h$——连接支管与道路污水管的管内底标高差，m。

对每一个具体管段，考虑上述三个不同的技术要求，可得到三个不同的埋深或覆土厚度值。其中最大值即为该管段允许最小覆土厚度或最小埋设深度。

除考虑管道起端的最小埋深外，尚应考虑最大埋深问题。当管道的敷设坡度大于地面坡度时，管道的埋深就会越来越大，平坦地区的乡镇更为突出。埋深越大，则工程造价愈高。管道的最大允许埋深应根据技术经济指标和施工方法确定。一般在土壤中不超过 $7 \sim 8\text{m}$；在多水、流沙、石灰岩地层中不超过 5m。当管道的埋深超过最大埋深时，应考虑设置中途泵站等措施，以减少管道的埋深。

五、污水管道的衔接

在污水管道中，为了满足衔接与养护管理的要求，通常设置检查井。在检查井中，必须考虑上下游管道衔接时的高程关系。管道衔接应遵循以下两个原则：

（1）尽可能提高下游管段的高程，以减少管道埋深，降低造价。

（2）避免在上游管段中形成回水造成淤积。

管道通常有水面平接和管顶平接两种衔接方法，如图 2-13 所示。

水面平接是指在水力计算中，使上游管段终端和下游管段起端在设计充满度条件下的水面相平，即水面标高相同。它一般用于上下游管径相同的污水管道的衔接。

管顶平接是指在水力计算中，使上游管段终端和下游管段起端的管顶标高相同。它一般用于上下游管径不相同的管道衔接。

无论采用哪种衔接方法，下游管段起端的水面和管底标高都不得高于上游管段终端的水面和管底标高。

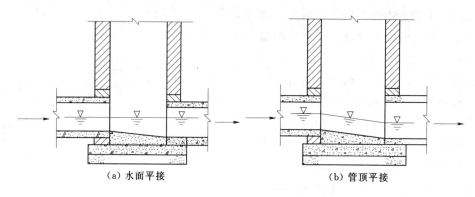

（a）水面平接 （b）管顶平接

图 2 – 13 污水管道的衔接

本 章 小 结

本章主要介绍了乡镇排水系统体制的类型及根据不同类型的适用条件合理地选择排水系统的体制，同时讲述了排水系统体制的组成及各组成部分的功能。

污水管道系统是收集输送乡镇污水的管道及其附属构筑物。其设计依据是依靠当地乡镇总体规划和排水系统规划。简单介绍了排水系统即污水管道系统的布置形式。

复 习 思 考 题

一、单选题

（1）从造价方面看，合流制排水管渠系统的造价比完全分流制低（ ）。

A. 20%～40% B. 30%～50% C. 40%～60% D. 70%～80%

（2）污水管道的控制点一般在（ ）

A. 各条管道的起点 B. 管道的最高点

C. 距离污水厂最近的点 D. 提升泵房的位置

二、多选题

（1）乡镇排水系统体制的类型分为（ ）。

A. 合流制排水系统 B. 分流制排水系统

C. 直泄式合流制 D. 截流式合流制

（2）污水管道的衔接有（ ）。

A. 水面平接 B. 管顶平接 C. 管底平接 D. 管口平接

三、简答题

（1）简述乡镇污水排水系统的组成。

（2）简述污水管道埋设深度的确定。

第三章 水源水质及取水构筑物

【学习目标】 本章主要介绍了乡镇取水水源的种类及水源特点，饮用水水源标准，地表水取水构筑物和地下水构筑物的种类及取水方法等，要求重点掌握饮用水标准和取水构筑物的形式及取水方法，学会如何选择取水构筑物。

第一节 水 源

一、水源的种类及特点

乡镇给水工程水源的种类较多，按其存在形式分主要有地表水水源和地下水水源两类。水源选择的主要条件是水源的水量和水质。水源选择的恰当与否直接关系到用水的安全性、可靠性、经济性。

（一）地表水水源

1. 江河

江河水流程长，流量大，水量和水质易受到季节和降水的影响。水的浊度和细菌一般均高于湖泊和水库水，含盐量和硬度一般较湖泊和水库水偏低，且易受到工业废水、生活污水、农药等污染。

2. 湖泊和水库

湖泊和水库水水体大，水量充足，水量和水质受季节和降水的影响一般比江河水小。水的浊度低，细菌含量较少，但水中的藻类等水生植物在春秋季节繁殖较快，可能引起臭味，水的含盐量和硬度一般较江河水高。

3. 山溪

山溪水水量和水质受季节和降水的影响较大，一般水质较好，水量小，浊度较低。在雨天漂浮物较多，水质迅速下降，但水量增多。

（二）地下水水源

1. 上层滞水

上层滞水处于地表和局部隔水层之间。一般分布范围不大，水量较小且不稳定，受当地气候影响较大，易受到污染，不宜作为可靠的饮用水水源。

2. 潜水

潜水是处于地表和第一个连续分布的隔水层之间，且具有自由水面。一般分布范围广，埋藏浅，易开采。根据含水层的性质不同，水量差异较大。水量和水位随着当地的气象因素也发生相应的变化。一般水的浊度较低，硬度较高，卫生可靠性差且易受到污染。目前是农村主要的饮用水水源之一。

3. 承压水

承压水是处于两个连续分布的隔水层之间或构造断层带及不规则裂隙中，具有一定水头压力的地下水。承压水一般埋藏较深，水量丰富稳定，水质好，不易受到污染，但硬度较高，是生活饮用水理想和重要的水源。

4. 泉水

泉水是地下水涌出地表的天然水点。根据泉水的补给来源和成因分为上升泉和下降泉两种。上升泉水来源于承压水，其水量、水质较稳定是良好的生活饮用水水源。下降泉水来源于上层滞水或潜水，水量和水质变化较大，作为饮用水水源时要慎重考虑。

此外，在裂隙发育的山区和溶洞较多的地区也可选择裂隙水和岩溶水作为生活饮用水水源。

（三）雨水

在地下水和地表水严重缺乏的农村地区，可利用集水构筑物收集雨水作为生活饮用水，一般储存于水池或水窖中，水量较小，水质较差。

二、水源的选择

水源选择主要从以下几方面考虑：

（1）水量充足可靠。不仅应该满足目前的需要，还应该满足未来发展的需要。不仅在丰水期满足，枯水期也应该满足。选择地表水时，其枯水期保证率不得低于90%。选择地下水时，开采量应低于含水层的允许开采量。

（2）水质好。水源的水质应符合《地面水环境质量标准》（GB 3838—2002）中关于Ⅲ类水域水质的规定或《生活饮用水水源水质标准》（CJ 3020—93）的要求。当原水水质不能满足上述规定时，应征得卫生主管部门的同意，采取必要的净水措施。

（3）水源的卫生条件好。取水点一般选择在取水点的上游，且做好卫生防护工作，防止人为对水源造成污染。

（4）技术可行，管理方便，经济合理。一般给水水源的选择应优先考虑符合国家有关规定的地下水，这是因为地下分布范围广、水量充足可靠，水质好且不易受到污染。若有多个水源供选择时，除了水质符合要求外，还应从技术可行，管理方便，经济合理等因素综合考虑。在有条件的农村，应尽量选择泉水或较高地势的水库作为水源，实现重力自流节省投资。另外，还应与当地的水利、农田建设等用水单位相互配合。

第二节 水 质 标 准

水质标准是为了控制水污染、保障人体健康、维护生态平衡、保护和合理利用水资源而对各种水的质量所制定的技术规范。

饮用水水质标准，仅表示人体对水中各种元素的适应能力，其某些指标还会随着环境的变异和病理学研究的深入而改变。生活饮用水水质标准和卫生要求必须满足三项基本要求：

1）流行病学安全，饮用水中不含病原体，以防止介质水传染病的发生和传播。

2）水中所含的化学物质，对人体健康不会产生急性或慢性不良影响。

3）感观性状良好，人们愿意使用。

表3-1和表3-2是2007年7月1日正式实施的《生活饮用水卫生标准》（GB 5749—2006）相关内容。水质常规指标又分为5类，即感官性状指标、化学指标、毒理学指标、微生物指标、放射性指标。

表3-1 水质常规指标及限值

指 标	限 值	指 标	限 值
1. 微生物指标[①]			
总大肠菌群（MPN/100mL 或 CFU/100mL）	不得检出	大肠埃希氏菌/(MPN/100mL 或 CFU/100mL)	不得检出
耐热大肠菌群（MPN/100mL 或 CFU/100mL）	不得检出	菌落总数/(CFU/mL)	100
2. 毒理指标			
砷/(mg/L)	0.01	氟化物/(mg/L)	1.0
镉/(mg/L)	0.005	三氯甲烷/(mg/L)	0.06
铬（六价）/(mg/L)	0.05	四氯化碳/(mg/L)	0.002
铅/(mg/L)	0.01	溴酸盐（使用臭氧时）/(mg/L)	0.01
汞/(mg/L)	0.001	甲醛（使用臭氧时）/(mg/L)	0.9
硒/(mg/L)	0.01	亚氯酸盐（使用二氧化氯消毒时）/(mg/L)	0.7
氰化物/(mg/L)	0.05	氯酸盐（使用复合二氧化氯消毒时）/(mg/L)	0.7
硝酸盐（以 N 计）/(mg/L)	10（地下水源限制时为20）		
3. 感官性状和一般化学指标			
色度（铂钴色度单位）	15	锌/(mg/L)	1.0
浑浊度/(NTU——散射浊度单位)	1（水源与净水技术条件限制时为3）	耗氧量（COD_{Mn}法，以 O_2 计）/(mg/L)	3水源限制，原水耗氧量>6mg/L 时为5
臭和味	无异臭、异味	硫酸盐/(mg/L)	250
肉眼可见物	无	溶解性总固体/(mg/L)	1000
pH 值	不小于6.5且不大于8.5	总硬度（以 $CaCO_3$ 计）/(mg/L)	450
铝/(mg/L)	0.2	氯化物/(mg/L)	250
铁/(mg/L)	0.3	挥发酚类（以苯酚计）/(mg/L)	0.002
锰/(mg/L)	0.1	阴离子合成洗涤剂/(mg/L)	0.3
铜/(mg/L)	1.0		
4. 放射性指标[②]（指导值）			
总 α 放射性/(Bq/L)	0.5	总 β 放射性/(Bq/L)	1

① MPN 表示最可能数；CFU 表示菌落形成单位。当水样检出总大肠菌群时，应进一步检验大肠埃希氏菌或耐热大肠菌群；水样未检出总大肠菌群，不必检验大肠埃希氏菌或耐热大肠菌群。

② 放射性指标超过指导值，应进行核素分析和评价，判定能否饮用。

表 3 - 2 水质非常规指标及限值

指　　标	限　　值	指　　标	限　　值
1. 微生物指标			
贾第鞭毛虫/(个/10L)	<1	隐孢子虫/(个/10L)	<1
2. 毒理指标			
锑/(mg/L)	0.005	钼/(mg/L)	0.07
钡/(mg/L)	0.7	镍/(mg/L)	0.02
铍/(mg/L)	0.002	银/(mg/L)	0.05
硼/(mg/L)	0.5	铊/(mg/L)	0.0001
一氯二溴甲烷/(mg/L)	0.1	1,1,1-三氯乙烷/(mg/L)	2
二氯一溴甲烷/(mg/L)	0.06	三氯乙酸/(mg/L)	0.1
二氯乙酸/(mg/L)	0.05	三氯乙醛/(mg/L)	0.01
1,2-二氯乙烷/(mg/L)	0.03	2,4,6-三氯酚/(mg/L)	0.2
二氯甲烷/(mg/L)	0.02	三溴甲烷/(mg/L)	0.1
七氯/(mg/L)	0.0004	林丹/(mg/L)	0.002
马拉硫磷/(mg/L)	0.25	毒死蜱/(mg/L)	0.03
五氯酚/(mg/L)	0.009	草甘膦/(mg/L)	0.7
六六六（总量）/(mg/L)	0.005	敌敌畏/(mg/L)	0.001
六氯苯/(mg/L)	0.001	莠去津/(mg/L)	0.002
乐果/(mg/L)	0.08	溴氰菊酯/(mg/L)	0.02
对硫磷/(mg/L)	0.003	2,4-滴/(mg/L)	0.03
灭草松/(mg/L)	0.3	滴滴涕/(mg/L)	0.001
甲基对硫磷/(mg/L)	0.02	乙苯/(mg/L)	0.3
二甲苯/(mg/L)	0.5	环氧氯丙烷/(mg/L)	0.0004
1,1-二氯乙烯/(mg/L)	0.03	苯/(mg/L)	0.01
1,2-二氯乙烯/(mg/L)	0.05	苯乙烯/(mg/L)	0.02
1,2-二氯苯/(mg/L)	1	苯并（a）芘/(mg/L)	0.00001
1,4-二氯苯/(mg/L)	0.3	氯乙烯/(mg/L)	0.005
三氯乙烯/(mg/L)	0.07	氯苯/(mg/L)	0.3
三氯苯/(总量)/(mg/L)	0.02	微囊藻毒素-LR/(mg/L)	0.001
六氯丁二烯/(mg/L)	0.0006	四氯乙烯/(mg/L)	0.04
丙烯酰胺/(mg/L)	0.0005	甲苯/(mg/L)	0.7
三卤甲烷（三氯甲烷、一氯二溴甲烷、二氯一溴甲烷、三溴甲烷的总和)	各种化合物的实测浓度与其各自限值的比值之和不超过1	邻苯二甲酸二（2-乙基己基）酯/(mg/L)	0.008
百菌清/(mg/L)	0.01		

（1）感官性状指标。感官性状是指水中某些物质对人的视觉、味觉和嗅觉的刺激。包括浑浊度、色、嗅和味等各项指标。

（2）化学指标。化学指标主要包括 pH 值、总硬度、铁、锰、铜、锌、氯化物、挥发酚等各项指标。水中的某些化学物质，一般情况下，对人体并不直接构成危害，但往往对生活使用产生种种不良影响。

（3）毒理学指标。毒理学指标主要包括氟化物、氰化物、砷、硒、铅、汞、镉、六价铬等，这类物质在水中达到一定浓度时，就会对人体健康造成危害。有些有毒物质能引起急性中毒，大多数有毒物质可在人体内积蓄，引起慢性中毒。

（4）微生物指标。人、畜粪便污水直接影响着水源的微生物指标，病菌对人体健康的威胁是不言而喻的。如伤寒、霍乱、痢疾等肠道传染病，一般均通过饮用水进行传播。对于病菌，目前尚无完善的技术进行检测，水中细菌总数和大肠菌群的测定比较方便，并能反映出水体遭受污染的程度及净化处理的效率高低。当饮用水中大肠菌群已不存在或残存极少时，其他病原菌也基本消灭。

（5）放射性指标。放射性对人体的危害是大家共知的。所以，生活饮用水标准中规定，总 α 放射性为 $0.1\mathrm{Bq/L}$，总 β 放射性为 $1.0\mathrm{Bq/L}$。

第三节　地表水取水构筑物

一、取水构筑物位置的选择

取水构筑物位置选择的恰当与否，直接影响取水的水质、水量和安全可靠性，以及工程投资、施工、运行管理等。因此，正确选择取水口位置是给水工程设计中十分重要的问题。选择取水口时应当深入现场，调查研究，全面掌握河流的特性，根据取水河段的水文、地质、卫生等条件，全面分析，综合考虑，提出几个可能的取水位置方案，然后进行技术经济比较确定最终的取水位置。选择取水构筑物位置时，应考虑以下基本要求：

（1）设在水质较好的地点。为了减少生活、生产污水的污染，取水口宜放在城镇的上游河段。设在污水排放口上游 $100\sim150\mathrm{m}$ 以上，若只能设在下游，应设在排放口下游 $1000\mathrm{m}$ 以外。对潮汐河段，应考虑涨潮回水时污水的污染，应通过调查确定回流污染的范围和程度，确定取水口位置。

（2）具有稳定的河床和河岸，靠近主流，有足够的水深。为避免河段冲淤影响取水构筑物，取水口应尽可能选在顺直的河段，且宜设在河床稳定、深槽主流近岸处，此河段通常也是河流较窄、流速较大、水深较大处。取水构筑物处最小水深要求为 $2.5\sim3.0\mathrm{m}$。

在弯曲河段，由于横向环流作用，凸岸易淤积，岸坡平缓，主流远岸，不宜设取水口。取水口宜选在水深岸陡、泥沙量少的凹岸，并在顶冲点下游 $15\sim20\mathrm{m}$ 处。

在有支流汇入干流的河段，取水构筑物应离开支流入口一定距离；在有边滩、沙洲的河段，应了解边滩、沙洲的发展趋势，取水构筑物应离开一定的距离。

（3）具有良好的地质、地形及施工条件。取水构筑物应设在地质构造稳定、承载力高的地基上，以节省工程造价，减小施工难度，提高取水构筑物的结构安全性。

（4）靠近主要用水区。取水构筑物位置应与整个用水区相适应。当用水区用水较均匀时，取水构筑物宜设在用水区的中部；当存在用水大户时，取水构筑物尽可能靠近主要用水区。这样做有利于提高配水均匀性，并减小大流量输水管长度和输水电费。

（5）应注意河流上人工构筑物或天然障碍物。人工构筑物，如桥梁、码头、丁坝、拦河坝等，会对河流特性产生影响。因此，取水构筑物位置选择要考虑它们的影响范围，如应设在桥梁上游 0.5～1.0km、下游 1.0km 以外；应距码头边缘 100m 以外等。

（6）应与河流的综合利用相适应。在选择取水构筑物位置时，应结合河流的综合利用，如航运、灌溉、排洪、水力发电等，全面考虑，统筹安排。在通航的河流上设置取水构筑物时，应不影响航船的通行，必要时应按照航道部门的要求设置航标，应注意了解河流上下游近远期内拟建的各种水工构筑物和整治规划对取水构筑物可能产生的影响。

二、取水构筑物的形式

按照取水构筑物的构造不同可分为固定式取水构筑物、移动式取水构筑物和山区浅水河流取水构筑物。固定式取水构筑物按照取水位置不同分为岸边式、河床式和斗槽式。移动式取水构筑物主要包括浮船式和缆车式。山区浅水河流取水构筑物主要有低坝式和底栏栅式。低坝式分为固定式低坝式和活动式低坝式，活动式低坝如橡胶坝、水力自动翻板闸、浮体闸等。

（一）固定式取水构筑物

1. 岸边式取水构筑物

直接从岸边进水口取水的构筑物称为岸边式取水构筑物，它由集水井和泵房两部分组成。岸边式取水构筑物无需在江河上建坝，适用于当河岸较陡，主流近岸，岸边水深足够，水质和地质条件都较好，且水位变幅稳定的情况，但水下施工工程量较大，且须在枯水期或冰冻期施工完毕。根据集水井与泵房是否合建，岸边式取水构筑物可分为合建式和分建式两种。

（1）合建式取水构筑物。合建式岸边取水构筑物是由集水井和取水泵站联合构成的整体构筑物，直接设于岸边，一般有阶梯式（图 3-1）和水平式（图 3-2）两种布置方式。河水经进水孔进入进水间，再经过吸水间进水孔进入吸水间，然后由水泵吸水管从吸水间抽水送至水处理厂或用户。进水间和吸水间统称为集水井，进水间和吸水间的进水孔上分别设有格栅和格网，用以拦截水中粗大和细小的杂质。

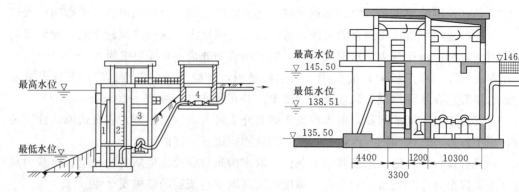

图 3-1　合建式岸边取水构筑物（阶梯式）
1—进水室；2—吸水室；3—泵房；4—切换井

图 3-2　合建式岸边取水构筑物（水平式）（单位：m）

（2）分建式岸边取水构筑物。当岸边地质条件差，泵房不宜建在岸边，或者分建对结构和施工有利时，宜采用分建式，即集水井设在岸边集水，泵房远离岸边一定距离，水泵通过较长的吸水管伸入吸水间吸水，如图3-3所示。

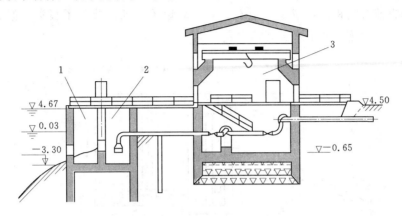

图3-3　分建式岸边取水构筑物（单位：m）

1—进水间；2—吸水间；3—泵房

2. 河床式取水构筑物

河床式取水构筑物与岸边式基本相同，它是用伸入江河中的进水管来代替岸边式进水间的进水孔。常用的河床式取水构筑物由取水头部、进水管、集水井和泵房四部分组成。

河床式取水构筑物按照集水井可与泵房是否合建，也可分为合建式和分建式两种，其适用条件和优缺点同岸边式。按照进水管引水方式不同，河床式取水构筑物有自流管式、虹吸管式、水泵直接吸水式等形式。

（1）自流管式。河水进入取水头部后经自流管靠重力流入集水井，这种取水构筑物称为自流管式取水构筑物，如图3-4所示。河水靠重力自流，管道埋设在最低设计水位以下，因此运行可靠。自流管一般不宜少于两条，当一条停止工作时，其余管道能通过70%的设计流量。进水管末端应设检修阀门。自流管式适用于河滩平缓、自流管埋深不大的场合。随着顶管技术的日趋成熟，自流管式取水构筑物得到越来越广泛的应用，特别在供水可靠性要求较高的场合，一般都采用此形式。

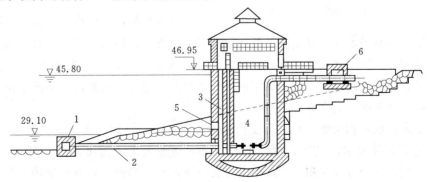

图3-4　自流管式取水构筑物（单位：m）

1—取水头部；2—自流管；3—集水井；4—泵房；5—进水孔；6—阀门井

（2）虹吸管式。当河滩高出最低水位的高度较大，埋设自流管开挖量大，或河滩为坚硬岩石，或自流管要穿越防洪堤时，可采用虹吸管引水，如图3-5所示。虹吸管最大虹吸高度不超过7m。为保证虹吸管运行可靠，其进出口应淹没在最低进出水位以下1.0m。虹吸管式与自流管式相比，减少了土石方量，缩短了工期，节约了投资。但启动要抽真空，对进水管材及施工质量要求高。

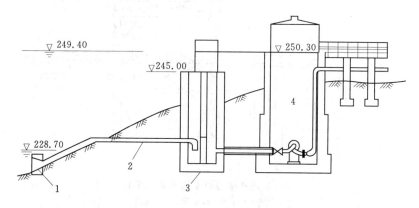

图3-5　虹吸管式取水构筑物（单位：m）
1—取水头部；2—虹吸管；3—集水井；4—泵房

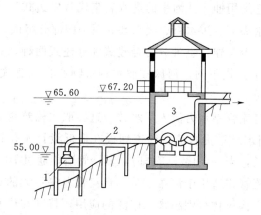

图3-6　水泵直接吸水式取水构筑物（单位：m）
1—取水头部；2—水泵吸水管；3—泵房

（3）水泵直接吸水式。在小型取水工程中，不设集水井，水泵吸水管直接伸入河中取水，如图3-6所示。在吸水口安装取水头部，再在其周围做简易的格栅拦污设施。水泵直接吸水式可利用水泵吸水高度抬高泵房底板高程，减小泵房深度，又省去进水间，故结构简单，造价较低。但此形式拦污不彻底，头部易堵塞，吸水管路多，运行可靠性差。因此，该形式适用于水中漂浮物不多、吸水管不长、安全要求不高的中小型取水构筑物。

取水头部设在进水管最前端，用以拦截河流漂浮物，调整进水方向和流态，使进水管引到水质较好的水。常见的取水头部有喇叭口式、蘑菇式、鱼形罩式、箱式等形式（图3-7～图3-10）。取水头部上设有进水格栅，根据水中所含漂浮物的种类、流速确定进水孔的朝向。进水孔应淹没在最低水位以下一定深度，并高出河床面一定高度。

（4）潜水泵取水构筑物。在水位变化较大的河流上，可用潜水泵直接取水，如图3-11所示。它不需要泵房，只需要建配电间，对大型潜水泵需建吸水井。因此结构简单，节约土建费用，减少占地面积，当水位变幅大时优点尤为突出；它安装维护方便，机泵整体安装，省去了繁琐的机泵对中安装，机泵潜于水中，平时基本不需维护。但一旦发生故障时检修困难，小型潜水泵效率较低。

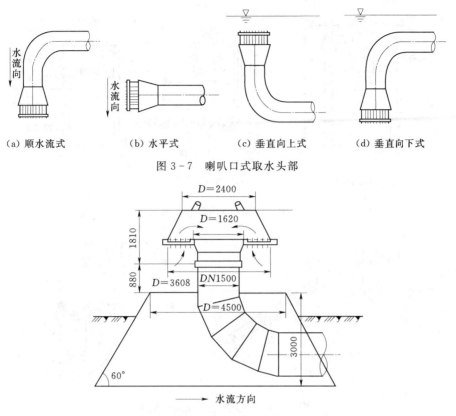

（a）顺水流式　　　（b）水平式　　　（c）垂直向上式　　　（d）垂直向下式

图 3-7　喇叭口式取水头部

图 3-8　蘑菇式取水头部（单位：mm）

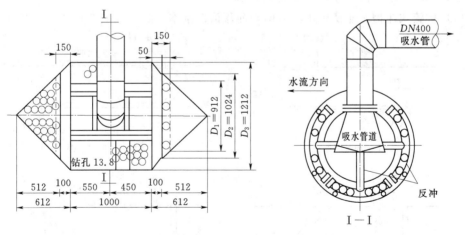

图 3-9　鱼形罩式取水头部（单位：mm）

3. 斗槽式取水构筑物

斗槽式取水构筑物由进水斗槽和岸边式取水构筑物组成，即在岸边式取水构筑物取水处的河流岸边用堤坝围成斗槽，利用斗槽中流速较小、水中泥沙易于沉淀、潜冰易于上浮的特点，减少泥沙和冰凌进入取水口，从而进一步改善水质。当河流含沙量大、冰凌严重时，宜采用斗槽式取水构筑物。斗槽的类型按其水流补给的方向可分为顺流式斗槽、逆流

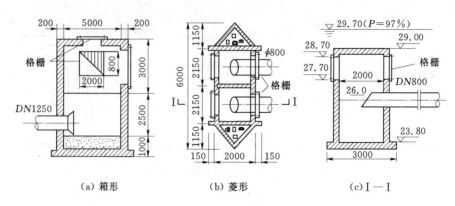

(a) 箱形　　　　(b) 菱形　　　　(c) Ⅰ—Ⅰ

图 3-10　箱式取水头部（单位：mm）

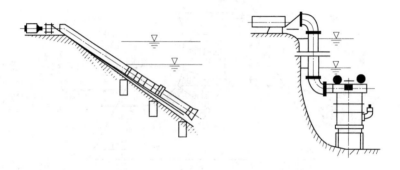

图 3-11　小型潜水泵取水构筑物

式斗槽、侧坝进水逆流式斗槽和双向式斗槽。

（1）顺流式斗槽。斗槽中水流方向与河流流向基本一致，如图 3-12（a）所示。这种

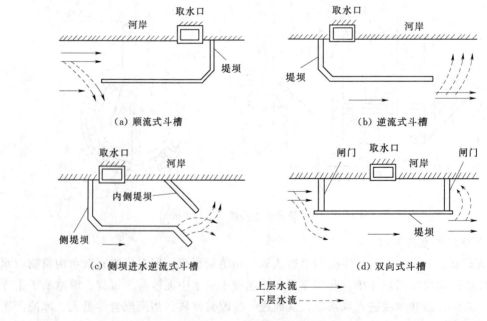

(a) 顺流式斗槽　　　　　　　　　　　(b) 逆流式斗槽

(c) 侧坝进水逆流式斗槽　　　　　　　(d) 双向式斗槽

上层水流 ————
下层水流 -------

图 3-12　斗槽式取水构筑物

形式取水时在斗槽进口处形成壅水和横向环流，使大量的表层水进入斗槽，大部分悬移质泥沙由于流速减小而下沉，河底推移质泥沙随底层水流出斗槽，故进入斗槽的泥沙较少，但潜冰较多，适用于含沙量较高但冰凌不严重的河流。

（2）逆流式斗槽。逆流式斗槽中水流方向与河流流向相反，如图 3 - 12 （b）所示。这种形式取水时在斗槽进水口处产生抽吸作用，使斗槽进口处水位低于河流水位，于是河流的底层水大量进入斗槽，故能防止漂浮物及冰凌进入槽内，并能使进入斗槽中的泥沙下沉、潜冰上浮，适用于冰凌情况严重、含沙量较少的河流。

（3）侧坝进水逆流式斗槽。在逆流式斗槽渠道的进口端建两个斜向的堤坝，伸向河心，如图 3 - 12 （c）所示。斜向外侧堤坝能被洪水淹没，内侧堤坝不能被洪水淹没。在有洪水时，洪水流过外侧堤坝，在斗槽内产生顺时针方向旋转的环流，将淤积于斗槽内的泥沙带出槽外，另一部分河水顺着斗槽流向取水构筑物。这种形式的斗槽适用于含沙量较高的河流。

（4）双向式斗槽。双向式斗槽是顺流式和逆流式的组合，兼有两者的特点，如图 3 - 12 （d）所示。当夏秋汛期河水含沙量大时，可打开上游端闸门，利用顺流式斗槽进水；当冬春季冰凌严重时，可打开下游端闸门，利用逆流式斗槽进水。这种形式的斗槽适用于冰凌严重且泥沙含量高的河流。

（二）移动式取水构筑物

1. 浮船式取水构筑物

浮船式取水构筑物是将水泵安装在浮船上，以适应水位涨落。它由装有水泵的浮船、敷设在岸坡上的输水管及连接输水管与浮船的活动联络管组成，如图 3 - 13 所示。

2. 缆车式取水构筑物

缆车式取水构筑物是将水泵安装在可沿坡道上下移动的缆车上以适应水位的变化。它由泵车、坡道、输水管、牵

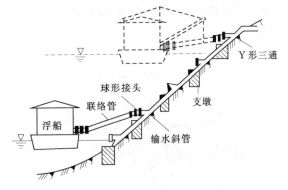

图 3 - 13　浮船式取水构筑物

引设备组成，如图 3 - 14 所示。与浮船式相比，缆车受风浪影响小，比浮船稳定，但投资大，适用于水位变幅大、涨落速度不大（≤2m/h）、无冰凌和漂浮物较少的河段。

（三）山区浅水河流取水构筑物

1. 固定式低坝

固定式低坝取水构筑物通常由拦河低坝、冲沙闸、进水闸或取水泵房等部分组成，其布置如图 3 - 15 所示。固定式低坝用混凝土或浆砌块石做成溢流坝式，坝高应能满足设计取水深度的要求，通常为 1～2m。由于筑低坝抬高了上游水位，使水流速度变小，泥沙易沉积，因此在靠近取水口进水闸处设置冲沙闸，并根据河道情况，修建导流整治设施，其作用是利用上下游的水位差，将坝上游沉积的泥沙排至下游，以保证取水构筑物附近不淤积。进水闸的轴线宜与冲沙闸轴线成较小的夹角（30°～60°），使含沙量较少的表层水从正面进入进水闸，含泥沙较多的底层水从侧面由冲沙闸排至下游，从而取得水质较好的水。

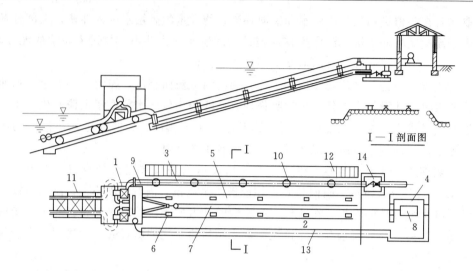

图 3－14　缆车式取水构筑物
1—泵车；2—坡道；3—输水管；4—绞车房；5—钢轨；6—挂钩座；7—钢丝绳；8—绞车；
9—联络管；10—叉管；11—尾车；12—人行道；13 电缆沟；14—阀门井

当河流水质常年清澈时，可不设冲沙闸。为了防止河床受冲刷，保证坝基安全稳定，一般在溢流坝、冲沙闸下游一定范围内需用混凝土或块石铺砌护坦，护坦上设消力墩、齿槛等消能设施。

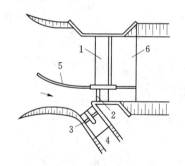

图 3－15　固定式低坝
1—低坝；2—冲沙闸；3—进水闸；4—引水渠；
5—导流墙；6—护坦

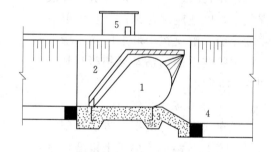

图 3－16　袋形橡胶低坝
1—橡胶坝袋；2—闸墙；3—闸底板；
4—清理仓；5—泵房

2. 活动式低坝

活动式低坝是新型的水工构筑物，枯水期能挡水和抬高上游的水位，洪水期可以开启，故能减少上游淹没的面积，并能冲走坝前沉积的泥沙，因此采用较多，但维护管理较复杂。近些年来广泛采用的新型活动坝有橡胶坝、水力自控翻板闸门、浮体闸等。

橡胶坝有袋形和片形。袋形橡胶坝（图 3－16）是用合成纤维织成的帆布，布面塑以橡胶，粘合成坝袋，锚固在坝基和边墙上，坝内充以空气或水，形成坝体挡水，洪水时排出袋中水或气体以落坝泄水。橡胶坝施工快，造价省，运行管理方便，但易磨损老化。

3. 底栏栅式取水构筑物

在河床较窄、水深较浅、河床纵坡降较大（一般 $i \geqslant 0.02$）、大粒径推移质较多、取水百分比较大的山区河流取水，宜采用底栏栅式取水构筑物。这种构筑物通过坝顶带栏栅的引水廊道取水，由拦河低坝、底栏栅、引水廊道、沉沙池、取水泵站等部分组成，其布置如图 3-17 所示。拦河低坝用以抬高水位，坝与水流方向垂直，坝身一般用混凝土或浆砌块石筑成。在拦河低坝的一段筑有引水廊道。廊道顶盖有栏栅。栏栅用于拦截水流中大颗粒推移质及树枝、冰凌等漂浮物，引水廊道则汇集流进栏栅的水并引至岸边引水渠或沉沙池。栏栅堰顶一般高于河床 0.5m，如需抬高水位，可建 1.2～2.5m 高的壅水坝。在河流水力坡降大、推移质泥沙多、河坡变缓处的上游，栏栅的堰顶可高出河床 1.0～1.5m，河水流经坝顶时，一部分通过栏栅流入引水廊道，其余河水经坝顶溢流。为了在枯水期及一般平水季节使水流全部从底栏栅上通过，坝身的其他部分可高于栏栅坝段 0.3～0.5m。沉沙池的作用是去除粒径大于 0.25mm 的泥沙。进水闸用以在栏栅及引水廊道检修时或冬季河水较清时进水。当取水量较大、推移质较多时，可在底栏栅一侧设冲沙室，用以排泄坝上游沉积的泥沙。为了防止冲刷，应在坝的下游用浆砌块石、混凝土等砌筑陡坡、护坦及消能设施。若河床有透水性好的砂卵石时，应清基或修筑铺盖做防渗处理。

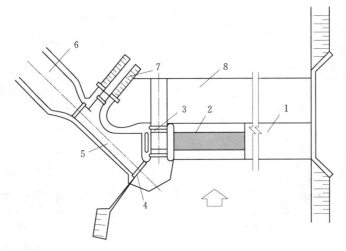

图 3-17　底栏栅式取水构筑物

1—低坝；2—底栏栅；3—冲沙室；4—进水闸；5—第二冲沙室；
6—沉沙池；7—排沙渠；8—防洪护坦

第四节　地下水取水构筑物

一、管井

管井由井壁和含水层中进水部分均为管状结构而得名。目前，在地下水取水构筑物中是最广泛的一种形式。管井的口径一般为 150～1000mm，深度为 10～1000m。通常所见的管井口径多在 500mm 左右，深度小于 150m。由于管井便于施工，因此被广泛用于各种类型的含水层，但习惯上多用于取深层地下水，在埋深大、厚度大的含水层中可用管井有效地集取地下水。按开凿深度（含水层的开发程度），管井又有完整式与非完整式之分

（图 3 - 18）。

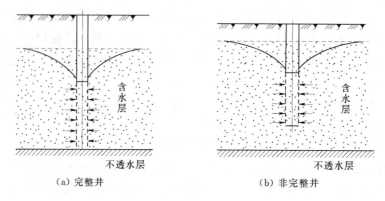

图 3 - 18　管井的类型

管井由井室、井壁管、过滤器、沉沙管组成，如图 3 - 19 所示。

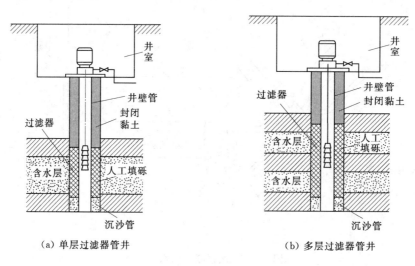

图 3 - 19　管井的构造

1. 井室

井室是用以安装抽水设备（水泵及出水管、配电设备），保持井口免受污染和进行维护管理的场所。此外，还要求有一定的采光、采暖、通风、防水、防潮设施。根据抽水设备的不同分为深井泵井室、潜水泵井室、卧室泵井室；根据井室结构形式的不同又分为地面式、地下式、半地下式。

2. 井壁管

井壁管的作用是加固井壁，隔离水质不良的含水层或水头较低的含水层，它作为出水的通道安装泵管。井壁管应具有足够的强度，内壁光滑圆整，以便安装抽水设备和井的清洗、维修。井壁管的管材可用钢管、铸铁管、钢筋混凝土管、石棉水泥管、塑料管等。随着井深的增加对管材的强度要求越高，如铸铁管一般适用于井深小于 250m 的范围，钢筋混凝土管适用于井深不大于 150m 的范围。

3. 过滤器

过滤器是管井的进水部分，它安装在含水层中用以集水并保持含水层的稳定，阻止沙、砾石等进入井内。过滤器是管井的关键部分，它的构造、材质、施工安装质量对管井的出水量、含沙量和工作年限有很大的影响。过滤器应具有足够的强度和抗蚀性，具有良好的透水性且能保持人工填砾和含水层的渗透稳定性。过滤器骨架的孔隙率应不小于含水层的孔隙率；同时受管材强度的制约，各种管材允许孔隙率为：钢管 30%～35%，铸铁管 18%～25%，钢筋水泥管 10%～15%，塑料管 10%。过滤器的类型很多，根据结构可分为骨架式过滤器 [图 3-20 (a)、(b)]、缠丝过滤器 [图 3-20 (c)、(d)]、包网过滤器 [图 3-20 (e)]、填砾过滤器 [图 3-20 (f)] 四种类型。过滤器类型的选择主要依据含水层颗粒大小和岩石性质。

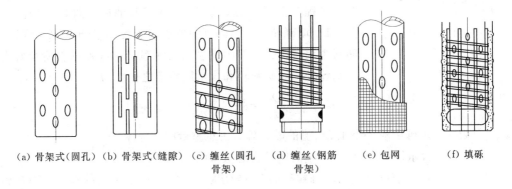

(a) 骨架式 (圆孔)　(b) 骨架式 (缝隙)　(c) 缠丝 (圆孔　　(d) 缠丝 (钢筋　　(e) 包网　　　　(f) 填砾
　　　　　　　　　　　　　　　　　　　　　骨架)　　　　骨架)

图 3-20　过滤器类型

(1) 骨架过滤器只由骨架组成，不带过滤层。仅用于井壁不稳定的基岩井，较多地用作其他过滤器的支撑骨架。

(2) 缠丝过滤器的过滤层由密集程度不同的缠丝构成。如管状骨架，则在垫条上缠丝；如钢筋骨架，则直接在其骨架上缠丝。缠丝为金属或塑料丝。一般采用直径 2～3mm 的镀锌铁丝；在腐蚀性较强的地下水中宜用不锈钢等抗蚀性较好的金属丝。生产实践中还曾使用尼龙丝、增强塑料丝等强度高、抗蚀性强的非金属丝代替金属丝，取得较好的效果。缠丝的间距应根据含水层颗粒组成，参照表 3-3 确定。

表 3-3　　　　　　　　　　　　　过滤器的进水孔眼直径或宽度

过 滤 器 名 称	进水孔眼的直径或宽度 d	
	岩层不均匀系数 $d_{60}/d_{10} < 2$	岩层不均匀系数 $d_{60}/d_{10} > 2$
圆孔过滤器	$(2.5\sim3.0)d_{50}$	$(3.0\sim4.0)d_{50}$
条孔和缠丝过滤器	$(1.25\sim1.5)d_{50}$	$(1.5\sim2.0)d_{50}$
包网过滤器	$(1.5\sim2.0)d_{50}$	$(2.0\sim2.5)d_{50}$

注　1. d_{60}、d_{50}、d_{10} 指颗粒中按重量计算有 60%、50%、10% 的颗粒小于这一粒径。
　　2. 较细砂层取小值，较粗砂层取大值。

缠丝的效果较好，经久耐用，适用于中砂及更粗颗粒的岩石与各类基岩。若岩石颗粒太细，要求缠丝间距太小，加工常有困难，此时可在缠丝过滤器外充以砾石。

(3) 包网过滤器由支撑骨架和滤网构成。为了发挥网的渗透性，需在骨架上焊接纵向垫条，网再包于垫条外。网外再绕以稀疏的护丝（条），以防磨损。网材有铁、铜、不锈钢、塑料压模等类，一般采用直径为 0.2～1mm 的铜丝网。网眼大小也可根据含水层颗粒组成，参照表 3-3 确定。过滤器的微小铁丝，易被电化学腐蚀并堵塞，因此也有用不锈钢丝网或尼龙网取代的。

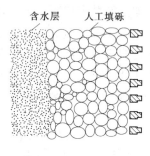

图 3-21　人工反滤层
（填砾）

（4）填砾过滤器以上述各种过滤器为骨架，围填以与含水层颗粒组成有一定级配关系的砾石层，统称为填砾过滤器。工程中应用较广泛的是在缠丝过滤器外围填砾石组成的缠丝填砾过滤器。这种人工围填的砾石层又称人工反滤层。由于在过滤器周围的天然反滤层是由含水层中的骨架颗粒的迁移而形成的，所以不是所有含水层都能形成效果良好的天然反滤层。因此，工程上常用人工反滤层取代天然反滤层（图 3-21）。

1）填砾粒径。填砾过滤器适用于各类砂质含水层和砾石、卵石含水层，过滤器的进水孔尺寸等于过滤器壁上所填砾石的平均粒径。填砾粒径和含水层粒径之比应为

$$\frac{D_{50}}{d_{50}} = 6 \sim 8 \qquad\qquad (3-1)$$

式中　D_{50}——填砾中粒径小于 D_{50} 值的砂、砾石占总重量的 50%；

　　　　d_{50}——含水层中粒径小于 d_{50} 的颗粒占总重量的 50%。

2）填砾厚度。填砾厚度为填砾粒径的 3～4 倍时，即能保持含水层的稳定，阻挡粉细砂大量涌入井内。生产实践中，为了扩大进水面积，增加出水量，弥补所选择填砾不完全符合要求的缺点，一般当含水层为粗砂、砾石时，填砾厚度为 150mm；当含水层为中、细、粉砂时，填砾厚度为 200mm。过滤器缠丝间距应小于填砾的粒径。

3）填砾的砾料要求。

a. 围填砾石质量的要求。除要求砾石本身必须保证颗粒浑圆度好、经过筛选冲洗、不含泥土杂物、符合规格标准外，还要求在填砾工序中做到及时填砾和均匀填砾，以防止产生滤料的蓬塞和离析等不良现象的产生，尽量满足填砾的设计标准。

b. 围填砾石数量的要求。在数量上应具备 10%～15% 的安全富余量，因在井孔钻进中可能会产生超径现象，相应地要增大填砾数量。

c. 围填砾石高度的要求。应根据滤水管的位置来确定，一般要求对所有设置滤水管的部位进行填砾，其高度应高出最上一层含水层 5～10m，以防止在洗井及抽水试验中因滤料下沉而产生滤水管涌沙等不良现象。

4）过滤器的直径。

过滤器的直径直接影响井的出水量，因此它是管井结构设计的关键。过滤器直径的确定，是根据井的出水量选择水泵型号，按水泵安装要求确定的。一般要求安装水泵的井段内径，应比水泵铭牌上标定的井管内径至少大 50mm。

4. 沉淀管

沉淀管接在过滤器的下端，用以沉淀进入井内的细小沙粒和自地下水中析出的沉淀物。沉淀管长度根据井深和含水层出沙大小而定，一般为 2～10m，井深小于 20m 时，沉

淀管长取 2m，井深 21～90m 时取 5m，井深大于 90m 时取 10m。

二、大口井

大口井是一种口径大、深度较小、广泛开采浅层地下水的取水构筑物，由于口径大（一般为 4～8m），故称为大口井。大口井是依赖其较大的口径增大周边和井底进水面积提高出水量的，一般多用于埋深小于 12m、厚度在 5～20m 的含水层。大口井具有构造简单、取材容易、使用年限长、容积大、能调节水量等优点。但大口井深度浅，对水位变化适应性差。

大口井有完整式和非完整式两种。一般含水层较薄（5～8m）时做成完整式，当含水层厚度大于 10m 时应做成非完整式。非完整式可采用透水的井底和井壁同时进水，进水面积大，效果好。

大口井由井筒、井口、进水部分组成，如图 3-22 所示。

（1）井筒。井筒是大口井的主体，用以加固围护井壁，支承含水层，形成大口井的腔室，同时也起到隔离不良含水层的作用。

井筒为一圆柱形，受力条件好，节省材料，且在平面上各向同性，有利于进水。用沉井法施工的井筒最下端应做成刃脚，以利于下沉过程中切削土层，便于下沉。为减小下沉摩擦阻力，刃脚部分的井筒外径比上部大 10～20cm，使切削的井孔直径大于上部井筒直径。刃脚高度应不小于 1.2m。井筒可用钢筋混凝土或砖、石等材料建造。

（2）井口。井口为大口井露出地表的部分，其作用是保护井口免受污染。为防止井

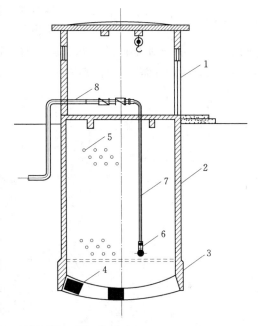

图 3-22　大口井的构造（与泵房合建）
1—泵房；2—井筒；3—刃脚；4—井底反滤层；
5—井壁透水孔；6—潜水泵；7—出水管；
8—出水总管

外地表污水流入井内或沿井壁下渗，井口应高于地表不小于 0.5m，并在井口周边修建宽度为 1.5m 的黏土封闭带。为避免杂物、洪水等进入井内，一般井口应加盖，井盖上设进人孔和通风管。当有防洪要求时，井盖应密闭，通风管应高于洪水位。当直接在井口上安装抽水设备时，井盖应符合水泵机组安装要求，水泵吸水管穿越盖板时应加设套管，以防泵房污水渗入。

（3）进水部分。进水部分有井壁进水孔或透水井壁、井底反滤层。井壁进水孔是在井筒上开设水平或倾斜的孔，孔内填入一定级配的砾石反滤层，以利进水，如图 3-23 所示。水平孔施工较方便，采用较多，一般采用直径为 100～200mm 的圆孔或 100mm×150mm～200mm×250mm 的矩形孔，交错排列于井壁，开孔率为 15% 左右。斜孔一般采用直径为 100～200mm 的圆孔，由内到外向下倾斜，与水平面夹角不大于 45°。为保持含

水层渗透稳定性，进水孔中填有两层反滤层，外细内粗。外层砾石粒径应与含水层粒径相适应。

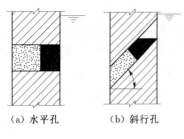

（a）水平孔　　（b）斜行孔

图 3-23　大口井井壁进水孔

透水井壁是用无砂混凝土制成，可以整体浇筑，也可以用 50cm×50cm×20cm 的无砂混凝土块砌筑。由于无砂混凝土强度较低，而大口井直径又较大，所以应每隔 1～2m 高度，设置环向钢筋混凝土圈梁一道，梁高通常为 0.1～0.2m。

井底反滤层是将大口井的整个井底做成可以进水的砾石反滤层，井底进水总面积大，进水效果好，是大口井主要的进水部分。其构造如图 3-24 所示，反滤层铺成锅底状，分 3～4 层铺设，砾石自下向上逐渐变粗，每层厚度 0.2～0.3m，刃脚处渗透压力较大，为防止涌沙，厚度应加大 20%～30%。含水层为细、粉砂时，层数和厚度应适当增加。

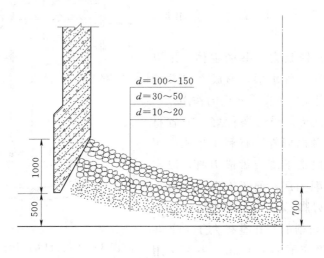

$d=100～150$

$d=30～50$

$d=10～20$

1000

500

700

图 3-24　大口井井底反滤层（单位：mm）

三、渗渠

（一）渗渠的特点

渗渠是水平埋设在含水层中的集水管渠。它是一种水平向的地下水集取构筑物，如图 3-25 所示。

渗渠是靠开有孔眼的管或暗渠集水，主要是依靠它较大的长度增加出水量。渗渠埋深一般为 4～7m，很少超过 10m。因此渗渠适用于开采埋深小于 2m、厚度小于 6m 的含水层。渗渠也有完整式和非完整式之分。

渗渠常平行埋设于河岸或河漫滩，用以集取河流下渗水或河床潜流水。由于渗渠集取的是表层地下水或河流下渗水，其补给渗透途径短，净化效果差，受地表污染大。因此水质仍具有地表水的特点，特别是浊度、色度、细菌等参数仍较高。若作为生活饮用水，应

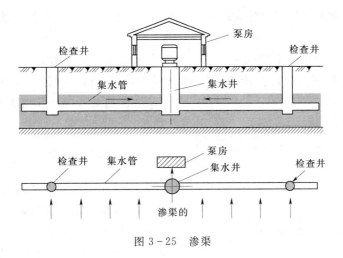

图 3-25　渗渠

视具体情况再做处理。

（二）渗渠的构造

渗渠由集水管渠、集水井、检查井组成。

（1）集水管渠。集水管渠常用钢筋混凝土管和混凝土管，也可用浆砌石或装配式混凝土构件做成城门洞形暗渠。水量较小时也可用铸铁管或石棉水泥管。

集水管渠上开设圆形或条形进水孔。圆形进水孔眼为 $20\sim30mm$，条形孔宽度为 $20mm$，长度 $60\sim100mm$。孔眼交错排列在管上 $1/2\sim1/3$ 部分，开孔率不超过 15%。

集水管渠既是集水部分，也是向集水井输水的通道。管径往往取决于输水要求。集水管中水流是非充满的无压流，充满度（管渠内水深与管渠净高的比值）为 $0.4\sim0.8$。坡向集水井的最小坡度为 0.2%，管内流速采用 $0.5\sim0.8m/s$，集水管径应根据最大集水量经计算确定。由于管渠沿程流量变化，当管长较长时，可分段采用不同管径。一般管径为 $600\sim1000mm$，对于小型取水工程，不考虑进人清理，管径可减小，但不得小于 $200mm$。

集水管外应铺设反滤层，反滤层应铺设在渗透来水方向。当取用河床下渗水时，只需在管上方水平铺设反滤层；当取用浅层地下水或河流补给水时，应在上方和两侧铺设，如图 3-26 所示。

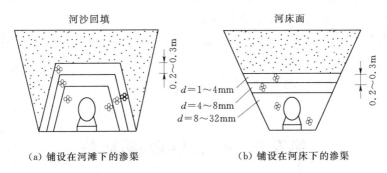

（a）铺设在河滩下的渗渠　　　　（b）铺设在河床下的渗渠

图 3-26　渗渠人工反滤层构造

（2）集水井。用以汇集集水管来水，并安装水泵吸水管，同时兼有调节和沉沙作用，在小型给水工程中，集水井可作为清水池使用。集水井常修成圆形，其平面尺寸及容积根据吸水管布置、调节容积和沉沙时间而定。集水井应封闭，以防杂物及洪水进入，上设进人孔和通风管。

（3）检查井。设在集水管的末端、转角和断面变换处，直线段每隔 30～50m 设一个检查井，以便于清理、检修。检查井下部直径不小于 1m，口径不小于 0.7m。井底设0.5m 深的沉沙坑，井口高出地面 0.5m，并加盖。

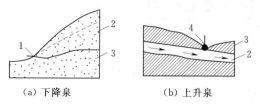

（a）下降泉　　　（b）上升泉

图 3-27　泉水的形式

1—下降泉；2—含水层；3—不透水层；4—上升泉

四、引泉设施

泉是地下水的天然露头，泉的形式有两种。一种是潜水在渗透过程中遇到沟壑流出地表形成潜水泉，如图 3-27（a）所示。这种泉出露口在潜水面下，出流量斜向下方向，因此也叫下降泉。下降泉出流量随潜水水位变化呈季节性变化。另一种是因承压水的上隔水层受到侵蚀或断裂等形成承压水向上流通的通道，若承压水水压线高于地面，则承压水上涌露出地表形成承压水泉，也叫上升泉或自流水泉，如图 3-27（b）所示。上升泉出流稳定，水质好，是理想的供水水源。

泉水的分布可以是出水集中的单个泉眼，也可以是出水较分散的排泉和泉群，泉水一般在山区及山前区出露较多，尤其是山区的沟谷底部和山坡脚下。

收集泉水作为供水水源，设施简单，费用省，水质好，一般只需经过消毒就可以饮用。引用泉水时，为了增大出水量，保证出水水质，要对泉水出露口开挖，清除阻碍泉水出流的泥沙及其他杂物。引泉构筑物一般包括两部分：一部分用以汇集泉水将其引入到引泉池（也叫泉室），以防泉水流失；另一部分为引泉池，用以集水、储水并安装出水管。

图 3-28 为单泉（上升泉）引泉构筑物。在泉水出口处周围用砖石等材料堆砌集水井，用以汇集围护泉水，在合适的位置建引泉池蓄水，用连通管连接引泉池和集水井。

引泉池必须加顶盖封闭，并设通风管。所有的出入口均应防止蚊虫、污水、杂物入内。引泉池应设出水管、溢流管。引泉池有效容积应根据用户用水量大小、经济条件等综合确定，一般生活用水可按最大日用水量的 60%～80%确定。

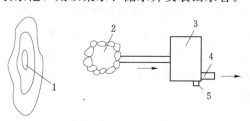

图 3-28　引泉构筑物的构造

1—山坡；2—集水井；3—引泉池；
4—出水管；5—溢流管

第五节　雨水集取构筑物

当没有可靠的地表水和地下水源时，可用雨水集取构筑物直接集取雨水，经简单处理后储存使用，这是一种分散式给水方式，由于其规模小，受季节影响大，因此，给水可靠性较差。但对于缺水地区或住户分散的乡镇依然能够起到补充水源的作用。

雨水集取构筑物主要包括地面集雨坪或屋顶集水设施、沉沙过滤池和水窖等。

1. 地面集雨坪

地面集雨坪和屋顶集水设施用以汇集降雨，形成径流。地面集雨坪如图 3-29 所示，可直接利用自然山坡，也可以通过人工整修或铺筑形成人工集雨坪。为了保证集水水质，应清除坪内杂草及污物，并种植草皮。在集雨坪上缘及两侧修筑拦污沟以排水，下缘修筑集水沟以汇集雨水，引入沉沙过滤池，集水沟应设排水口以排除降雨初期的径流。集雨坪避免建在过陡、透水性强、林木茂密和易坍塌冲刷的山坡。集雨坪要有一定的面积，其大小取决于年降雨量及分配、人畜用水量和径流系数的大小。集雨坪面积可用下式计算：

$$F = \frac{1000W}{\alpha(P_i - P_0)} \tag{3-2}$$

式中 F——集雨坪面积（地面有坡度时，以水平投影面积计），m^2；

      W——人畜年用水量，m^3；

      α——径流系数（透水平坦地面 α 取 0.3，天然不透水山坡 α 取 $0.6\sim0.7$，较好的屋面和人工集雨坪 α 取 0.8）；

      P_i——典型年降雨量（按 95% 的保证率选用典型年），mm；

      P_0——典型年内不产流的雨量累积值，mm。

2. 沉沙过滤池

汇集的雨水在进入水窖或水池前，必须经沉沙、过滤处理。沉沙池起沉沙作用，兼作过滤前容纳雨水的作用，其大小视集水量而定。过滤采用慢滤池，过滤面积取决于集水流量和滤速，一般滤速采用 $0.1\sim0.3 m^3/(h\cdot m^2)$，滤池底部设一集水沟，汇集滤后水，引入水窖。沉沙过滤池应设有进出水管，还应在沉沙池设排水管，当水窖满时排除多余水。

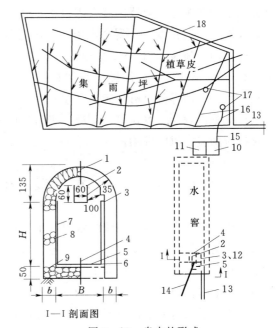

3. 水窖

水窖是一种埋藏于地下的蓄水池。水窖的容积应能满足一年中人畜饮水的要求，即水窖是一个年调节水库，其容积计算有年调节法和缺水天数法。年调节法采用年调节水库典型年法进行调节计算，该法计算麻烦但较准确，可用于一个自然村等较大水窖的计算。在季节性缺水地区，缺水是在一段连续时间内发生的，水窖储水应满足一年中缺水期的人畜用水量，此为缺水天数法，可用下式计算：

图 3-29 泉水的形式

1—浆砌石拱；2—进水孔；3—溢流孔；4—放水管；5—接水坑；
6—冲沙孔；7—水泥砂浆抹面；8—浆砌石墙；9—石灰砂浆砌石；
10—沉砂池；11—过滤池；12—冲沙管孔；13—排水沟；
14—出水管；15—进水沟；16—引泉沟道；
17—间歇泉；18—拦污沟

$$V = \frac{nqTN}{1000} \tag{3-3}$$

式中　V——水窖有效容积，m^3；

　　　n——育苗用水系数（$n=1.2\sim1.3$，部分窖水可用于育苗和点播）；

　　　q——每人每日需水量，L/（人·d）；

　　　T——平均（典型年）干旱缺水天数，d；

　　　N——饮用窖水人数，人。

　　牲畜所需窖水容积也可用式（3-3）计算，只是日需水量标准不同。

　　水窖的结构形式应满足受力条件好、坚固耐久、就地取材、便于施工及使用管理方便等要求，其结构形式有缸式、瓶式、矩形拱顶式、圆柱式。水窖应有一定的埋藏深度，以保证水窖不受外界干扰，保证水质。其顶部覆土厚度不小于 $1\sim1.5$m。

　　水窖内气温变化小，水质较稳定，窖内水只需定期消毒就可满足人畜饮水要求。为使窖水水质安全卫生，在夏季多雨时应注意更换窖水，定期投放消毒剂；在使用过程中应由卫生防疫部门定期化验水质，确保水质安全。

　　水窖消毒可采用容器持续消毒法和塑料袋持续消毒法。容器持续消毒法是将配制的漂白粉液装在开孔的容器内（如竹筒），孔径为 2mm 左右，孔的多少视窖内水量而定，一般每立方米水开 3 个孔，容器内装入漂白粉 $250\sim500$g。用浮筒将容器漂浮在水面上，取水时振动容器，漂白粉液渗入到窖水中，一般每隔 $5\sim10$d 取出加漂白粉一次。塑料袋持续消毒法是用塑料袋装入约 500g 漂白粉，加少量水调成糊状。扎紧袋口，在上部 1/3 处戳 4 ~5 个 2mm 的小孔，然后用绳子将塑料袋系到窖中，沉入水中约 0.5m，或紧系在浮筒下，投入水中。消毒效果可持续半月左右。

　　水窖应远离厕所、坟墓等污染源；窖口周围修筑窖台，高出地面 $0.2\sim0.3$m，台面外斜，窖口应加盖，以防脏物落入。

本　章　小　结

　　本章重点阐述乡镇给水系统的水源、水质与水质标准；介绍了地下取水构筑物和地表水取水构筑物常见的几种类型，介绍了各类取水构筑物的适用条件；地下水取水构筑物主要介绍了管井、大口井、渗渠和引泉等构筑物的构造、管理等方面的知识。

　　地表水取水构筑物主要介绍了取水位置的选择、取水构筑物的构造、管理方面的问题，同时介绍了雨水取水构筑物取水的主要形式。

复　习　思　考　题

一、单选题

（1）（　　）是管井的进水部分，它安装在含水层中用以集水并保持含水层的稳定，阻止沙、砾石等进入井内。

　　A. 井室　　　　　B. 井壁管　　　　　C. 过滤器　　　　　D. 沉淀管

（2）大口井的直径一般 $5\sim8$m，最大不宜超过（　　）m。

A. 8   B. 10   C. 12   D. 15

二、多选题

（1）地下水取水构筑物有（   ）构筑物等。

     A. 管井   B. 大口井   C. 渗渠   D. 引泉

（2）选择江河取水构筑物位置时，应考虑哪些基本要求（   ）。

     A. 设在水质较好的地点

     B. 具有稳定的河床和河岸，靠近主流，有足够的水深

     C. 具有良好的地质、地形及施工条件

     D. 靠近主要用水区

     E. 应注意河流上人工构筑物或天然障碍物

     F. 应考虑河流的综合利用及与河流的综合利用相适应

（3）雨水集取构筑物主要包括（   ）。

     A. 地面集雨坪   B. 屋顶集水设施   C. 沉沙过滤池   D. 水窖

（4）地表水源包括（   ）。

     A. 江河水   B. 湖泊水或水库水   C. 泉水   D. 潜水

三、简答题

（1）选择供水水源时应考虑哪些因素？

（2）管井过滤器主要有哪几种？简述各种过滤器的适用条件。

（3）管井一般由哪几部分组成？各部分功能如何？

（4）什么是河床式取水构筑物？简述它的基本型式及其组成。

第二篇 乡镇水处理

第四章 乡镇给水处理技术

【学习目标】 本章主要介绍了水中杂质的种类及特点、常规地表水处理流程、地下水处理知识等。要求学生学习常规地表水处理工艺单元的处理原理及处理过程，学习地下水铁、锰、氟离子超标时的水处理原理及处理方法，并能进行村镇给水厂的设计。

第一节 给水处理概述

给水处理的任务是通过一定的处理方法去除水中杂质，使之符合生活饮用或工业使用所要求的水质。处理方法应根据水源水质和用户对水质的要求确定。本节仅概述几种主要给水处理方法和净水流程。

一、混凝-沉淀（澄清）-过滤-消毒

混凝-沉淀-过滤-消毒，这是我国以地表水为水源的水厂主要采用的工艺流程。

原水加药后，经混凝使水中悬浮物和胶体形成大颗粒絮凝体，而后通过沉淀池进行重力固液分离。滤池常置于混凝池和沉淀池之后，利用粒状滤料截留未能在沉淀池内沉淀的微小杂质颗粒。混凝、沉淀和过滤工艺在去除浊度的同时，对色度、细菌和病毒等也有一定去除作用，特别是过滤，当原水浊度较低时，加药后的原水可不经混凝、沉淀而直接过滤；而对于高浊度原水，通常需设置沉沙池或预沉池去除粒径较大的泥沙颗粒，然后再进行混凝、沉淀和过滤处理。

澄清池是反应池和沉淀池综合于一体的构筑物，澄清工艺的去除对象也是引起浑浊的悬浮物及胶体杂质。

消毒是杀灭水中致病微生物，通常在过滤以后进行。主要的消毒方法是在水中投加氯气和漂白粉，也有采用二氧化氯、次氯酸钠、紫外线和臭氧消毒的。氯是普遍采用的消毒剂。

二、除臭、除味

除臭和除味的方法取决于水中臭和味的来源。如水中有机物所产生的臭和味，可用活性炭吸附，也可投加氧化剂进行氧化或采用曝气法去除；因藻类繁殖而产生的臭和味，可采用微滤机或气浮法去除，也可在水中投加硫酸铜；因溶解盐类所产生的臭和味，应采取适当的除盐措施等。

三、除铁、除锰和除氟

当溶解于地下水中的铁、锰含量超过规定标准时，需采取除铁、除锰措施。常用的除铁、除锰方法是氧化法和接触氧化法。当水中含氟量超过 1.0mg/L 时，需采取除氟措施，目前使用活性氧化铝除氟的较多，也可采用反渗透或电渗析法。

四、软化、淡化和除盐

当水中的钙、镁离子总量超过生活饮用水标准时称为硬水，就需要对水进行软化。软化处理的对象主要是水中的钙、镁离子。软化方法主要有离子交换法和药剂软化法。

淡化和除盐的处理对象是水中各种溶解盐类，包括阴阳离子。将高含盐量的水如"苦咸水"或海水处理到符合生活饮用或某些工业用水要求时的处理过程称为咸水"淡化"。制取纯水或高纯水的处理过程称为水的"除盐"。淡化和除盐的主要方法有蒸馏法、电渗析法和反渗透法等。

五、净水工艺选择

根据水源类型及水质的差异，目前我国常用的净水工艺流程及适用条件参见表 4-1。

表 4-1　　　　　　　　　　典型净水工艺流程及适用条件

序号	净水工艺流程	适 用 条 件	备 注
1	原水→预沉或沉沙池→混凝沉淀或澄清→过滤→消毒	地面水，高浊度水	利用有利地形建沉沙池沉沙，水经水库调节，或利用幅流式沉淀池等进行处理
2	原水→储存或简单沉淀→混凝沉淀或澄清→过滤→消毒	地面水，原水浊度不大于 2000～3000mg/L，短时间内达到 5000～10000mg/L	当原水中粗颗粒较多时，可采用简单沉淀的方式先行去除。当地形有利时，要利用池塘等储存
3	原水→接触粗滤→二次过滤→消毒	地面水，原水浊度高于 150mg/L，水质要求较高或原水浊度不高但有机物污染严重的情况	原水加混凝剂或助凝剂，接触粗滤为粗滤料过滤，二次过滤采用常规滤料或活性炭滤料
4	原水→接触过滤→消毒	地面水，原水浊度不大于 100～150mg/L，水质变化不大，没有藻类	原水必须投加混凝剂或助凝剂
5	原水→过滤→消毒	地面水，原水浊度经常在 50mg/L 以下时	
6	原水→曝气充氧→过滤→消毒	地下水，含铁量超标，但超量较低的情况	具体选用时，宜进行小型试验，或参照相似水厂经验
7	原水→曝气充氧→过滤→曝气充氧→过滤→消毒	地下水铁锰含量较高同时需去除的情况	一级过滤除铁，二级过滤除锰
8	原水→除氟处理→再生→消毒	地下水，含氟量超标的情况	多用活性氧化铝滤料，硫酸铝溶液再生
9	原水→粗过滤→精过滤→电渗析器或反渗秀器→消毒	地下水（或海水），高含盐量水需淡化或除盐的情况	若水中泥沙颗粒或悬浮物多，需预处理。多用于苦咸水淡化，供生活饮用

第二节 混 凝

混凝就是水中的胶体以及微小悬浮物聚积的过程，是水处理工艺中十分重要的工序。混凝过程的完善程度对后续处理，如沉淀、过滤等影响很大。因此，必须给予充分重视。

一、混凝的基本原理与作用

天然水中的微小悬浮物及胶体杂质，经长期静置也不下沉，一直保持分散悬浮状态。其主要原因是因为颗粒的布朗运动、胶体颗粒间同性电荷的静电斥力和颗粒表面的水化作用。水中粒度较微小的胶体颗粒，发生布朗运动较为剧烈，因此能长期悬浮于水中而不发生沉降，同时水中胶体颗粒之间因其表面同性电荷相斥或者由于水化膜的阻碍作用也不能相互凝聚，因而保持了分散稳定的状态。

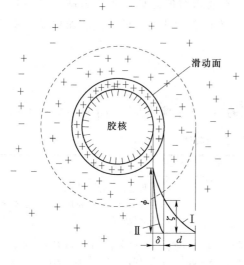

图 4-1 胶体结构及双电层示意图

天然水中的微小悬浮物及胶体颗粒，主要是黏土微粒，其构造如图 4-1 所示。胶体颗粒具有双电层结构：内层为胶核和吸附紧密的吸附层，外层为吸附松散的扩散层。当胶粒在水中移动时，两层间会发生滑动，形成滑动面，在滑动面上形成一ζ电位。ζ电位越高，两胶粒间静电斥力越大，胶粒越不易相互接触而凝聚。ζ电位大小与扩散层厚度有关，扩散层厚度越大，ζ电位越高。如果压缩扩散层，则会降低ζ电位，减小胶粒间的静电斥力，使胶体失去稳定性。失去稳定性的胶体颗粒相互接触就会发生凝聚结成大颗粒。对于天然水，一般当ζ电位为 20~40mV 时，就可发生凝聚。当ζ电位降低到 0 时，在胶粒间的引力作用下，凝聚速度最快。

水的混凝处理，就是利用混凝剂水解产生的大量反离子（对于负电荷胶体，反离子即为正离子，反之亦然），压缩水中胶体扩散层，降低ζ电位，使之脱稳，并在吸附引力作用下，使胶体颗粒之间、胶体与混凝剂的水解产物相互凝聚。此外，高分子混凝剂的水解产物常成线型结构，通过吸附架桥作用，吸附水中的胶体颗粒，使之形成颗粒较大的松散网状结构，如图 4-2 所示。这种网状结构的表面积很大，吸附力极强，能够吸附水中的悬浮物质、有机物、细菌甚至溶解物质，生成较大的絮体（通称矾花），为随后在沉淀或澄清池中的固液分离创造了良好条件。

二、混凝剂与助凝剂

为了使胶体颗粒脱稳而聚集所投加的药剂，统称混凝剂，混凝剂具有破坏胶体稳定性和促进胶体絮凝的功能。

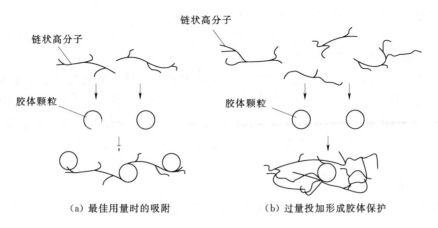

　　（a）最佳用量时的吸附　　　　　　　（b）过量投加形成胶体保护

图 4-2　链状高分子与胶体颗粒的吸附架桥

（一）混凝剂

　　选用混凝剂的原则是：混凝效果好，对人体无害，使用方便，货源充足，价格便宜。混凝剂种类很多，按化学成分可分为无机和有机两大类。无机混凝剂目前主要是铁盐和铝盐及其高聚物；有机混凝剂主要是高分子物质。下面仅介绍几种常用的混凝剂。

　　1. 无机混凝剂

　　常用的无机混凝剂有硫酸铝、三氯化铁、聚合氯化铝和聚合硫酸铁等。

　　（1）硫酸铝：其分子式是 $Al_2(SO_4)_3 \cdot 18H_2O$，其产品有精制和粗制两种。精制硫酸铝是白色结晶体，使用方便，混凝效果较好，是使用历史最久、目前应用仍较广泛的一种无机盐混凝剂，但硫酸铝使用时水的有效 pH 值范围较窄。

　　净水用的明矾就是硫酸铝和硫酸钾的复盐 $Al_2(SO_4)_3 \cdot K_2SO_4 \cdot 24H_2O$，其作用与硫酸铝相同。

　　（2）三氯化铁：其分子式为 $[FeCl_3 \cdot 6H_2O]$，黑褐色晶体，形成的矾花沉淀性能好、絮体结得大、沉淀速度快，处理低温低浊水时效果要比铝盐好，对 pH 值的适应范围宽（最好为 6.0～8.4）；但三氯化铁腐蚀性较强，易吸湿潮解，不易保管。

　　（3）聚合氯化铝：其分子式为 $[Al_2(OH)_nCl_{6-n}]m$，又名碱式氯化铝或羟基氯化铝，是一种使用比较广泛的无机高分子混凝剂。

　　聚合氯化铝具有矾花形成快、颗粒大而重、净化效能高、pH 值范围较宽（5～9）、比传统絮凝剂用量省等优点。在实际应用中，通过对比实验发现比传统低分子絮凝剂用量少 1/3～1/2，成本低 40% 以上，因此在国内外已得到迅速的发展。如日本聚合氯化铝产量在 20 世纪 80 年代为 40 万 t 以上，比 60 年代末增长了 30 倍，20 世纪 90 年代产量已达 60 万 t 以上，占日本絮凝剂生产总量的 80%，并有逐渐取代传统絮凝剂的趋势。

　　另外，聚合氯化铝对污染严重或低浊、高浊、高色度和受微污染的原水都可达到良好的混凝效果，能除菌，除臭，脱色，除氟、铝、铬、酚，除油，除浊，除重金属盐，除放射性污染物质等。

　　聚合氯化铝在水温低时，仍可保持稳定的混凝效果，因此在我国北方地区更为适用。

　　2. 有机高分子混凝剂

　　有机高分子混凝剂指线型有机聚合物，其种类按来源可分为天然高分子絮凝剂和人工合成的高分子絮凝剂；按反应类型可分为缩合型和聚合型；按官能团的性质和所带电性可分为阴离子型、阳离子型、非离子型和两性型。目前研究较多的化学合成型两性高分子絮凝剂主要有聚丙烯酰胺类两性高分子。

聚丙烯酰胺是由丙烯酰胺人工聚合而成的使用最为广泛的有机高分子絮凝剂，无色、无味、无臭、易溶于水，没有腐蚀性。该剂的聚合度可高达 20000～90000，相应的分子量高达 150 万～600 万。它的优点是投加量少，存放设施小，净化效果好。它的混凝效果在于对胶体表面具有强烈的吸附作用，在胶粒之间形成桥联。在我国高浊度水的处理中采用较多，也可作为助凝剂使用。

（二）助凝剂

当单独使用混凝剂达不到应有净水效果时，需投加某种辅助药剂以提高混凝效果，这种药剂称为助凝剂。

1. 调整剂

在污水 pH 值不符合工艺要求时，或在投加混凝剂后 pH 值变化较大时，需要投加 pH 调整剂。常用的 pH 调整剂包括石灰、硫酸和氢氧化钠等。

2. 氧化剂

当污水中有机物含量高时易起泡沫，使絮凝体不易沉降，这时可以投加氯气、次氯酸钠、臭氧等氧化剂来破坏有机物，从而提高混凝效果。

3. 絮体结构改良剂

当生成的絮体较小，松散易碎时，可投加絮体结构改良剂以改善絮体结构，增加其粒径、密度和强度。水处理常用助凝剂有骨胶、聚丙烯酰胺及其水解产物、活化硅酸、海藻酸钠等。

活化硅酸（AS），又称活化水玻璃，其分子式为 $Na_2O \cdot xSiO_2 \cdot yH_2O$，20 世纪 30 年代后期作为混凝剂开始在水处理中得到应用。在原水浊度低、悬浮物含量少及水温较低（4℃以下）时使用，效果更为显著。

活化硅酸需要现配现用，无商品出售。活化的方法是先将水玻璃配成 3％～5％ 的水溶液，再缓慢加入工业硫酸，边加边搅拌，使溶液的碱度控制在 1200～1500mg/L（以 $CaCO_3$ 计）。活化时间为 2h，溶液应呈乳化状态，如果冻结成块则失效。配制好的活化硅酸可保存 4h。

目前出现了一种改良助凝剂改性活化硅酸。改性活化硅酸是在活化硅酸聚合反应形成冻胶之前加入阻聚剂，中止或抑制其聚合过程。通过试验，改良后的活化硅酸不仅助凝效果好，而且可延长保存时间高达一个月，但助凝效果不因保存时间延长而降低，而且活化时间缩短到不超过 30min，是一种特别适合北方冬季低温、低浊水处理的高效助凝剂。

三、混合与反应

整个混凝工艺流程可分为投药、混合、反应几个阶段，每一阶段的完善程度均对混凝效果产生很大影响。

（一）混凝剂投加

混凝剂投加分干投法和湿投法，我国大多采用湿投法。湿投法是把药剂加水溶解，配成一定浓度后再加到原水中去，因此需一套溶药、配药、投药和计量设备。

1. 混凝剂溶解和溶液配制

乡镇水厂因规模大小和所用混凝剂种类不同，而使溶解设备有所不同。溶解池一般建于地面以下，池顶高出地面 0.2m 左右，采用钢筋混凝土结构。容积通常为储液池的 1/5 ~1/3，所需容量小于 0.35m³ 时，可用陶缸来代替。通常将混凝剂倾于池中，注入清水并用人工搅拌。也可采用机械搅拌、水力搅拌或压缩空气搅拌等。

溶液池是配制一定浓度溶液的设施。通常用耐腐泵或射流泵将溶解池内的浓药液送入溶液池，并稀释到所需浓度以备投加。溶液池一般建两个，以交替使用。池子的出液管高出池底 100mm，以防杂质带出。溶解池、搅拌设备、溶液池及管配件等，均应采取防腐措施。

2. 混凝剂投加

药液投加必须有计量设备，并能随时调节。目前的计量设备主要有转子流量计或电传转子流量计、电磁流量计、苗嘴、计量泵等。苗嘴是最简单的计量设备，在一定液位下，苗嘴流量与苗嘴口径有关。一定口径的苗嘴，出流量为定值。

常用的投加方式如下。

（1）泵前投加：药液加注在取水泵吸水管中或吸水喇叭口处。适于取水泵房距水厂较近者。

（2）高位溶液池重力投加：当取水泵房距水厂较远时，建造高位溶液池利用重力将药液加入水泵压水管内。

（3）泵投加：采用耐酸泵配以转子流量计或计量泵（柱塞泵），自溶液池内抽取药液直接送至加药点。

（4）水射器投加：利用高压水通过水射器喷嘴和喉管之间真空抽吸作用，将药液吸入同时随水的余压注入原水管中。

3. 混凝剂最佳投药量试验

目前我国大多数小型水厂主要根据实验室混凝搅拌试验确定混凝剂最佳投加量。这一方法虽简单易行，但从试验结果到生产调节往往滞后 1~3h。而水厂运行过程中原水水质、水量不断发生变化，所以试验得出的最佳剂量，并非即时生产上所需最佳剂量。

为了提高混凝效果，节省耗药量，混凝工艺的自动控制和优化控制技术正逐步推广应用，如数学模型法、现场模拟试验法和特性参数法等。

（二）混合

混合是原水与混凝剂、助凝剂充分融合的工艺过程。混合过程要求快，一般应在 10~30s 内完成，最多不超过 2min。一般采用水泵混合、管道混合、机械搅拌混合等。

1. 水泵混合

将药剂溶液加至水泵吸水管中，利用水泵叶轮高速旋转以达到快速混合目的。水泵混合效果好，节省动力。但当取水泵房距水厂处理构筑物较远（应小于 150m）时，不宜采用。

2. 管道混合

管道混合是利用管中紊动水流混合。管中流速不宜小于 1m/s，投药点后的管内水头损失不小于 0.3～0.4m。投药点至末端出口距离以不小于 50 倍管道直径为宜。目前生产中广泛使用管式静态混合器进行混合。这种混合器构造简单，安装方便，混合快速而均匀。如图 4-3 所示。

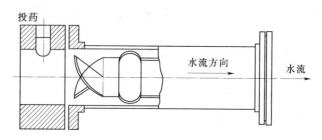

图 4-3　管道静态混合器

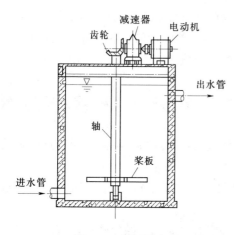

图 4-4　机械混合

3. 机械搅拌混合

机械搅拌混合是通过机械在池内的搅拌达到混合目的，要求在规定的时间内达到需要的搅拌强度，满足速度快、混合均匀的要求，如图 4-4 所示。机械混合水头损失小，并可适应水量、水温、水质的变化，混合效果较好，适用于各种规模的水厂。但机械混合需要消耗电能，机械设备管理和维护较为复杂。

（三）絮凝

原水与药剂混合后，通过絮凝设备的外力作用，使具有絮凝性能的微絮凝颗粒接触碰撞，形成肉眼可见的大的密实絮凝体（矾花），从而实现沉淀分离的目的。

对絮凝过程的要求是：颗粒具有充分的絮凝能力；具备保证颗粒获得适当碰撞接触而又不致破碎的水力条件；具备足够的絮凝反应时间。因此要求随着水流前进，速度逐渐减慢，通常由絮凝池进口处的 0.6m/s 逐渐减少到出口处的 0.2m/s；絮凝时间一般为 10～30min。

絮凝池种类很多，常用的有以下几种。

1. 隔板絮凝池

隔板絮凝池是水流在隔板之间按一定流速流动，促使颗粒碰撞凝聚的设施。为防止已结大的矾花破碎，反应池内水流速度从进口到出口应逐渐减小。所以，隔板间距应逐渐加大。为便于施工和检修，隔板间距一般应大于 0.5m；池底应留有 0.02～0.03 的坡度，并设直径不小于 150mm 的排泥管，以利于排泥；隔板转弯处过水断面面积应为廊道处过水断面面积的 1.2～1.5 倍，并尽量做成圆弧形，以减少转弯处的水头损失；反应时间一般采用 20～30min。

目前常用的有往复式和回转式两种，如图 4-5 和图 4-6 所示。往复式反应池隔板间距由小到大，而流速由大变小。因水流做 180°转弯，局部水头损失较大，矾花易在转折处破碎。为克服这一缺点，将急转 180°改为 90°，转折处做成圆角，即为回转式反应池。水流由反应池中间进入，沿隔板回转流向外侧，水头损失小，反应效果好。隔板反应池构造简单、管理方便，但当流量变化大时，混凝效果不稳定，适用于大中型水厂。

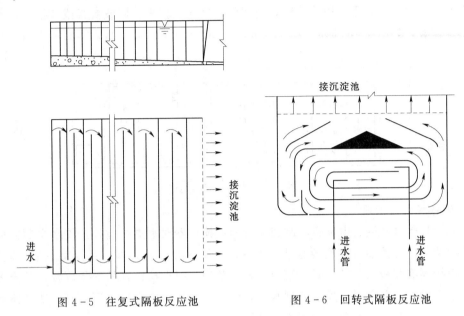

图 4-5　往复式隔板反应池　　　　　　　　图 4-6　回转式隔板反应池

2. 穿孔旋流絮凝池

絮凝池在平面上由一系列方格组成，方格四角抹圆。每一方格为一级，一般可分为 6～12 级，视水量大小而定，如图 4-7 所示。每格进水孔沿圆周切线方向上下交错布置。原水以较高流速沿池壁切线方向流入，在池内产生旋转运动，促使颗粒相互碰撞，利用多级串联的旋流方向促进了混凝作用。各室间的连接采用孔口，孔口断面逐级放大，而流速逐渐变小。一般第一级进口流速为 2～3m/s，以后逐级递减，最末一级为 0.15m/s 左右。总反应时间为 20min，旋流孔室反应池适用于中小型水厂。

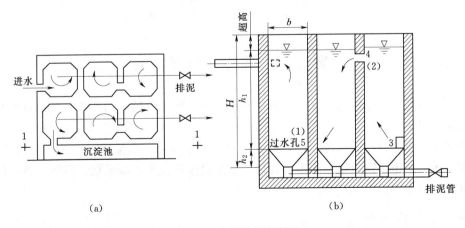

（a）　　　　　　　　　　　　　　　　（b）

图 4-7　穿孔旋流絮凝池

3. 折板反应池

折板反应池是在隔板反应池基础上发展起来的，目前已得到广泛应用。折板反应池通常采用竖流式，它利用池内的扰流折板，以达到絮凝所要求的紊流状态。使能耗和药耗有所降低，反应时间也较短。

折板反应池一般采用三段式布置，前两段采用异波折板、同波折板或波纹板，后一段采用平行直板，如图4-8所示。

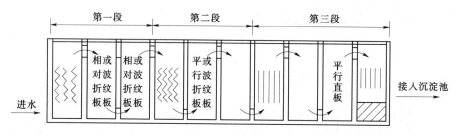

图4-8　竖流折板反应池

4. 机械搅拌絮凝池

机械搅拌絮凝池通过电动机经减速装置驱动搅拌器对水进行搅拌，使水中颗粒相互碰撞，发生絮凝。搅拌器可以旋转运动，也可以上下往复运动。国内目前都是采用旋转式，常见的搅拌器有桨板式和叶轮式，桨板式较为常用。根据搅拌轴的安装位置，又分为水平轴式和垂直轴式，前者通常用于大型水厂，后者一般用于中小型水厂。机械絮凝池宜分格串联使用，以提高絮凝效果，如图4-9所示。

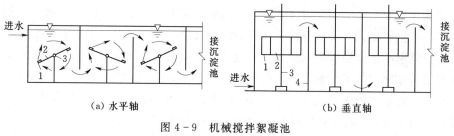

（a）水平轴　　　　　　　　　（b）垂直轴

图4-9　机械搅拌絮凝池
1—桨板；2—叶轮；3—旋转轴；4—隔墙

第三节　沉　淀　与　澄　清

沉淀就是使原水中的泥沙、悬浮物质和经投药混凝后所生成的矾花，依靠重力从水中沉降分离的过程。

根据水在沉淀池中的流动方向，沉淀池可分为平流式、竖流式、辐流式及斜板（管）式。辐流式一般用于高浊度水的预沉处理，竖流式池深较大较少采用，斜板、斜管沉淀池是一种沉淀效率较高的沉淀池。

一、平流式沉淀池

平流式沉淀池是一种应用较早和较普遍的净水构筑物。它是一个长方形钢筋混凝土或砖砌水池。其构造简单，造价较低，操作方便，并具有稳定的净水效果。但占地面积大，排泥困难。随着斜板、斜管沉淀池和澄清池的发展，近年来在新建的中小型水厂中，平流式沉淀池已较少采用，只有在水量很大的水厂，才考虑采用平流式沉淀池。

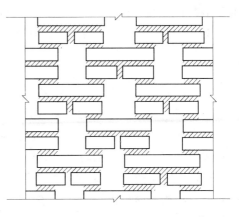

图 4-10 穿孔花墙

1. 平流式沉淀池的构造

平流式沉淀池可分为进水区、沉淀区、出水区和存泥区 4 个部分。

（1）进水区。进水区的作用一是使水流均匀分布在沉淀池整个断面上，避免产生股流和偏流；二是尽量减少扰动。一般做法是在离开絮凝池出口 1～2m 处砌筑穿孔花墙，以防止矾花破碎，如图 4-10 所示。穿孔墙洞口的形式一般有圆形、矩形以及断面沿水流逐渐放大的喇叭形。孔口流速不宜大于 0.15～0.2m/s；为保证穿孔墙的强度，孔口总面积也不宜过大。

（2）沉淀区。沉淀区是沉淀池的主要部分。沉淀区的高度需与其前后相关净水构筑物标高配合，其有效水深一般为 $H=3.0～3.5m$。沉淀区的长度 L 决定于水平流速 v 和停留时间 T，即 $L=vT$。沉淀池的宽度决定于流量 Q，池深 H 和水平流速 v，即 $B=\dfrac{Q}{Hv}$。沉淀池的水平流速一般为 10～25mm/s。沉淀区的长、宽、深之间相互关联，一般要求长宽比大于 4，长深比大于 10。每格池宽宜在 3～8m，不宜大于 15m，否则要增加纵向分隔。

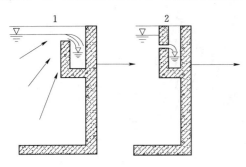

图 4-11 出水口布置
1—出水堰；2—淹没式孔口

（3）出水区。沉淀后的清水应尽量在出水区均匀流出，一般采用溢流堰口，或淹没式出水孔口，如图 4-11 所示。出水堰堰顶一定要保持水平，以确保均匀出流；淹没式孔口可采用圆形或矩形，孔径 20～30mm，孔口在水面下 10～15cm，孔口流速采用 0.5～0.7m/s，孔口水流应自由跌落到出水渠中。堰口表面负荷率一般小于 500m³/(m·d)。

（4）存泥区和排泥措施。存泥区积存的污泥，顺水流方向逐渐减少，大部分集中在距池起端 1/3～1/5 的池长范围内。沉淀池排泥方式有人工排泥、多斗底重力排泥。穿孔管排泥和机械排泥四种形式。目前，应用最多的是多斗底重力排泥。随着我国排泥机械生产逐步系列化、定型化，机械排泥的应用也将越来越广泛。

2. 沉淀原理

根据理想沉淀池的沉淀过程分析，得到沉淀池的截留沉速 u_0 为

$$u_0=Q/LB=Q/F \tag{4-1}$$

Q/F 称为表面负荷率，为单位沉淀池表面积的产水量，在数值上等于截留沉速 u_0。

对于混凝良好的矾花颗粒，平流式沉淀池的表面负荷率值可采用 $1.5\sim3.0\mathrm{m^3/(m^2\cdot h)}$。

对于沉速 u_i 小于 u_0 的颗粒，其沉淀效率 E 为

$$E=\frac{u_i}{Q/F} \tag{4-2}$$

由式（4-2）可得出以下结果：

（1）当沉淀效率一定时，颗粒沉速 u_i 越大则表面负荷率也越大，亦即产水量越大；或者当产水量和表面积不变时，u_i 越大则沉淀效率 E 越高。颗粒沉速 u_i 的大小与混凝效果有关，所以生产上一般均重视混凝工艺。

（2）颗粒沉速 u_i 一定时，增加沉淀池表面积可以提高沉淀效率。当沉淀池容积一定时，池身浅则表面积大，沉淀效率可以提高，此即为"浅池理论"，这是斜板、斜管沉淀池的理论基础。

二、斜板与斜管沉淀池

由式（4-2）可知，在沉淀池有效容积一定的条件下，增加沉淀面积，可提高沉淀效率。根据这一理论，在沉淀池内装置大多与水平面成一定角度间距较小的斜板或直径较小的斜管组件，即构成新型的斜板、斜管沉淀池。这相当于将平流式沉淀池，区分成许多很浅很小的沉淀池，大大提高了沉淀面积和减小了沉淀距离，斜板间或斜管内的水流又基本处于层流状态，从而大幅度提高了沉淀效率。

斜板、斜管沉淀池按水流方向可分为上向流、侧向流和下向流三种，如图 4-12 所示。

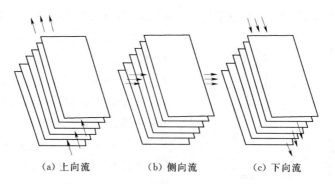

（a）上向流　　　　（b）侧向流　　　　（c）下向流

图 4-12　斜板沉淀池水流方向

上向流，水流从斜板或斜管底部流进，清水由上部流出，而污泥由下部滑出，水与泥呈相反方向运动，故又称异向流；侧向流，水从斜板侧向流进，并沿水平方向移动，而污泥由下部滑出，水和泥呈垂直方向，又称平向流；下向流，水从斜板或斜管上部流进，下部流出，污泥也由下部滑出，水和泥呈同一方向，故又称同向流。目前我国使用较多的是上向流斜管沉淀池。

图 4-13 为斜板或斜管沉淀池构造示意图。一般分为配水区、斜板或斜管区、清水区和积泥区。配水区高度取决于检修的需要，当采用三角槽穿孔管或排泥斗排泥时，从斜板或斜管底到槽顶的高度应大于 $1.0\sim1.2\mathrm{m}$。采用机械排泥时，斜板或斜管底到池底的高度

不宜小于1.5m。为使反应池的水均匀地流入斜板或斜管下的配水区，反应池出口应有整流措施。如采用缝隙栅条配水，缝隙前狭后宽，也可采用下向流斜管（板）进水。

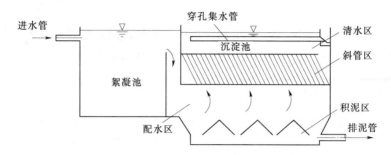

图4-13 斜板、斜管沉淀池构造示意图

斜板或斜管与水平面的倾角，一般采用60°，斜板或斜管长度多采用1000mm。斜板间距宜为50～150mm。斜管管径是指正方形的边长，六边形的内切圆直径，一般采用25～35mm。斜板或斜管的材料要求无毒、无味，经久耐用、便于加工，目前使用的有聚丙烯、聚乙烯、聚氯乙烯、石棉水泥、铝板、木材等。

清水区高度一般不小于1m。集水系统包括穿孔集水管和溢流集水槽。穿孔管的孔径为25mm，孔距为100～250mm，集水管距为1.1～1.5m。溢流槽有平口堰集水槽和淹没孔集水槽两种，孔口淹没水深一般为5～10cm。斜板、斜管沉淀池的排泥设施主要有三种：①中小规模的沉淀池可用放于V形排泥槽内的穿孔管排泥，排泥槽高度最好在1.2～1.5m；②也可采用小斗虹吸管排泥，斗底倾角45°左右。

第四节 过 滤

经过混凝沉淀或澄清处理的水，大部分悬浮物质已经去除，水质有较大改善。但还达不到饮用水的标准，还须用过滤的方法除去水中细小杂质颗粒，包括一部分有机物和细菌。在饮用水的净化工艺中，有时沉淀池或澄清池可以省略，但过滤是不可缺少的。它是保证饮用水卫生安全的重要措施。

过滤设备种类很多，按照过滤速度，分为慢滤池和快滤池。慢滤池能较为有效地去除水中的色度、嗅和味，但由于滤速太慢（滤速仅为0.1～0.3m/h）、占地面积太大而被淘汰。快滤池就是针对这一缺点而发展起来的，其中以石英砂作为滤料的普通快滤池使用历史最久。

一、普通快滤池过滤原理

过滤是让水通过具有孔隙的粒状滤料层，如石英砂滤料等，利用滤料与杂质间吸附、拦截、沉淀、惯性、扩散和水动力作用等截留水中的细微杂质，使水得到澄清的工艺过程。

滤料层能截留杂质使水变清的主要原因如下：

（1）接触凝聚作用。经过沉淀或澄清后的水，在通过滤层与砂粒接触时，由于分子引力的作用，水中细微杂质被表面面积较大的砂粒所吸附，使水澄清。因此，人们将原水加药后直接进行过滤，经在滤料层中接触凝聚，结成活性强、吸附力大的矾花，取得很好的净水效果。

（2）机械筛滤作用。滤料层一般由砂粒组成，砂粒之间的孔隙能截留比孔隙尺寸大的杂质，当孔隙因截留杂质变小后，较小的杂质也随之被截留下来。

二、快滤池工作过程

普通快滤池的构造如图4-14所示，它由池体和管廊两大部分组成。池体内包括进水渠道、排水槽、滤层、承托层以及配水系统等部分；管廊内主要包括原水进水、清水出水、冲洗水、冲洗排水等管渠及相应的控制阀门及测量仪表等。

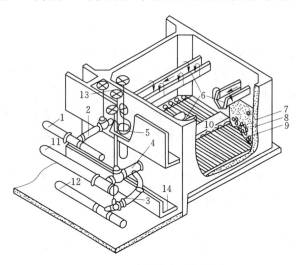

图4-14　普通快滤池构造图

1—进水总管；2—进水支管；3—清水支管；4—冲洗水支管；5—排水阀；6—排水槽；7—滤料层；8—承托层；9—配水支管；10—配水干管；11—冲洗水总管；12—清水总管；13—浑水渠；14—废水渠

过滤时，开启进水支管2和清水支管3的阀门，关闭冲洗水支管4的阀门和排水阀5。浑水就经进水总管1、支管2，从浑水渠13、冲洗排水槽6流入滤池。再经滤料层7、承托层8后，由配水支管9汇集起来再经配水干管10、清水支管3、清水总管12流往清水池储存。浑水流经滤料层时，水中杂质被截留其中。随着滤层中杂质截留量的逐渐增加，滤料层中水头损失也相应增加。一般当水头损失增至一定程度，以致滤池产水量锐减，或由于过滤水质不符合要求时，滤池便须停止过滤进行冲洗。

冲洗时，关闭进水支管2与清水支管3的阀门，开启排水阀门5与冲洗水支管4的阀门。冲洗水即由冲洗水总管11、支管4，经配水系统的干管10、配水支管9及支管上的许多孔眼流出，然后由下而上穿过承托层和滤料层，均匀地分布于整个滤池平面上。滤料层在上升水流的作用下处于悬浮膨胀状态，这时滤料颗粒互相碰撞、摩擦，粘附在滤料表面上的污泥等杂质便脱落下来。冲洗废水流入冲洗排水槽6，再经浑水渠13和废水渠14流入下水道。滤池冲洗到排出水较清为止。冲洗结束后，过滤又重新开始。

滤池从过滤开始至冲洗结束，称为快滤池的工作周期。根据滤池进水的水质和滤速，工作周期一般为12～24h。

三、滤池设计和运行中的几个主要指标

1. 滤速

滤速相当于滤池负荷，是指单位滤池面积上所通过的流量（并非水流在沙层孔隙中的

真正流速），单位为 $m^3/(m^2 \cdot h)$ 或 m/h。滤速是控制滤池投资、影响水质和运行管理的一个重要指标。滤速有两种情况：一种是正常工作条件下的滤速，这是设计的主要依据；另一种是当某格滤池因为冲洗、维修或其他原因不能工作时，其余滤池必须采取的滤速，即所谓强制滤速，这个滤速由滤池的工作状态所决定，在设计中只起校核作用。滤速和强制滤速具体数值见表 4-2。

表 4-2　　　　　　　　　　　　　滤料级配及滤速

类别	滤料组成			滤速 /(m/h)	强制滤速 /(m/h)
	粒径/mm	不均匀系数 K_{80}	厚度/mm		
单层石英砂滤料	$d_{min}=0.5$ $d_{max}=1.2$	<2.0	700	8~10	10~14
双层滤料	无烟煤 $d_{min}=0.8$ $d_{max}=1.8$	<2.0	300~400	10~14	14~18
	石英砂 $d_{min}=0.5$ $d_{max}=1.2$	<2.0	400		
三层滤料	无烟煤 $d_{min}=0.8$ $d_{max}=1.6$	<1.7	450	18~20	20~25
	石英砂 $d_{min}=0.5$ $d_{max}=0.8$	<1.5	230		
	重质矿石 $d_{min}=0.25$ $d_{max}=0.5$	<1.7	70		

注　滤料密度一般为：石英砂 2.60~2.65g/cm³；无烟煤 1.40~1.60g/cm³；重质矿石 4.70~5.00g/cm³。

2. 冲洗强度和滤层膨胀率

冲洗强度是指单位滤池面积所需的冲洗水量，单位为 $L/(s \cdot m^2)$。

滤料在强大水流自下而上反冲洗时，便逐渐膨胀起来。滤料膨胀后所增加的厚度与膨胀前厚度之比，称为滤层膨胀率，可用下式表示：

$$e = \frac{L-L_0}{L_0} \times 100\% \qquad (4-3)$$

式中　e——滤料层膨胀率，%；

　　　L_0——滤料层膨胀前厚度，cm；

　　　L——滤料层膨胀后厚度，cm。

膨胀率对冲洗效果影响很大，不足或过大均使滤料冲洗不净（表 4-3）。

表 4-3　　　　　　　　　　　冲洗强度、膨胀度和冲洗时间

序号	滤层	冲洗强度 /[L/(s·m²)]	膨胀率 /%	冲洗时间 /min
1	石英砂滤料	12~15	45	7~5
2	双层滤料	13~16	50	8~6
3	三层滤料	16~17	55	7~5

3. 冲洗时间

当冲洗强度和滤层膨胀率都满足要求但反冲洗时间不足时，滤料颗粒表面的杂质因碰撞摩擦时间不够而得不到充分清除；同时，冲洗废水也因排除不彻底导致污物重返滤层，覆盖在滤层表面而形成"泥膜"或进入滤层形成"泥球"。因此足够的冲洗时间是保证滤料反冲洗效果的关键。

为了保证反冲洗达到良好效果，要求必须有一定的冲洗强度、适宜的滤层膨胀率和足够的冲洗时间，称之为冲洗三要素。生产中，冲洗强度、滤层膨胀率和冲洗时间应根据滤料层的类别来确定，见表 4 - 3。

四、滤料和承托层

1. 滤料

滤料是滤池的主要部分，是滤池运行好坏的关键。滤料的材料，必须符合下列要求：具有足够的机械强度；稳定的化学性能；适当的级配和孔隙率；低廉的价格。

滤料粒径是指颗粒正好通过某一筛孔时的孔径。滤料粒径级配是指滤料中各种粒径颗粒所占的重量比例。为了使滤料粒径满足生产要求，我国《室外给水设计规范》（GBJ 13—86）中采用最大粒径 d_{max}、最小粒径 d_{min} 和不均匀系数 K_{80} 来控制滤料粒径分布。K_{80} 以下式表示：

$$K_{80} = \frac{d_{80}}{d_{10}} \tag{4 - 4}$$

式中　d_{80}——通过滤料重量80％的筛孔孔径；

　　　d_{10}——通过滤料重量10％的筛孔孔径。

K_{80} 越大，表示粗细颗粒尺寸相差越大，颗粒越不均匀，这对过滤和冲洗都很不利。如果 K_{80} 越接近于1，滤料越均匀，过滤和反冲洗效果越好，但滤料价格会提高。我国常用的双层滤料和三层滤料粒径级配见表 4 - 2。

2. 承托层

承托层的作用是防止滤料从配水系统中流失和滤池冲洗时均匀分布冲洗水。要求承托层孔隙均匀，以保证均匀布水，同时不被高速反冲洗水所冲动。单层或双层滤料滤池采用大阻力配水系统时，承托层采用天然卵石或砾石。

五、快滤池的冲洗

冲洗的目的是清除滤层中所截留的杂污，使其迅速恢复过滤能力。快滤池的冲洗方法主要是高速水流反冲洗，气、水反冲洗和表面助冲加高速水流反冲洗。

1. 配水系统

快滤池配水系统有双重作用，过滤时均匀收集滤后水，冲洗时均匀分布反冲洗水。常用的有大阻力、中阻力和小阻力三种配水系统。

（1）大阻力配水系统。构造如图 4 - 15 所示，它是由较粗的干管（或干渠）和干管两侧接出的支管组成。支管下部有两排小孔，与中心垂线成45°角交错排列。冲洗时，水流自干管起端流入各支管，由支管孔口流出，再经承托层和滤料层流入排水槽。

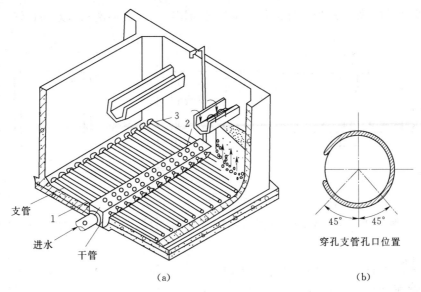

支管

进水　干管

1

3 2

(a)

45° 45°

穿孔支管孔口位置

(b)

图 4-15　穿孔管大阻力配水系统
1—距进水口最近的孔；2—进水干管上的孔；3—距进水口最远的孔

大阻力配水系统为了做到配水均匀，常采取的措施是减小配水系统的小孔总面积和小孔直径，以增加小孔阻力，也即减小开孔比，其开孔比（指配水孔口总面积与滤池面积之比）一般是 $0.2\% \sim 0.25\%$。滤池冲洗时，承托层和滤料层的总水头损失通常不到 $1m$，而孔口水头损失可以高到 $3.5 \sim 5.0m$。即所谓"大阻力"配水系统。其优点是配水均匀性较好。但结构复杂，孔口水头损失大，冲洗时能耗高等。

（2）小阻力配水系统。小阻力配水系统是指开孔比大于 1% 的配水系统，其主要形式是在滤池底部设较大的配水空间，其上铺设穿孔滤板或滤砖等，如图 4-16 所示。

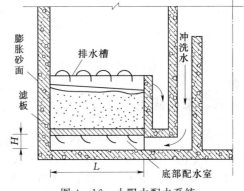

膨胀砂面　排水槽　冲洗水

滤板

H

L　底部配水室

图 4-16　小阻力配水系统

各种小阻力配水系统的开孔比差别较大，如钢制格栅开孔比为 $13\% \sim 20\%$，而双层配水滤砖开孔比仅为 1% 左右，所以配水均匀性后者远优于前者。图 4-17 为钢筋混凝土穿孔滤板。

小阻力配水系统水头损失小，因此主要用于反冲洗水头有限的虹吸滤池和无阀滤池。

2. 冲洗废水排水槽

冲洗时，废水由冲洗排水槽两侧溢入槽内，各排水槽内的废水汇集到浑水渠排入下水道。冲洗排水槽断面形状如图 4-18 所示。

3. 冲洗水供给

冲洗水有两种供给方式：冲洗水泵和冲洗水塔或冲洗水箱。如图 4-19 和图 4-20 所示。水泵冲洗虽投资省，但操作麻烦，短时内耗电量大；水塔冲洗造价较高，但操作简单，耗电较均匀。如有地形条件或其他条件可利用时，建造冲洗水塔效果较好。

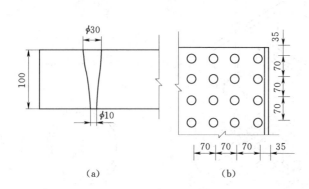

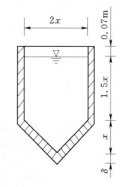

图 4-17 钢筋混凝土穿孔滤板（单位：mm）　　　图 4-18 反冲洗排水槽断面

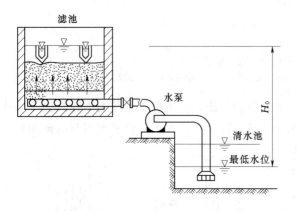

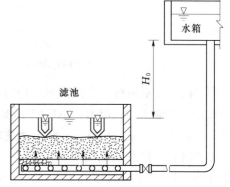

图 4-19 水泵冲洗　　　　　　　　图 4-20 水塔冲洗

六、无阀滤池

无阀滤池有重力式和压力式两种。前者在农村中小型水厂中普遍使用。因它不装阀门，依靠水力学的虹吸原理自动进水和反冲洗，故称之为无阀滤池。这里仅介绍重力式无阀滤池。断面形状多为矩形。一般 2~3 格合建在一起。当一格滤池冲洗时，冲洗用水由其他格滤池的过滤水通过连通渠不断供给。所以无阀滤池不需要专用的冲洗水塔或冲洗水泵。

无阀滤池的平面图（图 4-21）展示了无阀滤池的构造和过滤过程。浑水经进水分配槽 1、进水管 2 进入虹吸上升管 3，再经顶盖 4 下面的布水挡板 5 后，均匀分布在滤层 6 上，由上而下过滤。过滤水通过承托层 7、小阻力配水系统 8 进入底部空间 9。然后从底部空间经连通渠 10 上升到冲洗水箱 11。当冲洗水箱水位达到出水渠 12 的溢流堰顶后，即溢流到清水池。

过滤初期，滤料层较清洁，初期水头损失 H_0（虹吸管内和冲洗水箱的水位差）较小。随着过滤时间的延续和滤料层中杂质的增多，水头损失逐渐增加，虹吸上升管中水位相应逐渐升高。当水位到达虹吸辅助管 13 的上口之前，虹吸上升管 3 中空气受到压缩，一部分空气从虹吸下降管 15 的下口穿过水封进入大气。当虹吸上升管中水位升高到虹吸辅助管 13 上口时，水便从辅助管中急流而下进入水封井。依靠下降水流的挟气作用，抽气管

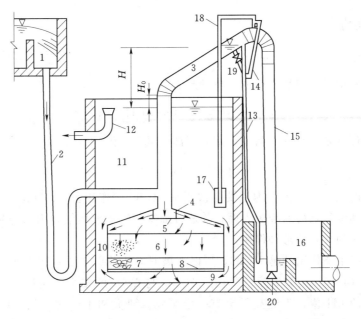

图 4-21 无阀滤池过滤过程

1—进水分配槽；2—进水管；3—虹吸上升管；4—伞形顶盖；5—挡板；6—滤层；7—承托层；

8—配水系统；9—底部配水区；10—连通渠；11—冲洗水箱；12—出水渠；13—虹吸辅助管；

14—抽气管；15—虹吸下降管；16—水封井；17—虹吸破坏斗；18—虹吸破坏管；

19—强制冲洗管；20—冲洗强度调节器

14 不断将虹吸管中空气抽出，使虹吸管中真空度逐渐增大，从而使虹吸上升管和虹吸下降管中的水位都同时升高，当两股水流汇合后，即产生虹吸作用形成连续虹吸水流。这时，冲洗水箱 11 内的水沿着过滤时的相反方向，由下而上冲洗滤层，冲洗废水通过虹吸管流入水封井 16 后再溢流入下水道。

在冲洗过程中，冲洗水箱 11 的水位逐渐下降，冲洗强度也慢慢降低。当水位降到虹吸破坏斗 17 以下时，虹吸破坏管 18 很快把斗中存水吸光，管口露出水面与大气相通，虹吸破坏，冲洗结束。虹吸上升管中的水位回降，过滤重新开始。

第五节 消 毒

原水经混凝、沉淀和过滤后，其外观和理化指标已符合生活饮用水卫生标准的要求，大多数细菌和病毒已随浊度被去除，但仍有一定数量残存在水中，因此必须进行消毒处理。《生活饮用水卫生标准》（GB 5749—2006）规定：细菌总数不超过 100 个/mL，总大肠菌群不得检出。

水的消毒方法可分为物理消毒和化学消毒两大类。物理方法有加热法、紫外线法、超声波法等；化学方法有加氯法（或加漂白粉）、臭氧法或其他氧化剂法等。这些方法各有特点，但由于氯价格低廉、消毒能力强，货源充沛，设备简单，持续杀菌能力强，较适于乡镇水厂。

一、氯消毒

1. 氯消毒原理

氯气加到水中后，很快产生如下化学反应：

$$Cl_2 + H_2O \rightleftharpoons HClO + H^+ + Cl^- \qquad (4-5)$$

次氯酸 HClO 是一种弱电解质，部分可离解成 H^+ 和 ClO^-：

$$HClO \rightleftharpoons H^+ + ClO^- \qquad (4-6)$$

对于消毒的机理，近代认为主要是次氯酸 HClO 起作用。HClO 是很小的中性分子，它能很快扩散到带负电荷的细菌表面，并透过细胞壁氧化破坏细胞内部的酶，最后导致细菌死亡，从而达到灭菌消毒的作用。

在消毒中起主要作用的是 HClO，所以加氯消毒的效果主要看产生次氯酸 HClO 的多少而定。从式（4-6）可知，反应平衡后 HClO 与 ClO^- 的多少要由反应条件确定，其中最重要的是水的 pH 值，水温高低也有一定影响。研究和生产实践均表明，pH 值越低，HClO 越多，消毒作用越强。当 pH 值＝7.4(20℃) 时，HClO 与 ClO^- 含量相等；当 pH 值＞9.5 时，几乎全是 ClO^-。所以，为了增大 HClO 的含量，加氯消毒时控制 pH 值是很重要的。

2. 加氯量与加氯点

水中加氯量，可以分为两部分，即需氯量和余氯。需氯量指用于杀死细菌、氧化有机物和还原性物质等所消耗的部分。为抑制水中残余细菌的再度繁殖，管网中尚需维持少量余氯。《生活饮用水卫生标准》（GB 5749—2006）规定：出厂水游离性余氯在接触 30min 后不应低于 0.3mg/L，在管网末梢不应低于 0.05mg/L。

在加混凝剂的同时加氯，可氧化水中有机物及杀灭其他微生物和藻类，可提高混凝效果。用硫酸亚铁作混凝剂时，同时加氯可将二价铁氧化成三价铁，促进硫酸亚铁的混凝作用；滤前加氯是将氯加在沉淀池与滤池之间，可提高消毒效果和保养滤池滤料，降低色度和水嗅等；滤后加氯是将氯加在滤池之后清水池之前，主要是杀灭残存细菌和微生物；出厂加氯是将氯加在清水池之后送水泵之前，以保证出厂清水在管网末端有足量余氯；管网中途加氯是将氯加在加压泵之后，以弥补延伸很长的管网末梢出现的余氯不足。

二、其他消毒法

1. 漂白粉消毒

漂白粉是用氯气和石灰加工而成的一种白色粉末状物质。带有强烈的氯嗅味，易受光、热和潮气作用而分解，使有效氯降低，故应于阴凉干燥和通风处存放。漂白粉主要成分为 $Ca(ClO)_2$，加入水中，反应生成 HClO，消毒原理与氯气相同。

漂白粉的投加有干投法和湿投法两种。干投是将漂白粉装入带小孔的塑料袋内，将袋放入储水池，使漂白粉慢慢溶于水中，产生的 HClO 可以通过小孔不断向水中扩散，起消毒作用，这种方法不需每日投加，但投量不均匀，需经常测定余氯量。湿投是先将漂白粉加水溶解成糊状，再加水配成 $1\%\sim2\%$ 浓度（以有效氯计）的溶液。若加入浑水中可不澄清直接加入，若加在清水中，溶液须经过 $4\sim24h$ 澄清后加入。漂白粉消毒在乡镇供水中应用较多。

2．次氯酸钠消毒

次氯酸钠（NaClO）是电解食盐水而制得，反应如下：

$$NaCl+H_2O \longrightarrow NaClO+H_2 \uparrow \qquad (4-7)$$

次氯酸钠虽是一种较强的氧化剂和消毒剂，但消毒效果不如氯。次氯酸钠消毒仍靠HClO 起作用，反应如下：

$$NaClO+H_2O \Longrightarrow HClO+NaOH \qquad (4-8)$$

次氯酸钠发生器规格较多，有成品出售。由于次氯酸钠易分解，因此，一般采用次氯酸钠发生器现场制取，就地投加。乡镇小型水厂可以采用，但需供电正常。

3．二氧化氯消毒

二氧化氯消毒在小型给水工程中已有采用。由于受污染水源采用氯消毒会导致氯化有机物的产生，故二氧化氯消毒日益受到重视。

二氧化氯（ClO_2）气体有刺激性气味，易溶于水，其溶解度是氯气的 5 倍。ClO_2 在水中是纯粹的溶解状态，不与水发生化学反应，故它的消毒作用受水的 pH 值影响很小。在较高 pH 值下，ClO_2 消毒能力比氯强。又由于 ClO_2 在水中不与有机物作用生成有机氯化物，因而被首选用于处理受污染的原水。

在给水处理中，ClO_2 主要用亚氯酸钠（$NaClO_2$）和氯（Cl_2）制取，反应如下：

$$Cl_2+2NaClO_2 \longrightarrow 2ClO_2+2NaCl \qquad (4-9)$$

二氧化氯的制取是在 ClO_2 发生器中进行的，目前已有多种规格，可根据需要进行选用。

第六节　地下水处理

一、地下水除铁除锰

含铁、锰地下水在我国分布很广。铁和锰可共存于地下水中，但含铁量往往高于含锰量。我国地下水的含铁量一般小于 $5\sim10mg/L$，含锰量为 $0.5\sim2.0mg/L$。而我国饮用水水质标准规定，铁、锰浓度分别不得超过 $0.3mg/L$ 和 $0.1mg/L$，这主要是因为含有过量的铁和锰，会使衣物、器具洗后染色。含铁量为 $0.5mg/L$ 以上时，色度可达 30 度以上，含铁量达 $1.0mg/L$ 时便有明显的金属味。含锰量大于 $1.5mg/L$ 时会使水产生金属涩味，锰的氧化物能在卫生洁具和管道内壁逐渐沉积，产生锰斑。地下水除铁除锰是氧化还原反应过程，即将溶解状态的 Fe^{2+}、Mn^{2+} 氧化成不溶解的 Fe^{3+}、Mn^{4+}，再经过滤即可去除。

1. 除铁除锰方法

去除地下水中的铁锰，一般采用氧化法，氧化剂多采用空气中的氧，既方便又经济。具体方法如下：

（1）自然氧化法。利用曝气装置使水与空气充分接触，在向水中充氧的同时散除水中的 CO_2，以提高 pH 值，加快二价铁、二价锰的氧化速度，然后经双层滤料滤池过滤，从而去除铁锰。

（2）接触氧化法。经过曝气的地下水直接进入滤池，利用锰砂滤料上滤膜的化学氧化和生物氧化作用，加快二价铁锰的氧化速度。

（3）地层处理法。将含氧水周期性地灌入生产井周围的地层中，使之形成封闭的氧化地层。当生产井抽水时，地下水须先流经氧化地层，二价铁和二价锰被氧化地层吸附去除。这是一种较新的处理措施，具有一定的经济效益。

（4）铁细菌处理法。未经曝气的含铁地下水进入慢滤池，在池中与空气接触，略经曝气利用滤层表面铁细菌的大量繁殖，对水中二价铁的氧化反应起到催化作用。

2. 曝气装置

曝气装置有多种形式，如射流曝气、跌水曝气、喷淋曝气、板条式或焦炭曝气塔等，可根据原水水质和曝气要求选定。

3. 除铁除锰滤池

曝气后产生的铁质沉淀，可采用多种形式的快滤池过滤去除。滤料可采用石英砂、无烟煤或天然锰砂等。石英砂粒径范围 0.5~1.2mm，无烟煤为 0.8~2.0mm，锰砂为0.6~2.0mm。滤层厚度重力式滤池为 700~1000mm，压力式滤池为 1000~1500mm，双层压力式滤池每层厚 700~1000mm。除铁滤池的滤速一般为 5~10m/h。采用石英砂滤料时，冲洗强度为 12~14L/(s·m²)，膨胀率为 28%~35%，冲洗时间为 8~10min；采用锰砂滤料时，冲洗强度为 18~22L/(s·m²)，膨胀率为 22%~30%，冲洗时间 10~15min。

铁和锰的化学性质相近，所以常共存于地下水中。但铁的氧化还原电位低于锰，容易被氧化，相同 pH 值时二价铁比二价锰的氧化速度快，以致影响二价锰的氧化。因此，地下水除锰比除铁困难些。

当地下水铁锰含量均较低时，铁、锰可在滤池的同一滤层中被去除，这时，滤层的上部为除铁带、下部为除锰带。若水中铁锰含量较高，除铁带会向滤层下部推移，将除锰带压向下层，最终导致剩余滤层不能完全截留水中的锰，而出现部分泄漏，致使滤后水不符合水质标准。原水含铁量越高，锰的泄漏时间越早，因此缩短了过滤周期。由于铁对除锰有干扰，故一

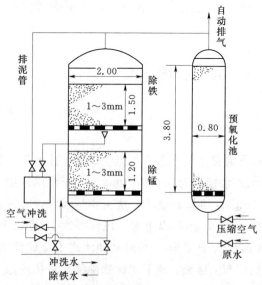

图 4-22　除铁除锰双层滤池（单位：m）

般要求先除铁后除锰。可在流程中建造两个滤池，前面是除铁滤池，后面是除锰滤池。也有在压力滤池中做两个滤层，上层用于除铁，下层用于除锰，如图 4-22 所示。

除锰滤池的滤料可用石英砂或锰砂，滤料粒径、滤层厚度与除铁时相同，滤速为 $5\sim 8m/h$。采用锰砂滤料时，冲洗强度为 $16\sim 20L/(s\cdot m^2)$，膨胀率为 $15\%\sim 25\%$；采用石英砂滤料时，冲洗强度为 $12\sim 14L/(s\cdot m^2)$，膨胀率为 $28\%\sim 35\%$。冲洗时间 $5\sim 15min$。

二、地下水除氟

氟是人体所需微量元素之一。但长期饮用含氟量过高或过低的水，都会影响人体健康。饮用水中氟的适宜浓度为 $0.5\sim 1.0mg/L$。我国地下水含氟量高的地区分布很广，长期饮用含氟量高的水可使牙齿出现釉质损坏、关节疼痛和骨硬化症等。饮用水中含氟量超过 $1mg/L$ 时，必须进行处理。

我国饮用水除氟方法中，应用最多的是吸附过滤法，作为滤料的吸附剂主要是活性氧化铝，其次是骨炭法。其他还有混凝、电渗析、反渗透等除氟法，但应用较少。

1. 活性氧化铝法

活性氧化铝是一种白色颗粒状多孔吸附剂，有较大的比表面积。在酸性溶液中对氟有很强的吸附亲和力。活性氧化铝使用前必须用硫酸铝溶液活化，使之转化成硫酸盐型，其反应式为

$$(Al_2O_3)_n\cdot Al_2O+SO_4^{2-}\longrightarrow (Al_2O_3)_n\cdot H_2SO_4+2OH^- \qquad (4-10)$$

除氟时的反应为

$$(Al_2O_3)_n\cdot H_2SO_4+2F^-\longrightarrow (Al_2O_3)_n\cdot 2HF+SO_4^{2-} \qquad (4-11)$$

活性氧化铝吸氟饱和后，用硫酸铝溶液再生，反应式为

$$(Al_2O_3)_n\cdot 2HF+SO_4^{2-}\longrightarrow (Al_2O_3)_n\cdot H_2SO_4+2F^- \qquad (4-12)$$

原水的 pH 值和碱度对活性氧化铝除氟能力影响很大。加酸或 CO_2 调节原水 pH 值至6.0 左右，将显著提高除氟能力。活性氧化铝的粒径大小对其吸氟容量影响较大，颗粒小则吸氟容量大，但小颗粒易被反冲洗水带走。目前常用的活性氧化铝粒径为 $0.5\sim 2.5mm$，吸氟容量一般为每克活性氧化铝可吸附氟 $1.2\sim 4.5mg$。

图 4-23 为一活性氧化铝除氟流程图。水塔流出的高氟水，逆向流入滤池底部，经过

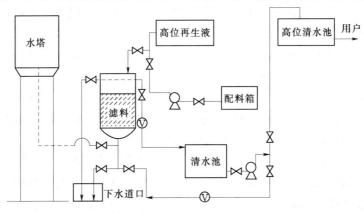

图 4-23　除氟流程示意图

活性氧化铝滤料，滤速一般采用 $1.5\sim2.5m/h$，氟离子被吸附生成难溶氟化物而被去除。滤料运行一段时间后失效，先反冲洗 $5\sim8min$，冲洗强度为 $11\sim12L/(s\cdot m^2)$，膨胀率约为 50%，以去除滤层中的悬浮物。再生液一般为 $1\%\sim2\%$ 浓度的硫酸铝溶液，再生液自上而下通过，滤速为 $0.6m/h$ 左右，历时 $6\sim8min$。再生后用除氟水反冲洗 $8\sim10min$，冲洗强度为 $11\sim12L/(s\cdot m^2)$。采用 NaOH 溶液再生时，浓度为 1.0%，再生后的滤层呈碱性，须再转变为酸性，可在再生结束重新进水时，将原水 pH 值调节到 $2.0\sim2.5$，以正常滤速流过滤层，连续测定出水的 pH 值，当 pH 值降低到预定值时，出水即可送入清水池。

2. 骨炭法

骨炭是由兽骨烧去有机质的产品，主要成分是磷酸三钙和碳，所以骨炭法又称磷酸三钙法。它是近年发展起来的一种除氟方法，具有经济简便、吸氟容量较高及接触时间较短等优点。

骨炭的主要成分是 $Ca_{10}(PO_4)_6(OH)_2$，其交换反应如下：

$$Ca_{10}(PO_4)_6(OH)_2+2F^-\longrightarrow Ca_{10}(PO_4)_6\cdot F_2+2OH^- \tag{4-13}$$

再生时，反应如下：

$$Ca_{10}(PO_4)_6F_2+2OH^-\longrightarrow Ca_{10}(PO_4)_6(OH)_2+2F^- \tag{4-14}$$

骨炭再生一般用 1% 的 NaOH 溶液浸泡，然后再用 0.5% 的硫酸溶液中和。

第七节 水 厂 布 置

一、水厂布置

(一) 平面布置

水厂的基本组成分为两部分：①生产构筑物和建筑物，包括处理构筑物、清水池、二级泵站、药剂间等；②辅助建筑物，可分为生产性和生活性两类。生产性辅助建筑物包括化验室、机修车间、仓库、车库及办公用房等，生活性辅助建筑物包括食堂、浴室、宿舍等。生产构筑物及建筑物的平面尺寸由设计计算确定。辅助建筑物面积应按水厂管理体制、人员编制和当地建筑标准确定。

当各构筑物和建筑物的个数和面积确定之后，根据工艺流程和构筑物及建筑物的功能要求，结合地形和地质条件，进行平面布置。

处理构筑物一般均为分散露天布置。北方寒冷地区需有采暖设备的，可采用室内集中布置。集中布置比较紧凑，占地少，便于管理和实现自动化操作。

水厂平面布置主要内容有：各种构筑物和建筑物的平面定位；各种管道、阀门及管道配件的布置；排水管（渠）及井布置；道路、围墙、绿化及供电线路的布置等。

进行水厂平面布置时，应考虑下述几点要求：

(1) 布置紧凑，以减少水厂占地面积和连接管（渠）的长度，并便于操作管理。如沉淀池或澄清池应紧靠滤池；二级泵房尽量靠近清水池。但各构筑物之间应留出必要的施工和检修间距和管（渠）道地位。

(2) 充分利用地形，力求挖填土方平衡以减少填、挖土方量和施工费用。例如沉淀池或澄清池应尽量布置在地势较高处，清水池尽量布置在地势较低处。

农村小型水厂，一般将辅助建筑物合并建造，既省钱又省地。有些水厂，在设计中将沉淀（或澄清）和过滤构筑物合建，既达到上述目的，又便于管理。

（3）各构筑物之间连接管（渠）应简单、短捷，尽量避免立体交叉，并考虑施工、检修方便。此外，有时也需设置必要的超越管道，以使某一净水构筑物进行检修或发生故障时，可超越而进入下一个净水构筑物，不致于中断供水；同时当原水水质发生变化时，也便于调整生产工艺。

（4）建筑物布置应注意朝向和风向。如加氯间和氯库应尽量设置在水厂主导风向的下风向；泵房及其他建筑物尽量布置成南北向。

（5）水厂内的厕所，应符合卫生要求，一般禁止在水厂内建渗水厕所或渗水坑。

（6）对分期建造的工程，既要考虑近期的完整性，又要考虑远期工程建成后整体布局的合理性。还应考虑分期施工方便。

关于水厂内道路、绿化、堆场等设计要求见《室外给水设计规范》（GB 50013—2006）。

水厂平面布置一般均需提出几个方案进行比较，以便确定在技术经济上较为合理的方案。

（二）高程布置

水厂高程布置，主要指水厂各净水构筑物的高程布置和场区的竖向设计，因农村水厂地盘小，后者比较简单。在进行净水构筑物高程布置时，一般应遵循如下要点：各构筑物之间的水流应为重力流；应尽量利用自然地形的高差布置；各种管渠在竖向应有明确的位置，避免交叉干扰；尽量避免构筑物架空过高或埋置过深，而增加工程投资。

为保证各构筑物之间的水流为重力流，则前后构筑物之间的水面须保持一定的高差，这一高差即为流程中的水头损失，它包括构筑物本身、连接管通、计量设备等水头损失。水头损失应通过计算确定，并留有适当余地。

（三）管道布置

水厂内各类管线、管渠较多，在各净水构筑物布置定位后应综合考虑。水厂管线有生产管线（浑水管、沉淀水管、清水管等）、排水管线、厂内自用水管线、加药管线等。其布置要点如下：

（1）应考虑分期建设时的衔接及互换使用。

（2）应首先满足重力流的布置要求。

（3）应考虑防冻要求。

（4）应考虑埋设地点的地面荷载和汽车荷载。

（5）应设置一些控制节流装置，以便检修。

水厂内应设置的超越管一般有超越沉淀池（澄清池）、超越滤池、超越清水池、超越所有构筑物等管线。

二、水厂布置实例

【例 4－4】　图 4－24 所示为一浅层地下水为水源的水厂，采用离心泵取水井送水。因水质较好，仅需消毒即可供生活饮用。采用压力罐作调节构筑物。整个供水设施布置在一间不到 20m² 的房内,十分紧凑,投资较低。

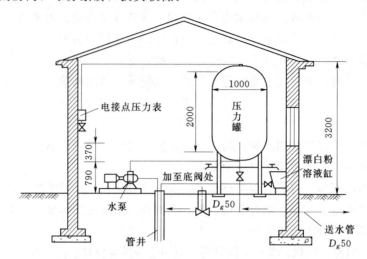

图 4-24 地下水水源水厂布置(单位:mm)

【例 4-5】 图 4-25 所示为一个布置比较完整的水厂。该工程以地面水为水源,采用水力循环澄清池和无阀滤池,水厂布置为回转式。如在具体设计中净化构筑物采用其他组合形式,亦可参照本例布置。该工程的调节构筑物为水塔。

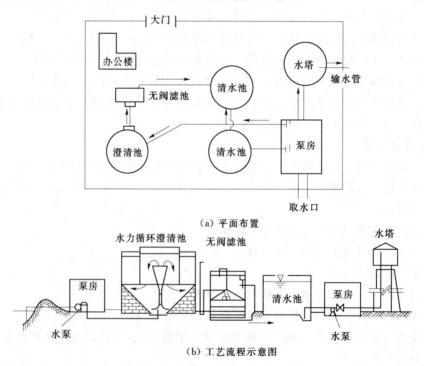

(a)平面布置

(b)工艺流程示意图

图 4-25 地面水源常规水厂布置

【例 4-6】 图 4-26 为一以地面水为水源的水厂。该水厂设计水量为 10 万 m³/d,分两期建造。第一期和第二期各 5 万 m³/d。第一期工程建一座隔板反应池、平流沉淀池和一座普通快滤池(双排布置,共 6 个池),冲洗水箱置于滤池操作室屋顶上。二期工程同一期工程。主体构筑物分期建造，水厂其余部分一次建成。全厂占地 38 亩。生产区和生活区分开。水处理构筑物按工艺流程呈直线布置，整齐、紧凑。

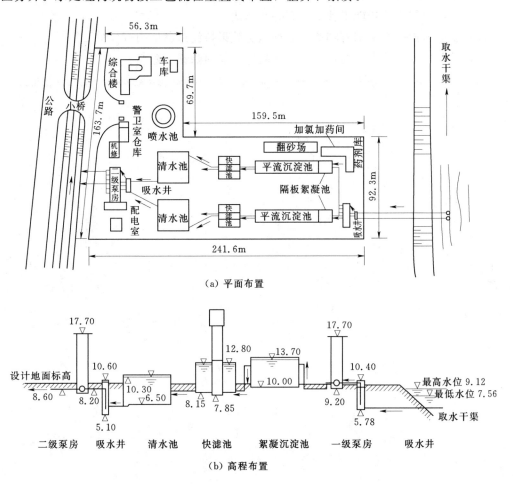

（a）平面布置

（b）高程布置

图 4-26 地面水源常规净水厂布置（单位：m）

本 章 小 结

本章主要介绍了常规地表水处理流程，即混凝、沉淀与澄清、过滤、消毒等，同时介绍了地下水处理方法。混凝使絮体长大，沉淀就是让长大的絮体沉淀下去，达到泥水分离，过滤就是利用滤料进一步去除细小的杂质，降低水的浊度，消毒即是去除水中的有害微生物。地下水中常常会存在超标的铁锰离子及氟离子，会使水中出现异味及对人体造成伤害，因此要用特殊的办法去除铁锰离子及氟离子。

复 习 思 考 题

（1）目前我国常用的混凝剂有几种？各有何优缺点？

（2）目前常用的絮凝池有几种？各有何优缺点？

（3）滤池的冲洗排水槽设计应符合哪些要求，并说明理由。

（4）简要地综合评述普通快滤池的主要优缺点和适用条件。

（5）沉淀池的主要功能是什么？有哪些形式？

（6）水中消毒的方法都有哪些？哪种消毒效果持续杀菌能力好？

（7）某些地区地下水中的铁、锰离子超标，如何除铁、除锰？

第五章 乡镇污水处理技术

【学习目标】 了解污水污染的主要指标及几种常见的污水处理方法，掌握稳定塘的类型、污水处理机理，掌握土地处理机理及净化工艺，了解植物配置景观化及"城市海绵"的概念。

第一节 污水性质及排放标准

一、污水的分类及性质

污水根据其来源一般可以分为生活污水、工业废水、初期污染雨水。乡镇污水是指由乡镇排水系统收集的生活污水、工业废水及部分乡镇地表径流，是一种混合污水。

1. 生活污水

生活污水是指来自家庭、商业、机关、学校、医院、城镇公共设施及工厂的餐厅、卫生间、浴室、洗衣房等的冲厕废水、厨房洗涤水、洗衣排水、沐浴排水及其他排水等。生活污水中含有大量有机物，如纤维素、淀粉、糖类、脂肪和蛋白质，以及人工合成的各类肥皂和洗涤剂等；还含有多种微生物和病原体，如寄生虫卵和消化系统传染病菌等；以及氮、磷、钾等肥分、无机盐类和泥沙等杂质。

2. 工业废水

工业废水主要是工业生产过程中被生产原料、中间产品或成品等物料所污染的水。由于各类工厂的生产类别、工艺过程、使用的原材料以及用水成分不同，工业废水的水质差异显著。一般而言，工业废水污染比较严重，往往含有有毒有害物质，有的含有易燃、易爆、腐蚀性强的污染物，需局部处理达到要求后才能排入城镇排水系统，是城镇污水中有毒有害污染物的主要来源。

3. 初期降水

初期降水是雨雪降至地面形成的初期地表径流，其中往往会挟带大气中、地面和屋面上的各种污染物质，应予以控制排放。初期降水的水质水量随区域环境、季节和时间变化，成分比较复杂。个别地区甚至可能出现初期雨水污染物浓度超过生活污水的现象。某些工业废渣或城镇垃圾堆放场地经雨水冲淋后产生的污水更具危害性。

二、污水污染的主要指标

污水污染指标可以衡量水在使用过程中被污染的程度，常用的指标可以分为物理性指标、化学性指标和生物性指标三大类。

（一）物理指标

1. 温度

因废水温度较高，造成江河、湖泊等受纳水体局部水域的水温升高而引起热污染，导致氧在水中的饱和溶解度随水温升高而减少，同时加速好氧反应，导致水体缺氧与水质恶化。此外，水温升高导致水化学反应加快，影响水的物化性质，因而可能对管道和容器产生腐蚀作用。

2. 色度

纯净的天然水是透明无色的，但带有金属化合物或有机化合物等有色污染物的污水呈现各种颜色。水质分析中常用稀释倍数法测定废水的色度，即将水样用纯水进行稀释，直至接近无色，所稀释的倍数即为水样的色度值。污水排放标准中对色度有严格要求。

3. 嗅和味

嗅和味是一项感官性状指标。天然水是无嗅无味的，但当水体受到污染后会产生异样的气味。水的异嗅来源于还原性硫和氮的化合物、挥发性有机物和氯气等污染物质。盐分会给水带来异味，如氯化钠带咸味，硫酸镁带苦味，铁盐带涩味，硫酸钙略带甜味等。

4. 固体物质

从水质分析操作的方便可行性出发，将固体物质划分为两部分：能够透过标准滤膜（0.45μm）的固体物质叫溶解固体（DS），不能透过标准滤膜的固体物质则称为悬浮固体或悬浮物（SS），两者之和称为总固体（TS）。

（二）化学性指标

表示污水化学性质的指标可分为有机物指标和无机物指标。污水中有机污染物的组成较复杂，主要危害是消耗水中的溶解氧，因此，一般用生化需氧量（BOD）、化学需氧量（COD）、总需氧量（TOD）、总有机碳（TOC）等指标来反映水中有机物的含量。而无机指标主要包括 pH 值、植物营养元素、重金属与有毒化合物质等。

1. 生化需氧量（BOD）

生物化学需氧量是一个反映水中可生物降解的含碳有机物的含量的指标。污水中可生物降解的有机物的转化与温度、时间有关。为便于比较，一般以 20℃温度下经过 5 天时间，有机物在好氧微生物作用下分解前后水中溶解氧的差值称为 5 天 20℃ 的生物需氧量，即 BOD_5，单位通常用 mg/L 表示。BOD_5 越高，表示污水中可生物降解的有机物越多。

2. 化学需氧量（COD）

由于 BOD_5 只能表示污水中可生物降解的有机物的量，且易受水质的影响，所以，为了更准确地表示污水中有机物的量，也可采用 COD，即在高温、有催化剂及酸性条件下，用强氧化剂（$K_2Cr_2O_7$）氧化有机物所消耗的氧量，单位为 mg/L。化学需氧量一般高于生化需氧量，两者的差值即表示污水中难以生物降解的有机物量。对于成分较为稳定的污水，BOD_5 值和 COD 值之间保持着一定的相关关系，其比值可作为污水是否适宜采用生物处理法的一个衡量指标，所以也把该指标称为可生化性指标。该比值越大，污水越容易被生化处理。一般认为该比值大于 0.3 的污水才适于进行生化处理。

3. 总需氧量（TOD）

由于 COD 依然会受到污水中还原性无机物的干扰，因此该指标仍有一定误差。TOD是利用高温燃烧原理，将水样注入含氧量已知的氧气流中，在 900℃ 高温下燃烧，使水样中的有机物质燃烧氧化，然后测定消耗掉的氧气量，此即总需氧量。由于在高温下燃烧，有机物被氧化彻底，故有 TOD＞COD＞BOD。

4. 总有机碳（TOC）

TOC 也是目前广泛使用的一个表示有机物浓度的综合指标。它和前三个指标的不同之处在于，它不是从耗氧量的角度而是从含碳量的角度反映有机物的浓度。总有机碳 TOC 和总需氧量 TOD 一样，利用高温燃烧原理氧化分解有机物，然后通过分析燃烧产生的 CO_2 量，并将其折算成含碳量来表示水样的总有机碳 TOC。

5. pH 值

pH 值反应水的酸碱性质，天然水体的 pH 值一般为 6～9。pH 值决定于水体所在环境的物理、化学和生物特性。生活污水一般呈弱碱性，而某些工业废水的 pH 值偏离中性范围很远，它们的排放会对天然水体的酸碱特性产生较大的影响。

6. 植物营养元素

污水中的氮和磷是植物营养性元素，从农作物生长角度看，植物营养元素是宝贵的养分，但是过量的氮、磷排放入水体会导致湖泊、海湾、水库等水体富营养化。生活污水中含有丰富的氮、磷，某些工业废水中也含大量的氮、磷。目前，为防止水体富营养化，无机营养物氮、磷的去除已成为污水处理的主要目标。

7. 重金属与有毒化合物

重金属是指密度在 4.0 以上的约 60 种元素及密度在 5.0 以上的 45 种元素。砷、硒虽是非金属元素，但是它们的毒性及某些性质与重金属类似，所以在研究时也常将砷、硒列入重金属范畴。重金属在水中不易降解，且可以通过吸附、络合、螯合等作用存在于水中，并可随食物链逐级累积，浓度可成千成万甚至百万倍地提高，最后进入人体造成危害。有毒化合物主要指氰化物、砷化物、酚类等。这些物质对人体和污水处理中的生物都有一定的毒害作用，《污水综合排放标准》（GB 8978—1996）中给出了这类有毒有害物质的最高允许排放浓度的限值。

（三）生物性指标

表示污水生物性质的污染指标主要有细菌总数、总大肠菌数和病毒。水体的水质是否受到致病微生物的污染是通过总大肠菌群数这项卫生学指标来间接考察的。

1. 细菌总数

水中细菌总数反映了水体受细菌污染的程度，可作为评价水质清洁程度和考核水净化效果的指标，一般细菌总数越多，表示病原菌存在的可能性越大。细菌总数不能说明污染的来源，必须结合大肠菌群数来判断水体的污染来源和安全程度。

2. 总大肠菌数

总大肠菌数指单位体积水样中所含大肠菌的量。其测定方法是将 1mL 水样在规定条件下培养，再根据所生长的细菌菌落数，计算出每升水样所含的菌数（个/L）。大肠菌本身虽非致病菌，但由于它的生存条件和肠道病原菌比较接近，因此，可以间接表明水体有无受病原菌污染的可能，或判断污水有无病原菌的可能。

3. 病毒

由于肝炎、小儿麻痹症等多种病毒性疾病可通过水体传染，水体中的病毒已引起人们的高度重视。这些病毒也存在于人的肠道中，通过病人粪便污染水体。目前因缺乏完善的经常性检测技术，水质卫生标准对病毒还没有明确的规定。

三、污水排放标准

污水排放标准根据控制形式可分为浓度标准和总量控制标准。根据地域管理权限可分为国家排放标准、行业排放标准、地方排放标准。浓度标准规定了排出口向水体排放污染物的浓度限值，单位一般为 mg/L。总量控制标准是以与水环境质量标准相适应的水体环境容量为依据而设定的，水体的水环境质量要求高，则环境容量小。

国家污水排放标准，是根据国家环境质量标准，以及适用的污染控制技术，并考虑经济承受能力，对排入环境的有害物质和产生污染的各种因素所作的限制性规定，是对污染源控制的标准。我国现行的国家排放标准主要有《污水综合排放标准》（GB 8978—1996）、《城镇污水处理厂污染物排放标准》（GB 18918—2002）、《污水排入城市下水道水质标准》（CJ 3082—1999）等。

地方污水排放标准由省、自治区、直辖市人民政府制定。国家污水排放标准中未作规定的项目可以制定地方污水排放标准；国家污水排放标准中已规定的项目，可以制定严于国家污水排放标准的地方污水排放标准。近年来为控制环境质量的恶化趋势，一些地方已将总量控制指标纳入地方环境标准，是对国家环境标准的补充和完善。执行时，地方标准优先于国家标准执行。

根据部分行业排放废水的特点和治理技术发展水平，国家对部分行业制定了国家行业排放标准，如《合成氨工业水污染物排放标准》（GB 13458—92）、《钢铁工业水污染物排放标准》（GB 13456—92）、《造纸工业水污染物排放标准》（GWPB 2—1999）等。

第二节　常见的污水处理方法

污水处理就是采用各种技术手段，将污水中的污染物质分离出来，或将污染物质转化成无害物质，从而使污水得到净化。按其作用原理，污水处理的基本方法可分为物理法、化学法和生物处理法三种。按处理程度划分，通常分为一级、二级、三级，一级处理是去除污水中呈悬浮状态的固体污染物质，常用物理处理法。二级处理的主要任务是大幅度地去除有机性污染物质，常用生物处理法。三级处理的目的是进一步去除二级处理未能去除的某些污染物质，所使用的处理方法随目的而异。乡镇污水通过一级、二级处理后一般能达到国家规定排放水体的标准，三级处理用于对排放标准要求特别高的水体或为了使污水处理后回用。

一、常规污水处理流程

生活污水和工业废水中的污染物是多种多样的，往往需要通过几种方法组成的处理系统进行处理，才能达到处理程度。

1. 一级处理

污水处理采用物理处理中的筛滤、沉淀为基本方法，污泥处置采用厌氧消化法处理。

污水首先流经格栅以截留去除漂浮物，在沉砂池中去除无机杂粒，以保护其后续处理单元的正常运行。沉砂池出水流入沉淀池去除悬浮颗粒。

经一级处理，悬浮物一般可去除 50%～55%，五日生化需氧量（BOD_5）可去除 25%～30%。出水水质尚达不到排放标准，通常用于污水的预处理。

2. 二级处理

二级处理是鉴于一级处理出水达不到排放标准而设置的，它采用生物处理法，大幅度去除污水中呈胶态和溶解状态的有机污染物质。在生物处理法中，尤以活性污泥法的应用最广，工艺流程如图 5-1 所示。经二级处理后，五日生化需氧量（BOD_5）可去除 85%～95%（包括一级处理），出水中 BOD_5 降低到 20mg/L，此称为完全二级处理，可达到一级排放标准。

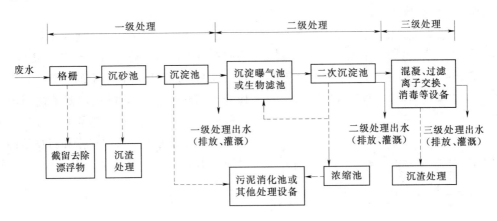

图 5-1　污水典型处理流程

活性污泥法是当前世界各国应用最广泛的一种二级生物处理流程。具有处理能力强、出水水质好等优点。但基建费、运行费高，能耗大，管理也较复杂，易出现污泥膨胀、污泥上浮等问题，且不能去除氮、磷等无机营养物质。针对活性污泥法存在的上述缺点，国内外科技界进行了多年的革新研究，已成功地开发出一批明显优于传统的活性污泥法的二级处理新技术和新流程（如氧化沟技术，AB 法、A/O 流程和 A^2/O 流程等革新的活性污泥法流程和技术；天然生物净化系统、厌氧生物处理技术及生物膜法处理流程等替代活性污泥法的处理流程和技术），使污水二级处理朝着多功能、低费用、高效率的方向发展。

3. 三级处理

三级处理的目的是进一步去除二级处理所未能去除的污染物质，其中包括微生物未能降解的有机物和磷、氮，能够导致水体富营养化的可溶性无机物等。三级处理所使用的方法较多，如生物脱氮法、混凝沉淀法、砂滤、活性炭吸附以及离子交换和电渗析等。通过三级处理，BOD_5 能够降至 5mg/L 以下，能够去除大部分氮和磷。三级处理是深度处理的同义语，但两者又不完全相同。三级处理是在常规处理之后，为了从污水中去除某种特定的污染物质（如磷、氮等）而增加的一项处理工艺。深度处理往往是以污水回用为目的，而在常规处理之后增加的处理工艺或系统。

二、污水处理法

（一）物理法

物理法是利用物理作用分离去除污水中主要呈悬浮固体状态的污染物质。其优点是：构筑物简单，造价低，处理效果比较稳定，是污水处理中常用的方法。其缺点是：处理程度低。物理处理法通常作为污水的预处理，例如污水用于灌溉或养殖之前的预处理、生物处理前的预处理等。这种预处理又称为一级处理。进行物理处理的方法常用的是筛滤截留和沉淀，相应的处理构筑物有格栅、沉砂池、沉淀池等。

1. 格栅

格栅的作用是截流污水中较大的漂浮物与某些悬浮固体。在污水处理厂内，它作为处理流程的一个组成部分。

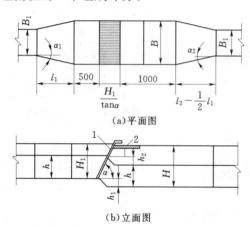

（a）平面图

（b）立面图

图 5-2　人工清除污物的格栅示意图
1—栅条；2—工作平台二级处理

格栅是由一组平行的金属栅条组成，栅条斜放在污水流经的渠道内，与水面成 $60°\sim70°$ 角，以便于清除留在栅条上的垃圾。栅条常用 $10mm\times50mm$ 扁钢条制成，栅条之间的空隙一般为 $16\sim25mm$。根据栅条上垃圾清除方法的不同，可分为人工清除格栅和机械清除格栅两种。小型水厂一般采用人工清除，如图 5-2 所示。

2. 沉砂池

沉砂池一般设置在沉淀池之前，是一种预备性处理构筑物，很少作为独立处理构筑物使用。其作用是去除污水中的砂粒、煤渣等无机物，防止易沉固体进入沉淀池，保证沉淀池正常工作。沉砂池一般可以分为平流式、竖流式和旋转式（曝气沉砂池），其中常用的是平流沉砂池。平流沉砂池形状类似一个加宽了的沟渠，污水流经其中，流速降低，污水中砂粒等无机物沉降下来，而较细的悬浮物仍处于悬浮状态随水流走。图 5-3 为平流式沉砂池工艺图。池的上半部，相当于一个明渠，两端设有闸门，以控制水流。池底是杂质储斗，其斜壁与水平面的斜角应大于 $45°$。

平流式沉砂池要达到使较重的砂粒等沉下而较轻的有机颗粒又不至于沉下的目的，通常采用控制流速的方法，要求设计流速为 $0.30\sim0.15m/s$，污水流过池子的时间不小于 $30s$。这样，池有效长度一般约为 $9m$，过水断面则按最大设计流量及控制的最大设计流速（$0.3m/s$）计算，池子有效水深不超过 $1.2m$，每格宽度不宜小于 $0.6m$。池体至少两格。

3. 沉淀池

沉淀池的作用是使污水中的固体颗粒依靠重力作用从水中分离出来的过程。沉淀过程在沉淀构筑物（即沉淀池）内完成。去除的悬浮物比重大于 1 或小于 1，其工作情况与沉砂池相似，只是水在沉淀池中停留时间长（一般为 $1.0\sim2.0h$），流动速度慢，可以有效地去除污水中的悬浮物。其沉淀效率因污水性质而异，对于生活污水，悬浮物去除率为

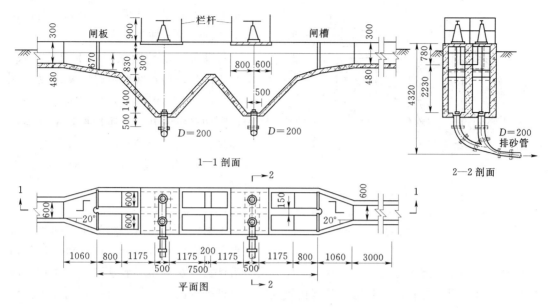

图 5-3 平流式沉砂池工艺图

$50\%\sim55\%$，BOD_5 去除率为 $25\%\sim30\%$。

　　沉淀池的形式按照池内水流方向不同，可分为平流式、竖流式及辐流式三种，平流式沉淀池（图 5-4）是一个长条矩形水池，污水从池的一端流入，沿水平方向在池内流动，从另一端流出，在进口端的底部设有储泥斗。平流式沉淀池在缓慢流动过程中，水中悬浮物逐渐沉向水底。平流式沉淀池沉降区的深度通常采用 $1.0\sim2.5m$，一般不超过 3m。为了使池中水流比较稳定，池子澄清区长度（进水挡板和出水挡板之间的距离）与宽度的比值常不小于 4。在沉淀池前段池底设有污泥斗。池底上的污泥在刮泥机刮板的缓慢推动下向污泥斗移动，落入斗内，由排泥管排出池外。不用机械刮泥设备时，沉淀池底常做成多斗形。平流式沉淀池设计主要根据最大水平流速来控制，一般要求最大水平流速不大于 $7mm/s$。平流式沉淀池沉淀效果好，对污水适应能力强，构造简单，造价较低，操作管理方便；但占地面积大，排泥困难。

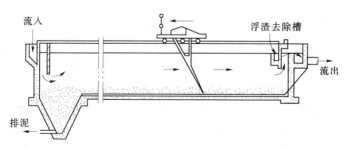

图 5-4 平流式沉淀池

　　竖流式沉淀池（图 5-5）多呈圆形水池，污水从池的中心筒下部进入，然后再沿整个池子断面缓慢向上流动，被澄清的污水从水池四周溢出。

　　辐流式沉淀池（图 5-6）是一个圆形或方形水池，污水从池中心进入，被澄清的污水

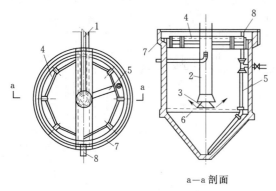

图 5-5 圆形竖流式沉淀池
1—进水挡；2—中心管；3—反射板；4—挡板；
5—排泥管；6—缓冲层；7—集水槽；
8—出水管

从水池四周溢出，池内污水水流方向也是水平流动，但流速是变动的。

每种沉淀池均由三个基本部分组成：①水流部分，污水在此流过，悬浮物逐渐沉降分离；②污泥部分，积聚沉降性的污泥，定期排出池外；③缓冲层，是分隔水流部分和污泥部分的水层，其作用是使已沉下的悬浮物不受水流搅动而影响沉淀效果。

（二）生物法

生物法是利用微生物的生命活动，将污水中的有机物氧化分解成无机物，从而使污水得到净化。属于这类处理污水的主要方法有活性污泥法和生物膜法两种。生物法的优点是处理效果较好；缺点是运行管理比较复杂，对被处理的污水水质有一定的要求。生物法在城镇污水处理厂中被广泛采用，通常作为物理法之后的后续处理，使污水得到进一步的净化，这种后续处理又称为二级处理。

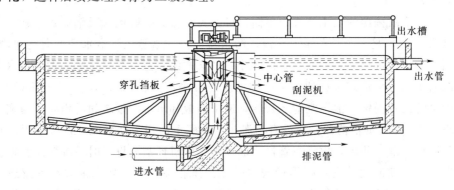

图 5-6 辐流式沉淀池

1. 生物处理原理

在自然界中，存在着大量依靠有机物生存的微生物，在微生物本身生存活动中，具有氧化分解有机物的巨大能力，污水的生物处理即是依靠这些微生物来完成的。当被处理的污水与微生物接触后，微生物能在较短的时间内将污水中大部分的有机物吸附，这些被吸附的有机物中，能溶解于水的部分直接被微生物所吸收，而一些不溶于水的有机物在微生物的作用下，先被分解成分子量小的可溶性有机物，然后再被吸收。微生物就是通过本身的生命活动，以污水中的有机物作为"粮食"，分离、吸收了污水中的有机物，达到了污水净化的效果，这种微生物的生物化学反应过程，即是生物处理法的机理。

活性污泥法是水体自净的人工化方法，它使微生物处于悬浮状态，并与污水接触而使之净化；生物膜法是土壤自净（如农田灌溉）的人工化方法，它使微生物附着于其他物体表面上呈膜状，并让生物膜与污水接触而使之净化。

活性污泥法的典型处理构筑物是曝气池，生物膜法的典型处理构筑物是生物滤池。

2. 活性污泥法

活性污泥是由大量的各种各样的微生物和一些杂质纤维等互相交织在一起组成的微生物集团。活性污泥具有沉降、吸附以及氧化分解有机物的能力，是活性污泥法处理污水的主体。

活性污泥的基本流程，如图5-7所示。它的主要构筑物是曝气池和二次沉淀池。经过初次沉淀池进行预处理的污水，其中大部分悬浮物已被除去，然后再进入曝气池。运行开始时，先在曝气池内注满污水，进行曝气，培养出活性污泥。产生活性污泥后，就可以连续运行。曝气池中活性污泥和污水混合液不断排出，流至二次沉淀池；沉淀下来的部分活性污泥则回流到曝气

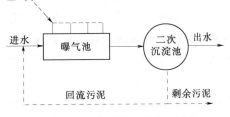

图5-7　活性污泥法的基本流程

池，用来分解氧化污水中的有机物。在正常生产条件下，活性污泥不断进行新陈代谢，不断地增长，增长到一定数量后，应予以排除。排除的这部分污泥称为剩余污泥。

活性污泥法是一种好氧生物处理方法，其处理过程中必须有充足的氧，供氧是由曝气过程来完成的。曝气有压缩空气曝气法和机械曝气法两种。

3. 生物膜法

生物膜法是土壤自净的人工化方法，它利用生长在固体滤料表面的生物膜来处理污水。生物膜即由大量各种各样的微生物和杂质形成的薄膜。通过污水与生物膜的接触，生物膜上的微生物摄取污水中的有机污染物为营养，从而使污水得以净化。最常见的处理构筑物为生物滤池。

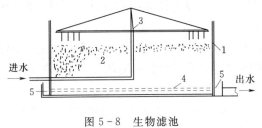

图5-8　生物滤池

1—池体；2—滤料；3—布水器；
4—渗水装置；5—排水渠

图5-8为生物滤池的构造，由滤床、布水装置和排水设置组成。经过预沉处理的污水，通过布水器均匀分布在滤床表面。滤床中装满了石子等滤料，滤料表面覆盖着一层生物膜，水通过生物膜时得以净化。污水沿着滤料中的孔隙自上而下流动，在池底经泄水装置进入排水渠，流至池外。

滤床由池体和滤料组成，池体起维护滤料的作用，应能承受水和滤料的压力，一般用混凝土（毛面）和砖砌成。池壁应高出滤料0.5m，以防风吹影响污水在滤床表面的均匀分布。滤料是生物滤池的主要组成部分，直接影响污水的处理效果。滤料应具坚固耐磨、表面积大、空隙率高等特点。常用的滤料有卵石、炉渣、焦炭等。

布水装置应达到均匀布水的要求。常用的布水装置有固定式和旋转式两种。旋转式布水器使用广泛，污水以一定压力流入池中的固定布水竖管，再流入布水横管。横管直径一般为50～250mm，横管布水小孔孔径为10～15mm，距滤料表面高150～250mm。横管可绕竖管转动，适用于圆形滤池。

排水设置包括渗水装置和排水渠，渗水装置的作用是支撑滤料，并将滤后的水沿空隙排入水渠。

第三节　稳　定　塘

近年来，随着地方经济实力的增强，尤其是经济发达省份在经济发展到一定阶段以后，逐步认识到乡村生活污水处理问题的重要性，并开始采用一些实用、合理、低能耗和低运行费用的技术来处理污水。其中自然生物处理法是针对乡村生活污水较为可行的处理方法。自然生物处理也可以称为污水生态处理，是利用自然环境的净化功能对污水进行处理的一种方法。分为稳定塘处理和土地处理，即利用水体和土壤净化污水，该技术把污水有控制地投配到湿地或土地基质中，利用土壤-植物系统经过生物、化学、物理的净化作用，降解污染物，对污水的水资源和氮、磷资源加以利用，实现污水无害化、资源化处理，解决污水厂建得起、转不起的问题。

稳定塘是自然的或经过人工适当修整、设围堤和防渗层的污水池塘，又称氧化塘、生物塘，是一种古老而又不断发展的、在自然条件下处理污水的生物处理系统。主要依靠菌藻作用或菌藻、水生生物等自然生物的净化功能净化污水，污水在塘中的净化过程与自然水体的自净过程相近。因此稳定塘同样能够有效地处理生活污水、城市污水和各种有机性工业废水。

一、稳定塘的特点与分类

作为污水生物处理技术，稳定塘具有一系列较为显著的优点：

（1）基建投资低。当有旧河道、沼泽地、洼地可以利用时，就可以建成稳定塘，其基建投资低。

（2）运行管理简单经济。稳定塘运行管理简单，动力消耗低，运行费用较低，约为传统二级处理厂的 $1/5 \sim 1/3$。

（3）可进行综合利用，实现污水资源化。如将稳定塘出水用于农业灌溉，既可以充分利用污水的水肥资源，还可以养殖水生动物和植物，组成多级食物链的复合生态系统。

但是，稳定塘也具有一些难于解决的弊端：停留时间长，占地面积大，没有空闲的余地不宜采用；污水处理效果在很大程度上受季节、气温、光照等自然因素的控制，不够稳定；卫生条件较差，易滋生蚊蝇，散发臭气；塘底防渗若处理不好，可能引起对地下水的污染。

稳定塘有多种分类方式，按处理程度分为一级、二级和深度处理塘。按出水方式可分为连续出水塘、控制性水塘、储存塘。按 DO 浓度高低分为好氧塘、兼性塘、厌氧塘、曝气塘。

二、稳定塘的净化机理

（一）稳定塘中的生物及其生态系统

1. 稳定塘中的生物组成

稳定塘内的生物主要有以下几类：

（1）细菌：好氧菌、兼性菌、厌氧菌、硝化菌、光合细菌等。

（2）藻类：绿藻、蓝绿藻等。

（3）原生动物和后生动物：不同类型稳定塘数量变化较大，不宜作为指示生物。

（4）水生植物（耐污植物）。

（5）高等水生动物：鱼、鸭、鹅等。

2. 稳定塘生态系统

稳定塘是以净化污水为目的的工程设备，因此，分解有机污染物的细菌在生态系统中有关键的作用。藻类在光合作用中放出氧，向细菌提供足够的氧，使细菌能够进行正常的生命活动。因此，菌藻共生体系是稳定塘内最基本的生态系统。其他水生植物和水生动物的作用则是辅助性的，它们的活动从不同的途径强化了污水的净化过程。

图 5-9 为典型的兼性稳定塘生态系统，其中包括好氧区、厌氧区（污泥层）及两者之间的兼性区。在稳定塘生态系统中，各种物质不断地进行迁移和转化，其中主要是碳、氮及磷的迁移转化和循环。

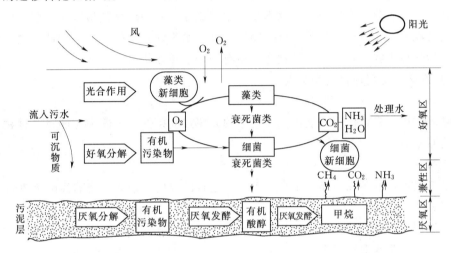

图 5-9　兼性稳定塘生态系统

（二）稳定塘对污水的净化作用

1. 稀释作用

进入稳定塘的污水在风力、水流以及污染物的扩散作用下与塘水混合，使进水得到稀释，其中各项污染指标的浓度得以降低。稀释并没有改变污染物的性质，但为下一步的生物净化创造了条件。

2. 沉淀和絮凝作用

进入稳定塘的污水，由于流速降低，所挟带的悬浮物质沉于塘底。另外，塘水中的生物分泌物一般都具有絮凝作用，使污水中的细小悬浮颗粒产生絮凝作用，沉于塘底成为沉积层，导致污水的 SS、BOD、COD 等各项指标都得到降低。沉积层则通过厌氧微生物进行分解。

3. 水生植物的作用

水生植物能吸收氮、磷等营养，使稳定塘去除氮、磷的功能得到提高；其根部具有富集重金属的功能，可提高重金属的去除率；水生植物还有向塘水供氧的功能；其根和茎能吸附有机物和微生物，使稳定塘去除 BOD 和 COD 的功能有所提高。

4. 微生物代谢作用

在好氧条件下，异养型好氧菌和兼性菌对有机污染物的代谢作用，是稳定塘内污水净化的主要途径，BOD 可去除 90％以上，COD 去除率也可达 80％。在兼性塘的塘底沉积层和厌氧塘内，厌氧细菌对有机污染物进行厌氧发酵分解，厌氧发酵经历水解、产氢、产乙酸和产甲烷三个阶段，最终产物主要是 CH_4、CO_2 及硫醇等。CH_4 通过厌氧层、兼性层以及好氧层从水面逸走，厌氧反应生成的有机酸，有可能扩散到好氧层或兼性层，由好氧微生物或兼性微生物进一步加以分解，在好氧层或兼性层内的难降解物质，可能沉于塘底，在厌氧微生物的作用下，转化为可降解物质而得以进一步降解。

5. 浮游生物的作用

稳定塘内存活着多种浮游生物，它们各自对污水的净化从不同的方面发挥着作用。藻类的主要功能是供氧，同时也可从塘水中去除一些污染物，如氮、磷等；在稳定塘内的原生动物、后生动物及浮游动物的主要功能是吞食游离细菌和细小的悬浮污染物和污泥颗粒，此外，它们还分泌能够产生生物絮凝作用的黏液；底栖动物能摄取污泥层中的藻类或细菌，使污泥数量减少；鱼类等水生生物捕食微型水生动物和残留于水中的污物；处于同一生物链的各种生物互相制约，其动态平衡有利于水质净化。

（三）影响稳定塘净化过程的因素

1. 光照

光是藻类进行光合作用的能源，在足够的光照强度条件下，藻类才能将各种物质转化为细胞的原生质。

2. 温度

温度直接影响细菌和藻类的生命活动，在适宜的温度下，微生物的代谢速率较高。

3. 营养物质

要使稳定塘内微生物保持正常的生理活动，必须充分满足其所需要的营养物质，并使营养元素、微量元素保持平衡。

4. 混合

进水与塘内原有塘水的充分混合，能使营养物质与溶解氧均匀分布，使有机物与细菌充分接触，以使稳定塘更好地发挥其净化功能。

5. 有毒物质

应对稳定塘进水中的有毒物质的浓度加以限制，以避免其对塘内微生物产生抑制或毒害作用。

6. 蒸发量和降雨量

蒸发和降雨的作用使稳定塘中污染物质的浓度得到浓缩或稀释，污水在塘中的停留时间也因此而增加或缩短，将会在一定程度上影响到稳定塘的净化效率。

7. 污水的预处理

进入稳定塘的污水，进行适当的预处理，可以提高和保证稳定塘的净化功能，使其正常工作。预处理包括：去除悬浮物和油脂、调整 pH 值、去除污水中的有毒有害物质、水解酸化等。

三、几种常见的稳定塘

（一）好氧塘

好氧塘深度一般在 0.5m 左右，以使阳光能够透入塘底，如图 5-10 所示。好氧塘主要由藻类供氧，塘表面也由于风力的搅动而进行自然复氧，全部塘水都呈好氧状态。好氧塘内的溶解氧充足，但在一日内是变化的。白昼，藻类光合作用放出的氧远远超过细菌所需，塘水中氧的含量很高，可达到饱和状态；晚间，光合作用停止，由于生物呼吸所耗，水中溶解氧浓度下降，在凌晨时最低，而 CO_2 浓度增高。

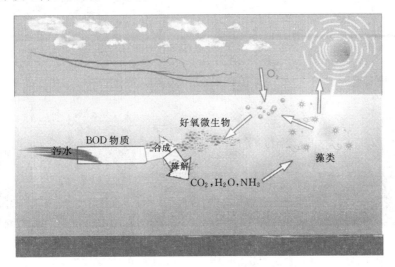

图 5-10　好氧塘功能模式图

根据有机物负荷率的高低，好氧塘还可以分为高负荷好氧塘、普通好氧塘和深度处理好氧塘三种。高负荷好氧塘有机负荷率高，污水停留时间短，塘水中藻类浓度很高，这种塘仅适于气候温暖、阳光充足的地区采用。普通好氧塘的有机负荷率较前者低，以处理污水为主要功能。深度处理好氧塘以处理二级处理工艺出水为目的，有机负荷率很低，水力停留时间较长，处理水质良好。

好氧塘内的生物相在种类与种属方面比较丰富，有菌类、藻类、原生动物、后生动物等。在数量上也相当可观，每 1mL 水滴内的细菌数可高达 $10^8 \sim 5 \times 10^9$ 个。

好氧塘的优点是净化功能较高，有机污染物降解速率高，污水在塘内的停留时间短。但进水应进行比较彻底的预处理。缺点是占地面积大，处理水中含有大量的藻类，需进行除藻处理，对细菌的去除效果也较差。

（二）兼性塘

兼性塘是污水处理最常用的一种稳定塘，塘深在 1.0~2.5m，在阳光能够照射透入的塘的上层为好氧层，由好氧异养微生物对有机污染物进行氧化分解。沉淀的污泥和衰死的藻类在塘的底部形成厌氧层，由厌氧微生物起主导作用进行厌氧发酵。在好氧层与厌氧层之间为兼性层，其溶解氧时有时无，一般在白昼有溶解氧存在，而在夜间又处于厌氧状态，在这层里存活的是兼性微生物，它既能够利用水中游离的分子氧，也能够在厌氧条件下，从 NO_3^- 或 CO_3^{2-} 中摄取氧。在兼性塘内进行的净化反应是比较复杂的，生物相也比较丰富，其污水净化是由好氧、兼性、厌氧微生物协同完成。图 5-11 为兼性塘功能模式图。

（三）厌氧塘

厌氧塘一般作为高浓度有机废水的首级处理工艺，其深度一般在 2.0m 以上，有机负

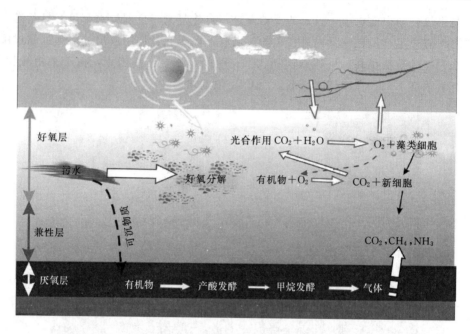

图 5-11　兼性塘功能模式图

荷率高，整个塘水基本上都呈厌氧状态。厌氧塘是依靠厌氧菌的代谢功能使有机污染物得到降解，包括水解、产酸及甲烷发酵等厌氧反应全过程，如图 5-12 所示。厌氧塘净化速度低，污水停留时间长。

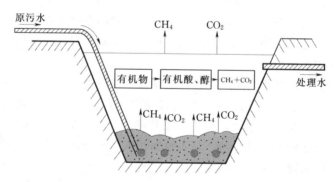

图 5-12　厌氧塘功能模

厌氧塘内污水的污染物浓度高、塘深大，易于污染地下水，因此，必须有防渗措施。厌氧塘一般多散发臭气，应使其远离住宅区，一般应在 500m 以上。厌氧塘处理的某些废水在水面上可能形成浮渣层，它对保持塘水温度有利，但有碍观瞻，且在浮渣上易滋生小虫，又有碍环境卫生，应考虑采取适当措施。

（四）曝气塘

曝气塘是经过人工强化的稳定塘，塘深在 2.0m 以上，塘内设曝气设备向塘内污水充氧，并使塘水搅动。曝气设备多采用表面机械曝气器，也可以采用鼓风曝气系统。在曝气条件下，藻类的生长与光合作用受到抑制。

曝气塘可分为好氧曝气塘和兼性曝气塘两类。主要取决于曝气装置的数量、安设密度和曝气强度。当曝气装置的功率较大，足以使塘水中全部生物污泥处于悬浮状态，并向塘水提供足够的溶解氧时，即为好氧曝气塘［图 5-13（a）］。如果曝气装置的功率仅能使部分固体物质处于悬浮状态，而有一部分固体物质沉积塘底，进行厌氧分解，曝气装置提供的溶解氧也不是全部需要，则为兼性曝气塘［图 5-13（b）］。

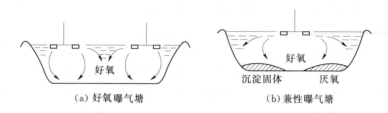

（a）好氧曝气塘　　　　　　（b）兼性曝气塘

图 5-13　曝气塘

由于经过人工强化，曝气塘的净化效果及工作效率都明显地高于一般类型的稳定塘。污水在塘内的停留时间短，曝气塘所需容积及占地面积均较小，这是曝气塘的主要优点，但由于采用人工曝气措施，能耗增加，运行费用也有所提高。

第四节　土　地　处　理

污水土地处理系统是在人工控制下，将污水投配在土地上，通过土壤-微生物-植物的生态系统，进行物理、化学、物理化学和生物化学的净化过程，使污水得到净化的一种污水处理工艺。污水土地处理系统能够经济有效地净化污水，还能充分利用污水中的营养物质和水来满足农作物、牧草和林木对水、肥的需要，并能绿化大地、改良土壤。因此，土地处理是使污水资源化，无害化和稳定化的处理利用系统。

一、土地处理系统的净化机理

土地处理系统是一个系列的处理过程，包括沉淀池、稳定池等处理技术以及土壤-微生物-植物系统。这里主要介绍土壤-微生物-植物系统。该系统是一个复杂的生命及非生命活动的总称，包括土壤、水和空气三大要素。污水土地处理系统的净化机理十分复杂，它包含了物理过滤、物理吸附、物理沉积、物理化学吸附、化学反应和化学沉淀、微生物对有机物的降解等过程。因此，污水在土地处理系统中的净化是一个综合净化过程。

（一）BOD 的去除

BOD 大部分是在土壤表层土中去除的。土壤中含有大量的种类繁多的异氧型微生物，它们能对被过滤、截留在土壤颗粒空隙间的悬浮有机物和溶解有机物进行生物降解，并合成微生物新细胞。当污水处理的 BOD 负荷超过让土壤微生物分解 BOD 的生物氧化能力时，会引起厌氧状态或土壤堵塞。

（二）磷和氮的去除

在土地处理中，磷主要是通过植物吸收、化学反应和沉淀（与土壤中的钙、铝、铁等离子形成难溶的磷酸盐）、物理吸附和沉淀（土壤中的黏土矿物对磷酸盐的吸附和沉积），物理化学吸附（离子交换、络和吸附）等方式被去除。其去除效果受土壤结构、阳离子交换容量、铁铝氧化物和植物对磷的吸收等因素的影响。

氮主要是通过植物吸收、微生物脱氮（氨化、硝化、反硝化）、挥发、渗出（氨在碱性条件下逸出、硝酸盐的渗出）等方式被去除。其去除率受作物的类型、生长期、对氮的吸收能力，以及土地处理系统等工艺因素的影响。

（三）悬浮物质的去除

污水中的悬浮物质是依靠作物和土壤颗粒间的孔隙截留、过滤去除的。土壤颗粒的大小，颗粒间孔隙的形状、大小、分布和水流通道，以及悬浮物的性质、大小和浓度等都影响对悬浮物的截留过滤效果。若悬浮物的浓度太高、颗粒太大会引起土壤堵塞。

（四）病原体的去除

污水经土壤处理后，水中大部分的病菌和病毒可被去除，去除率可达92％～97％。其去除率与选用的土地处理系统工艺有关，其中地表漫流的去除率较低，但若有较长的漫流距离和停留时间，也可以达到较高的去除效率。

（五）重金属的去除

重金属主要是通过物理化学吸附、化学反应与沉淀等途径被去除的。重金属离子在土壤胶体表面进行阳离子交换而被置换、吸附，并生成难溶性化合物被固定于矿物晶格中；重金属与某些有机物生成可吸附性螯合物被固定于矿物质晶格中；重金属离子与土壤的某些组分进行化学反应，生成金属磷酸盐和有机重金属等沉积于土壤中。

二、土地处理系统的基本工艺

土地处理系统的基本工艺有慢速渗滤、快速渗滤、地表漫流和地下渗滤四种类型以及近年逐渐引起关注的湿地处理系统。

（一）慢速渗滤

慢速渗滤是以表面布水或高压喷洒方式将污水投配到种有作物的土地表面，污水缓慢地在土地表面流动并向土壤中渗滤。一部分污水直接为作物所吸收，另一部分则渗入土壤中，其中的污染物被土壤介质截获，或被修复植物根系吸收、利用或固定，或被土壤中的微生物转化、降解为无毒或低毒的成分，而使污水得到净化，如图5-14所示。慢速渗滤一般采用较低的投配负荷，以减慢污水在土壤层的渗滤速度，使其在含有大量微生物的表层土壤中长时间停留，保证水质净化效果。这种系统适用于渗水性能良好的土壤、砂质土壤和蒸发量小、气候湿润地区。出水 BOD_5 去除率可达95％以上，COD 去除率可达85％～90％以上，氮去除率可达80％～90％以上。我国沈阳、昆明等地采用较多。

（二）快速渗滤

快速渗滤是将污水有控制地投配

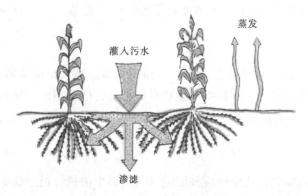

图5-14 慢速渗滤土地处理系统

到具有良好渗滤性能的土壤表面，污水在重力作用下向下渗滤过程中通过生物氧化、硝化、反硝化、过滤、沉淀、还原等一系列作用而得到净化的污水处理工艺类型。快速渗滤系统周期性地向具有良好渗透性能的渗滤田灌水和休灌，使表层土壤处于淹水、干燥，即厌氧、好氧交替运行状态。在休灌期，表层土壤恢复为好氧状态，被土壤层截留的有机物被好氧微生物分解，休灌期土壤层的脱水干化有利于下一个灌水期水的下渗和排除。在灌水期，表层土壤转化为缺氧、厌氧状态，在土壤层形成的交替的厌氧、好氧状态有利于氮、磷的去除。快速渗滤处理系统如图 5-15 所示，适用于透水性能非常良好的土壤，如粗粒结构的砂土。快速渗滤法的主要目的是补给地下水和废水再生回用。进入快速渗滤系统的污水应进行适当预处理，以保证有较大的渗滤速率和硝化速率。

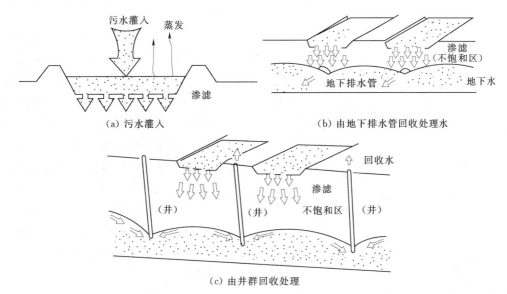

（a）污水灌入　　　　　　　　（b）由地下排水管回收处理水

（c）由井群回收处理

图 5-15　快速渗滤处理系统

（三）地表漫流

地表漫流是以表面布水或低压、高压喷洒形式将污水有控制地投配到多年生牧草或土地渗透性能低的坡面上，使污水在地表沿坡面缓慢流动过程中得以充分净化的污水处理工艺类型。由于对污水预处理要求程度较低，因此，出水以地表径流收集为主，对地下水影响最小。在处理过程中，除少部分水量蒸发和渗入地下外，大部分再生水经集水沟回收，其水力学过程如图 5-16 所示。

该工艺以处理污水为主，兼行生长牧草，因此具有一定的经济效益。处理水一般采用地表径流收集，减轻了对地下水的污染。污水在地表漫流的过程中，只有少部分水蒸发和渗入地下，大部分水汇入建于低处的集水沟。

（四）地下渗滤

地下渗滤是将污水投配到具有一定构造和良好扩散性能的地下土层中，污水在经毛细管浸润和土壤渗滤作用向周围和向下运动过程中达到处理、利用要求的。污水处理工艺类型如图 5-17 所示。

该处理系统主要应用于分散的小规模污水处理，其工艺目标主要包括：直接处理污

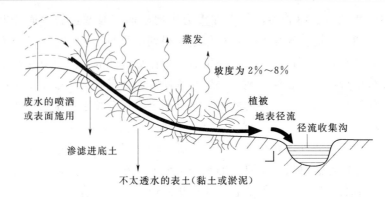

图 5-16　地表漫流系统

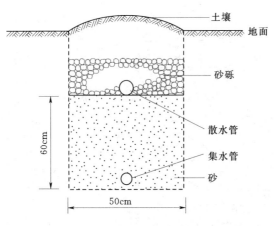

图 5-17　地下渗滤（毛管漫润式）示意

水；在地下处理污水的同时为上层覆盖绿地提供水分与营养，使处理场地有良好的绿化带镶嵌其中；产生优质再生水以供回用；节约污水集中处理的输送费用。

污水地下渗滤处理系统一般要经过化粪池或酸化水解池预处理后，再有控制地通入设于地下约 0.5m 深处的渗滤田，在土壤的渗滤作用和毛细管作用下，污水向四周扩散，通过过滤、沉淀、吸附和微生物降解作用，使污水得到净化。

第五节　湿地处理系统及植物配置景观化

一、湿地处理系统

《湿地公约》对湿地的定义为："无论其为天然或人工，长久或短暂性的沼泽地、泥潭地或水域地带，静止或流动的淡水、半咸水、咸水体，包括低潮时水深不超过 6m 的水域。"湿地是一类重要的生态系统，它具有涵养水源、净化水质、调节局部小气候等功能。湿地也是生物多样性的重要发源地和保存地。因此，它被誉为"地球之肾"和"天然物种基因库"。湿地类型多种多样，通常分为自然和人工两大类。自然湿地包括沼泽地、泥炭地、湖泊、河流、海滩和盐沼等，人工湿地主要有水稻田、水库、池塘等。

湿地处理系统是一种利用低洼湿地和沼泽地处理污水的方法。污水有控制地投配到种有芦苇、香蒲等耐水性、沼泽性植物的湿地上，废水在沿一定方向流行过程中，在耐水性植物和土壤共同作用下得以净化（图 5-18）。净化机理主要包括物理的沉降作用、植物根系的阻截作用、某些物质的化学沉淀作用、土壤及植物表面的吸附与吸收作用、微生物的代谢作用等。

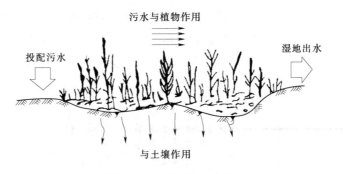

图 5-18 湿地处理系统

1. 天然湿地

利用天然苇塘，并加以人工修整而成。水深 30～80cm，不超过 100cm，净化作用类似好氧塘，适宜水的深度处理。

2. 自由水面人工湿地

用人工筑成水池或沟槽状，地面铺设隔水层以防渗漏，再充填一定深度的土壤层，在土壤层种植芦苇一类的维管束植物，污水由湿地的一端通过布水装置进入，并以较浅的水层在地表上以推流方式向前流动，从另一端溢入集水沟，在流动的过程中保持着自由水面，如图 5-19 所示。

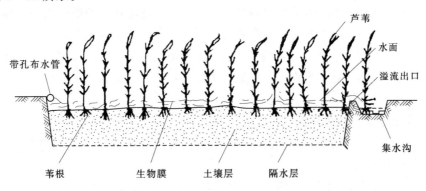

图 5-19 自由水面人工湿地

本工艺的有机负荷率及水力负荷率较低。在确定负荷率时，应考虑气候、土壤状况、植物类型以及接纳水体对水质要求等因素，特别是应将水层保持好氧状态作为首要条件。

根据本工艺的实际运行数据，有机负荷率可介于 $18～110kgBOD_5/(hm^2 \cdot d)$ 这样较大的幅度。根据天津的运行数据，当进水 BOD_5 含量为 150mg/L 时，水力负荷取值 150～200$m^3/(hm^2 \cdot d)$，出水可达二级处理水标准。

3. 人工潜流湿地处理系统

人工潜流湿地处理系统是人工筑成的床槽，床内充填介质支持芦苇类的挺水植物生长。床底设黏土隔水层，并具有一定的坡度。污水从沿床宽设置的布水装置进入，水平流动通过介质，与布满生物膜的介质表面和溶解氧充分的植物根区接触，在这一过程中得到净化。根据床内充填的介质不同，人工潜流湿地处理系统又可分为两种类型，其中一种类型如图 5-20 所示，床内介质是由上、下两层所组成，上层为土壤，下层为易于使水流通过的介质，如粒径较大的土壤、碎石等，上层种植芦苇等耐水植物，下层则为植物根系深入的根系层。沿床宽布设水沟内充填碎石，污水由布水管流入。在出水的另一端碎石层的底部设多孔集水管与出水管相联结，出水管设闸阀，能够调节床内水位。

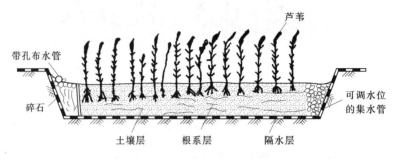

图 5-20　人工潜流湿地处理系统

另一种形式的人工潜流湿地处理构筑物称为碎石床，即在床内充填的只是碎石、砾石一种介质，耐水性植物直接种植在介质上。进水与出水装置基本上与前一种类型的人工湿地相同，参见图 5-20。

二、湿地处理系统的植物配置景观化

日前，人工湿地已引起人们的普遍关注，并得以广泛应用。但随着人们对环境生活质量要求的提高，创建具有多种效益功能的人工湿地，并将其融入到公园和休闲娱乐体系中将显得更为重要。而科学合理配置植物，兼顾植物造景的艺术，以提高人工湿地整体净化效果，美化人工湿地景观，提高人工湿地的景观观赏性，是实现人工湿地生态功能与景观功能有机结合的重要途径。

（一）人工湿地的植物配置

根据种植位置的不同，可以分为水体植物配置和岸带植物配置两个方面。

1. 水体植物配置

人工湿地水体植物配置以水生植物为主，配置时应水中、水面、水上合理搭配，水边、浅水、深水不同梯度相组合，遵循自然界植物群落结构特点，形成稳定的人工湿地系统，同时兼顾人工湿地的净化功能和景观效果。

从植物景观设计角度来讲，植物配置时水面要部分留白，形成优美的倒影景观。对于小水面来说，以植物占水面的 1/3～2/5 为宜；出于净化功能考虑，若需要植物布满水面才能达到净化的目的，应注意控制水生植物的蔓延。宽大的水面，视野开阔，植物配置占用水面面积更小，留白水面，与岸带景观相呼应，形成岸带倒影，增加水面的观赏效果；若水面面积足够大也可以种满水面，形成"接天莲叶无穷碧"的壮观景象。

2. 岸带植物景观配置

水岸与水面交界带 3m 左右范围内均属于人工湿地岸带的范畴。岸带植物配置首先考虑植物的护坡功能，利用植物对土壤结构的强化、对表层土壤颗粒运动的限制以及对边坡生态系统的改善等功能，不仅能够稳定边坡和控制水土流失，还能确保边坡植被的水平和垂直结构合理，生态系统演替有序和景观优美。人工湿地岸带植物配置时，可以选用一些深根性物种，分层次结合种植，稳固岸带，提高物种的丰富度。植物配置可借鉴园林中岸带的配置模式，遵循植物造景的艺术原理，与驳岸形式及周围环境相结合，露美遮丑，使岸带与水体连为一体，提高人工湿地的景观价值。

（二）人工湿地水体植物配置

考虑空间尺度和时间尺度，结合人工湿地的水体形态进行植物景观设计，达到生态功能与湿地景观的融合。

1. 空间尺度植物配置

（1）水平尺度植物配置。

由于湿地植物群落的特殊性，水平尺度的植物配置可分为横向植物配置和纵向植物配置两个层次。

1）横向植物配置。横向植物配置通常指不同生活型植物的横向组合。根据自然界植物群落结构特点，由水体至岸带，依次分布沉水植物群落-浮叶植物群落-漂浮植物-挺水植物群落-湿生植物群落-陆生植物群落（图5-21）。

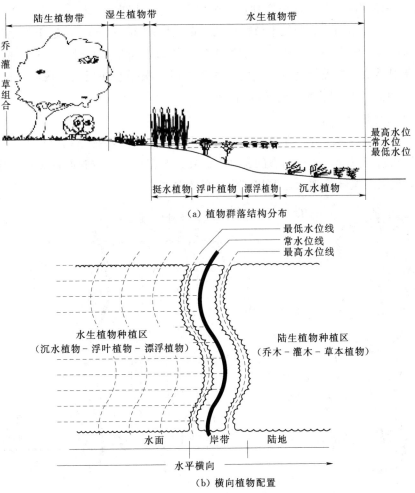

（a）植物群落结构分布

（b）横向植物配置

图5-21 植物群落结构分布与横向植物配置

人工湿地植物配置时需要遵循这一群落结构特点，自水体到岸带依次进行相应生活型植物配置（图5-21）。

2）纵向植物配置。水生植被结构较陆生植被简单，它的基本结构是层片，由单优势层片或两种共同优势层片组成，各层片间可以连续，但基本不重叠。根据这一结构组成特点，水平尺度纵向植物配置可以分为同一植物群落内不同植物层片的纵向组合和同一层片范围内相同或相近生活型植物组合（图5-22）。

水生植物群落基本由单优势层片或两种共同优势层片组成；而同一层片内，相同水深范围，只能选择一种或两种植物成片布置，尽量避免混植或小范围内搭配，如果混植，3种植物两两间可能会产生种间竞争，势必影响景观效果。

（2）垂直尺度植物配置。

水生植物大多数是一年生或多年生草本，植被结构较陆生植被简单，垂直分化没有陆生植物群落明显，但是大部分湿地植物对水深都有相应的要求范围。不同生活型的水生植物有不同的水深要求（图5-23），同一生活型水生植物的不同种类，对水深要求也不相同（表5-1）。一般情况下将水深范围划作4个层次，第一层次0~10cm，适于湿生植物的生长；第二层次5~50cm，适于挺水植物生长；第三层次20~150cm，适于根生浮叶植物的生长；第四层次20~200cm，适于沉水植物的生长。不同生活型植物所适应的水深范围，围绕这个界限浮动。在进行垂直尺度的植物配置时，根据水深层次，按照"挺水植物-浮水植物-沉水植物"的组合形式进行配置即可。

2. 时间尺度植物配置

（1）春夏秋冬四季组合。在植物景观设计中，巧妙运用植物季相变化可以丰富景观层次，提升植物景观意境，实现动态的意境美。在人工湿地植物选择与配置中，常忽略植物季相设计，使人工湿地景观缺乏季相变化，景色单调。

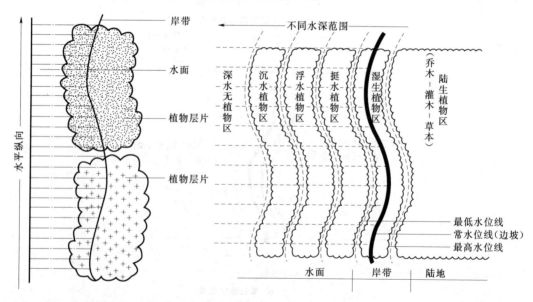

图5-22 人工湿地水平纵向植物配置　　　　图5-23 不同水深范围植物分布

表 5-1　　　　　　　　　　　　　　常见水生植物种类对水深要求

生 活 型	植物名称	水深范围/cm	最适深度/cm
湿生植物	问荆	0～5	0
	石龙芮	0～5	0
	豆瓣菜	0～10	5
	水蓼	0～10	1～5
	水芋	0～15	5～10
	水生酸模	0～15	0～5
	薄荷	0～20	5～10
	荻	0～20	0～5
	风车草	0～30	10～15
	千屈菜	0～30	10
	纸莎草	5～30	10～15
浮水植物	两栖蓼	0～10	0～5
	黄华水龙	0～30	10～15
	萍蓬草	20～40	20～30
	芡实	10～150	30～50
挺水植物	芦竹	0～10	0
	蔍草	0～10	0～5
	菰	0～20	0～5
	菖蒲	5～25	10～15
	野慈姑	0～30	5～10
挺水植物	芦苇	0～40	10～15
	水葱	5～40	10～20
	香蒲	0～60	30
	黄花鸢尾	10～70	30～70
	美人蕉	10～70	10～30
	莲	20～80	30～40
沉水植物	马来眼子菜	30～150	60～120
	狐尾藻	80～240	80～160
	黑藻	50～300	50～150
	菹草	50～400	50～250

　　人工湿地植物配置，首先可以分区分段配置，突出某一季节的景观，形成季相特色，做到四季有景可赏；其次，根据植物观赏特性，可以划分为观花、观叶、观果、观干 4 类，配置时可以依照这一特性，营建不同的景观空间；同时人工湿地植物配置要考虑植物季相景观受地方季节变化的制约。

　　（2）注重冬天的植物配置。我国气候差异较大，尤其在北方，冬季植物不易存活，导致人工湿地植物景观价值降低，净化效果下降。在北方地区人工湿地植物配置时考虑选用耐寒性强、生物量多、根区丰富的湿地植物，如芦苇、香蒲等；还可考虑选用一些湿生灌木来解决冬季景观效果差及净化效果低的问题，如灌木柳等；同时还可以选用耐冷菌株改善冬季人工湿地运行效果。

第六节 海 绵 城 市

海绵城市是指城镇能够像海绵一样，在适应环境变化和应对自然灾害等方面具有良好的"弹性"，下雨时吸水、蓄水、渗水、净水，需要时将蓄存的水释放并加以利用。海绵城市建设应遵循生态优先等原则，将自然途径与人工措施相结合，在确保城镇排水防涝安全的前提下，最大限度地实现雨水在城镇区域的积存、渗透和净化，促进雨水资源的利用和生态环境保护。在海绵城市建设过程中，应统筹自然降水、地表水和地下水的系统性，协调给水、排水等水循环利用各环节，并考虑其复杂性和长期性。图 5 - 24 为海绵城市示意图。

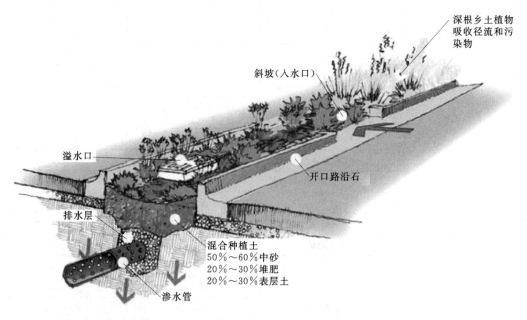

图 5 - 24 海绵城市示意图

一、海绵城市概念的提出

2012 年 4 月，在 "2012 低碳城市与区域发展科技论坛" 中，"海绵城市" 的概念被首次提出；2013 年 12 月 12 日，习近平总书记在 "中央城镇化工作会议" 的讲话中强调："提升城市排水系统时要优先考虑把有限的雨水留下来，优先考虑更多利用自然力量排水，建设自然存积、自然渗透、自然净化的海绵城市。"而《海绵城市建设技术指南——低影响开发雨水系统构建（试行）》以及仇保兴发表的《海绵城市（LID）的内涵、途径与展望》则对 "海绵城市" 的概念给出了明确的定义，即城市能够像海绵一样，在适应环境变化和应对自然灾害等方面具有良好的"弹性"，下雨时吸水、蓄水、渗水、净水，需要时将蓄存的水"释放"并加以利用，提升城市生态系统功能和减少城市洪涝灾害的发生。国务院办公厅出台的《关于推进海绵城市建设的指导意见》指出，采用渗、滞、蓄、净、用、排等措施，到2020年将70％的降雨就地消纳和利用。

建设"海绵城市"并不是推倒重来，取代传统的排水系统，而是对传统排水系统的一种"减负"和补充，最大程度地发挥城市本身的作用。在海绵城市建设过程中，应统筹自然降水、地表水和地下水的系统性，协调给水、排水等水循环利用各环节，并考虑其复杂性和长期性。

作为城市发展理念和建设方式转型的重要标志，我国海绵城市建设"时间表"已经明确且"只能往前，不可能往后"。全国已有130多个城市制定了海绵城市建设方案。

确定的目标核心是通过海绵城市建设，使70％的降雨就地消纳和利用。围绕这一目标确定的时间表是到2020年，20％的城市建成区达到这个要求。如果一个城市建成区有100km²，至少有20km²在2020年要达到这个要求。到2030年，80％的城市建成区要达到这个要求。

建设海绵城市，首先要扭转观念。传统城市建设模式下，处处是硬化路面。每逢大雨，主要依靠管渠、泵站等"灰色"设施来排水，以"快速排除"和"末端集中"控制为主要规划设计理念，往往造成逢雨必涝，旱涝急转。根据《海绵城市建设技术指南》，城市建设将强调优先利用植草沟、雨水花园、下沉式绿地等"绿色"措施来组织排水，以"慢排缓释"和"源头分散"控制为主要规划设计理念。

建海绵城市就要有"海绵体"。城市"海绵体"既包括河、湖、池塘等水系，也包括绿地、花园、可渗透路面这样的城市配套设施。雨水通过这些"海绵体"下渗、滞蓄、净化、回用，最后剩余部分径流通过管网、泵站外排，从而可有效提高城市排水系统的标准，缓减城市内涝的压力。

建设海绵城市，关键在于不断提高"海绵体"的规模和质量。过去，城市建设追求用地一马平川，往往会填湖平壑。根据《海绵城市建设技术指南》，各地应最大限度地保护原有的河湖、湿地、坑塘、沟渠等"海绵体"不受开发活动的影响；受到破坏的"海绵体"也应通过综合运用物理、生物和生态等手段逐步修复，并维持一定比例的生态空间。

有条件的还应新建一定规模的"海绵体"。根据《海绵城市建设技术指南》，海绵城市建设要以城市建筑、小区、道路、绿地与广场等建设为载体。比如让城市屋顶"绿"起来，"绿色"屋顶在滞留雨水的同时还起到节能减排、缓解热岛效应的功效。道路、广场可以采用透水铺装，特别是城市中的绿地应充分"沉下去"。

二、国外应用

城市不同，特点和优势也不尽相同。因此打造"海绵城市"不能生硬照搬他人的经验做法，而应在科学的规划下，因地制宜采取符合自身特点的措施，才能真正发挥出海绵作用，从而改善城市的生态环境，提高民众的生活质量。

1. 德国——高效集水平衡生态

得益于发达的地下管网系统、先进的雨水综合利用技术和规划合理的城市绿地建设，德国"海绵城市"建设颇有成效。

德国城市地下管网的发达程度与排污能力处于世界领先地位。德国城市都拥有现代化的排水设施，不仅能够高效排水排污，还能起到平衡城市生态系统的功能。以德国首都为例，其地下水道长度总计约 9646km，其中一些有近 140 年的历史。分布在柏林市中心的管道多为混合管道系统，可以同时处理污水和雨水。其好处在于可以节省地下空间，不妨碍市内地铁及其他地下管线的运行。而在郊区，主要采用分离管道系统，即污水和雨水分别在不同管道中进行处理。这样做的好处是可以提高水处理的针对性，提高效率。

2. 瑞士——雨水工程民众参与

20 世纪末开始，瑞士在全国大力推行"雨水工程"。这是一个花费小、成效高、实用性强的雨水利用计划。通常来说，城市中的建筑物都建有从房顶连接地下的雨水管道，雨水经过管道直通地下水道，然后排入江河湖泊。瑞士则以一家一户为单位，在原有的房屋上动了一点儿"小手术"：在墙上打个小洞，用水管将雨水引入室内的储水池，然后再用小水泵将收集到的雨水送往房屋各处。瑞士以"花园之国"著称，风沙不多，冒烟的工业几乎没有，因此雨水比较干净。各家在使用时，靠小水泵将沉淀过滤后的雨水打上来，用以冲洗厕所、擦洗地板、浇花，甚至还可用来洗涤衣物、清洗蔬菜水果等。

如今在瑞士，许多建筑物和住宅外部都装有专用雨水流通管道，内部建有蓄水池，雨水经过处理后使用。一般用户除饮用之外的其他生活用水，用这个雨水利用系统基本可以解决。瑞士政府还采用税收减免和补助津贴等政策鼓励民众建设这种节能型房屋，从而使雨水得到循环利用，节省了不少水资源。

在瑞士的城市建设中，最良好的基础设施是完善的、遍及全城的城市给排水管道和生活污水处理厂。早在 17 世纪，瑞士就已经出现了结构简单、暴露在道路表面的排水管道，迄今在日内瓦老城仍然能看到这些古老的排水道。从 1860 年开始，下水道已经被看作是公共系统重要的组成部分，瑞士的城市建设者开始按照当时的需要建造地下排水系统。瑞士今天的地下排水系统则主要修建于第二次世界大战以后。当时，瑞士出现了大规模的城市化发展，诞生了很多卫星城市。在这一时期，瑞士制定了水使用和水处理法律，并开始落实下水管道系统建设规划。

3. 新加坡——疏导有方、标准严格

新加坡作为一个雨量充沛的热带岛国，其最高年降雨量在近 30 年间呈持续上升趋势，却鲜有城市内涝的情况发生。记者初到狮城时正逢雨季，每天都有数场"说来就来"的瓢泼大雨，但城市内均未出现明显的积水和内涝。这一切要归功于设计科学、分布合理的雨水收集和城市排水系统。首先，预先规划城市排水系统。其次，加强雨水疏导，建立大型蓄水池。最后，建立严格的地面建筑排水标准。

4. 美国——强化设计加快改建

美国大多数城市秉承传统的水利设施设计理念：在郊外储存雨水，利用水渠送到市区，污水通过地下沟渠排走。这种理念按照西方的说法始于古罗马时代，现在仍然大行其道。即使在非常缺水的加利福尼亚州，也是遵循这一并不适合当地生态的城市水利与用水模式。

多年以来，洛杉矶的雨水一直是流入河道，后流向大海。在 20 世纪 40 年代，洛杉矶河被改造成一个水泥砌就的沟槽，在雨季承担泄洪任务。它实际上已经徒有其名，不能算作一条河流，就像一个长达 51 英里的浴缸，横卧在城市与大海之间。在没有被改造成泄洪水道之前，它经常泛滥，淹没沿岸城镇。在这条河流砌上水泥之后，洪水的威胁没有了，沿岸也被城市所占领。如今，情况发生很大变化，人们不再担心雨水泛滥成灾，而是纠结于雨水总是白白地流走。

本 章 小 结

本章主要介绍了常见的污水处理方法以及稳定塘、土地处理等乡镇污水处理的方法，重点介绍了稳定塘的类型及处理机理；土地处理的类型及处理机理等。稳定塘的主要类型有好氧塘、厌氧塘、兼性塘、曝气塘、深度处理塘、控制出水塘等类型。土地处理系统的基本工艺有慢速渗滤、快速渗滤、地表漫流和地下渗滤四种以及近年逐渐引起关注的湿地处理系统。在人工湿地处理系统设计中既要重视污水处理，同时考虑植物配置的景观化，创建具有多种效益功能的人工湿地，并将其融入到公园和休闲娱乐体系中。

复 习 思 考 题

(1) 污水污染的主要指标有哪些？

(2) 简述常见的污水处理方法。

(3) 简述稳定塘的生态系统。

(4) 稳定塘有哪几种类型？有哪几方面的净化作用？

(5) 影响稳定塘净化过程的因素有哪些？

(6) 稳定塘中对污水起净化作用的生物种类有哪些？

(7) 什么是污水的土地处理系统？

(8) 污水土地处理系统的类型有哪几种？

(9) 简述湿地处理系统的种类和作用机理。

(10) 湿地处理系统中如何对水体进行植物配置？

(11) 简述海绵城市的概念。

第三篇　乡镇给排水管网规划设计

第六章　乡镇给水管网及其设计计算

【学习目标】　本章主要介绍了乡镇输水和配水管网的布置及水力计算方法，输水和配水管网的附属构筑物及配件。要求重点掌握乡镇配水管网的布置及水力计算方法。

第一节　输 配 水 管 网

输配水管网包括输水管和配水管网。输水管用以将水从一级泵站输送到水厂，或将水从水厂分配给各用水区域和用户，配水管分布于整个用水区。输配水管网应供给用户以足够的水量和水压，应保证不间断供水。

一、输水管布置

乡镇给水具有水源比较复杂，用户比较分散，输水管线相对较长，沿线地形、地质条件比较复杂等特点。因此，输水管线对工程投资、供水安全性影响较大。布置管线时应遵循如下原则：

（1）尽量做到线路短捷，土石方量小，少占或不占农田，工程造价低。

（2）管线走向应使施工维护方便，有条件时最好沿现有道路或规划道路布置。

（3）输水管应尽量避免穿越河谷、重要铁路、沼泽、工程不良地段以及洪水淹没地区，以保证给水安全。

（4）选择线路时应充分利用地形，优先考虑重力流或部分重力流输水。

（5）输水管线的条数应根据乡镇给水的重要性、输水量大小确定。当允许间断供水或不止一个水源时，可采用一条管线；当不允许间断供水时一般设两条管线，或设一条管线的同时再修一个相当容量的储水池。当采用两条管线时，管线之间应设连通管相互联系，如图6-1所示。

（6）在输水管线的鞍部，一般应安装排气阀，输水管线的低洼处，应设置泄水阀和泄水管。

二、配水管网布置

配水管分布在整个用水区内，将输水管送来的水分配给各用户。在配水管网中，根据各管线所起的作用分为干管、连接管、分配管、接户管4类。

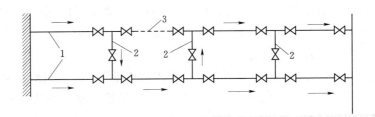

图 6-1　输水管上连通管布置
1—输水管；2—连通管；3—事故管段

　　干管的作用是将水输送至各用水区，同时也向沿线用户供水。各用水区再从干管取水，干管对各用水区的用水起着控制作用。干管的管径不得小于 100mm，以防消防时管网压力太低。

　　连接管是连接两干管的管道，他用以平衡两干管的水量、水压。当一干管发生故障时，用阀门隔离故障点，通过连接管进行流量重新分配，保证事故点下游的用水。

　　分配管的作用是把干管输送来的水分配到接户管和消火栓。分配管控制着某一小范围的用水。为了满足消防用水要求，乡镇给水中分配管最小管径为 75～100mm。

　　接户管是从分配管或直接从干管引水到用户的管线，这里的用户可以是一个企事业单位，也可以是某些独立的建筑。接户管管径大小视用户用水量而定。

　　配水管网的布置有两种基本形式：树状网和环状网。

（一）树状网

　　树状网，如图 6-2 所示，其布置从水源到用户呈树状延伸，任一管段只有一个水流方向，管径随所供给用户的减少而逐渐变小。树状网管线的总长度小，构造简单，节省投资。但当管线某处发生故障需停水检修时，其后续管线均要断水，所以树状网供水安全可靠性差。同时管道末端在用户用水量少或不用水时流速减小甚至停滞，使管中水质容易变坏。

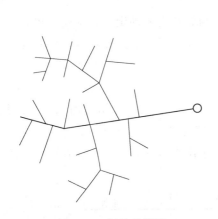

图 6-2　树枝状管网

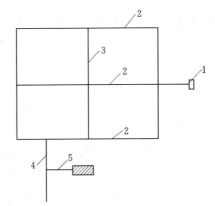

图 6-3　环状管网
1—泵站；2—干管；3—连接管；4—分配管；5—接户管

（二）环状网

　　环状网，如图 6-3 所示，其干管之间用连接管连接，或将分配管两端接在两根干管上，使干管形成多个封闭的环。当局部管线损坏时，可关闭附近阀门使该管线与管网分离，其余管线可通过连接管重新供水，使断水范围大为减小，从而提高了供水可靠性。但环状网管线总长度大，投资费用高。

给水管网的布置既要求供水安全可靠，又要求节省投资。在乡镇给水中，近期可采用树状网，适当时期后再连成环状网；也可以在给水可靠性要求较高的乡镇中心采用环状网，而在镇郊采用树状网。

管网的布置首先要确定干管的走向、条数、位置。一般沿水厂至大用户主要用水区方向平行敷设几条干管，干管应沿规划道路布置，埋设在人行道或慢车道下。干管尽量从用水量大、两侧均需供水的地区通过，以减少分配管和接户管的长度，避免沿河、广场、公园等不用水的地区通过。干管还应从地势较高处通过，以减小管中压力。

连接管设在两干管之间，其间距根据需要确定。分配管、接户管的布置在干管、连接管布置好之后进行，常根据用户需要设置。

管网上应设一定数量的附件配合管网工作，如阀门、消火栓等。阀门在管网中设置最为普遍，它用以调节管网的水量、水压等，一般在干管上每隔 $400\sim600\mathrm{m}$ 设 1 个阀门，两阀门间接出的分配管不宜超过 3 条，消火栓不超过 5 个。分配管的始端均应设置阀门。

消火栓供消防时从管网取水，应布置在交叉路口等易于寻找的地方，间距不大于 $120\mathrm{m}$，距车行道边不大于 $2\mathrm{m}$，距建筑物外墙应在 $5\mathrm{m}$ 以上。装设消火栓的管道其管径不应小于 $100\mathrm{mm}$。

在管道凸点应设排气阀以排除管内积气；在管道凹点设泄水阀及泄水管，以泄水检修。

无给水排水卫生设施的居民区，应在室外设置集中给水龙头，供居民取水。室外给水龙头的服务半径为 $50\sim100\mathrm{m}$。

三、管段计算流量

管网布置完毕后，各管段的平面位置已确定，但管径尚未确定。必须确定出各管段的计算流量，从而推求出管径。为此，引进比流量、沿线流量、节点流量等，以最终求得管段计算流量。

1. 比流量

在管网的干管和分配管上接有许多用户，既有工厂、机关、旅馆等用水量大的用户，也有数量很多但用水量较小的用户。干管配水情况较为复杂，如图 6-4 所示。从图中看出，在该管线上，沿线分配出的流量有分布较多的小用水量 q_1，q_2，…也有少数大用户的

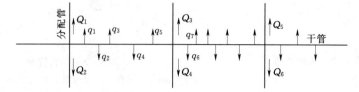

图 6-4　干管配水情况

集中流量 Q_1，Q_2，…若按实际流量情况确定管径，则该管线的管径变化将非常频繁，计算也相当麻烦，工程中也无必要。实际计算时将沿线配水流量加以简化。通常假定小用户的用水量 q_1、q_2 等均匀分布在全部干管上，则单位长度管线上的配水流量称为长度比流量，其大小可用下式计算：

$$q_{cb} = \frac{Q_h - \sum Q_i}{\sum L} \qquad (6-1)$$

式中 q_{cb}——长度比流量，L/(s·m)；

   Q_h——管网最高日最高时用水量，L/s；

   $\sum Q_i$——大用户集中用水量总和，L/s；

   $\sum L$——干管总长度（当管段穿越广场、公园等两侧无用户的地区时，其计算长度为零；当管段沿河等地敷设只有一侧配水时，其计算长度为实际长度的一半），m。

用长度比流量描述干管沿线配水情况存在一定缺陷，因为它忽略了沿线供水人数和用水量的差别，所以不能反映各管段的实际配水量。为此提出另一种计算方法，即面积比流量法，认为管网总用水量减去所有大用户的集中流量后均匀分布在整个用水面积上，则单位面积上的用水量称为面积比流量，可用下式计算：

$$q_{mb} = \frac{Q_h - \sum Q_i}{\sum A} \qquad (6-2)$$

式中 q_{mb}——面积比流量，L/(s·m^2)；

   $\sum A$——用水区总面积，km^2。

面积比流量法计算结果要比长度比流量法符合实际，但计算较麻烦。

2. 沿线流量

某一管段沿线配出的流量总和叫沿线流量。可用比流量计算其大小，计算公式为

$$q_y = q_{cb}L \qquad (6-3)$$

或

$$q_y = q_{mb}A \qquad (6-4)$$

式中 q_y——沿线流量，L/s；

   Q_{cb}——长度比流量，L/(s·m^2)；

   Q_{mb}——面积比流量，L/(s·m^2)；

   L——管段计算长度，m；

   A——管段承担的供水面积，km^2。

管段供水面积可用对角线法或角平分线法划分。

3. 节点流量

从式（6-3）、式（6-4）可以看出，管段中的沿线流量是沿着水流方向逐渐减小的，沿线流量是变化着的。而变化着的流量不易确定管段的管径和水头损失。为了便于计算，将管段的沿线流量转化成从节点集中流出的流量，这样沿管线就不再有流量流出，即管段中的流量不再沿线变化，这样简化后得到的集中流量称为节点流量。

沿线流量转化成节点流量的原理是求出一个沿线不变的折算流量，使它产生的水头损失等于实际上沿管线变化的流量产生的水头损失。工程上采用的折算系数 $a=0.5$。因此，

在管网中，任一节点的节点流量等于该节点相连的各管段沿线流量总和的一半，即

$$q_i = \frac{1}{2}\sum q_{cb}L_i \tag{6-5}$$

求得各节点流量后，管网计算图上便只有集中于节点的流量（加在附近的节点上）。

大用户集中流量可直接移至附近节点，称为节点集中流量。则节点流量 Q_i 包括节点流量和集中流量，即

$$q_i = \frac{1}{2}\sum q_{cb}L + Q_i \tag{6-6}$$

管网中任一管段中的流量包括因沿线不断配送而减少的沿线流量 q_{cb} 和通过该管段转输到以后管段的转输流量 q_z，因而管段的设计流量为

$$q_{ij} = \frac{1}{2}\sum q_{cb}L + q_z \tag{6-7}$$

转输流量在管段中是不变的，是通过该管段输送到下一管段的流量。

必须指出，沿线流量是指管段沿线配出的用户所需流量，节点流量是以沿线流量折算得出并且假设是在节点集中流出的流量。经折算后，可以认为管网内所有的用水量都是从节点上流出的，且所有节点流量之和等于 Q_h。

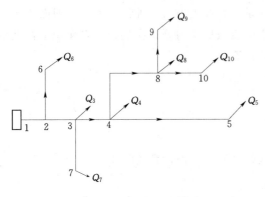

图 6-5　树状网流量分配

4. 管段计算流量

计算出节点流量后，可确定管段计算流量。确定管段计算流量时应满足节点流量平衡条件，也就是流入某一节点的流量应等于流离该节点的流量。对于树状网，从二级泵站供水到各节点只有一个水流方向，因此任一管段计算流量为该管段下游所有节点流量之和，如图 6-5 中，管段 4—8 的计算流量为 $q_{4-8}=Q_8+Q_9+Q_{10}$，管段 3—4 的计算流量为 $q_{3-4}=Q_4+Q_5+Q_8+Q_9+Q_{10}$。

对于环状网，如图 6-6 所示，确定各管段的计算流量比较复杂，因为从二级泵站供给每一节点的流量可从不同管段沿不同方向供给，因此，环状网管段计算流量不可能取得唯一的流量值。

环状管网可以有许多不同的流量分配方案，但是都应保证供给用户所需的水量，并且满足节点流量平衡条件。

环状管网流量分配的具体步骤如下：

（1）首先，在管网平面布置图上确定出控制点的位置，并根据配水源、控制点、大用户及调节构筑物的位置确定管网的主要流向。

（2）参照管网主要流向拟定各管段的水流方向，使水流沿最近路线输水到大用户和边远地区，以节约输水电耗和管网基建投资。

（3）根据管网中各管线的地位和功能分配流量。尽量使平行的主要干管分配相近的流量，以免个别主要干管损坏时其余管线负荷过重，使管网流量减少过多；干管与干管之间

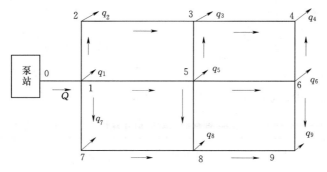

图 6 - 6 环状管网流量分配

的连接管，主要是沟通平行干管之间的流量，有时起输水作用，有时只是就近供水到用户，平时流量一般不大，只有在干管损坏时才转输较大流量，因此，连接管中可分配较少的流量。

（4）分配流量时应满足节点流量平衡条件，即在每个节点上满足 $q_i + q_{ij} = 0$。

【例 6 - 1】 某镇树状管网干管布置及各管段长度如图 6 - 7 所示。管网最高日最高时用水量 $Q_h = 80 L/s$，其中大用户集中节点流量为 20L/s，分布在 4、5 两节点，各 10L/s。管段 3—4、3—5 单侧供水，其余均为两侧供水。试求：

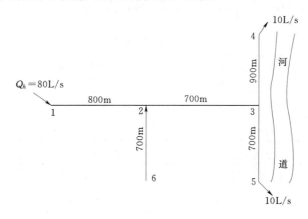

图 6 - 7 管段流量计算

（1）干管的长度比流量。

（2）各管段沿线流量。

（3）各节点流量。

（4）各管段计算流量。

解：（1）长度比流量。

干管的总计算长度为

$$\sum L = L_{1-2} + L_{2-3} + \frac{1}{2} L_{3-4} + \frac{1}{2} L_{3-5} + L_{2-6}$$

$$= 800 + 700 + \frac{1}{2} \times 900 + \frac{1}{2} \times 700 + 700$$

$$= 3000 (m)$$

干管长度比流量为

$$q_{cb} = \frac{Q_h - \sum Q_i}{\sum L} = \frac{80 - 20}{3000} = 0.02 \text{L/(s·m)}$$

（2）沿线流量。

各管段沿线流量用式 $q_y = q_{cb}L$ 计算，结果见表 6-1。

表 6-1　　　　　　　　　　　各管段沿线流量计算

管段编号	管段长度/m	管段计算长度/m	比流量/[L/(s·m)]	沿线流量/(L/s)
1—2	800	800	0.02	16
2—3	700	700	0.02	14
3—4	900	900×1/2=450	0.02	9
3—5	700	700×1/2=350	0.02	7
2—6	700	700	0.02	14

（3）节点流量。

节点流量用式 $q_i = Q_i + \sum \frac{1}{2} q_{cb} \cdot L_i$ 计算，结果见表 6-2。

表 6-2　　　　　　　　　　　节　点　流　量　计　算

节　　点	集中节点流量/(L/s)	沿线节点流量/(L/s)	节点总流量/(L/s)
1		16×1/2=8	8
2		(16+14+14)×1/2=22	22
3		(4+9+7)×1/2=15	15
4	10	9×1/2=4.5	14.5
5	10	7×1/2=3.5	13.5
6		14×1/2=7	7
合计	20	60	80

（4）管段计算流量。

树状网管段计算流量为其下游所有节点流量之和，计算结果见表 6-3。

表 6-3　　　　　　　　　　　管　段　计　算　流　量

管　段　编　号	管段下游节点	管段计算流量/(L/s)
1—2	2，3，4，5，6	22+15+14.5+13.5+7=72
2—3	3，4，5	15+14.5+13.5=43
3—4	4	14.5
3—5	5	13.5
2—6	6	7

四、管径确定

管段流量确定后，可用下式计算管径：

$$D=\sqrt{\frac{4q}{\pi v}} \qquad (6-8)$$

式中　D——管段直径，m；

　　　q——管段计算流量，m^3/s；

　　　v——管中流速，m/s。

从上式可以看出，管径不仅与管段计算流量有关，而且还与管中流速有关，因此，要确定管径必须先选定流速。

按照技术要求，管中流速应有一个允许范围。为防止管网出现水锤，管中流速不应超过 2.5～3m/s；管道输送原水时，为防止水中杂质在管内沉积，管中流速不得小于 0.6m/s。可见技术上允许的流速范围较大，还不能最终选定设计流速。

从式（6-5）可以看出，流量一定时，管径和流速的平方根成反比，流速取小一些，管径就大，因此管网造价增加，但流速小时，管段水头损失就小，因而水泵扬程就降低，输水电费便可节省；相反，流速取大一些，管径就小，管网的造价就会降低，但管段水头损失增大，所需的水泵扬程将提高，从而输水电费相应增加，也就增加了管网的经营管理费。因此，管线管径的确定，要综合考虑管线建造费用和经营管理费用这两个主要的经济因素。

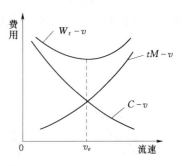

图 6-8　管网费用与流速的关系

设 C 为管网建造费用，M 为年经营管理费用，则在投资偿还期 t 年内的总费用为 $W_t=C+tM$。在费用-流速坐标系中，分别绘出 $C-v$ 和 $tM-v$ 两条曲线，就可求出总费用最低（即管网建造费与经营管理费之和为最小）时的流速，称为经济流速，如图 6-8 所示。影响经济流速的因素很多，如管材价格、施工费用、电费等。因此，各地的经济流速是不同的，不同的管径其经济流速也不相同。设计中可采用平均经济流速来确定管径，见表6-4。

<table>
<tr><td colspan="5">表 6-4　　　　　　　　平 均 经 济 流 速</td></tr>
<tr><td>管　径
/mm</td><td>平均经济流速
/(m/s)</td><td>管　径
/mm</td><td>平均经济流速
/(m/s)</td></tr>
<tr><td>100～350</td><td>0.6～0.9</td><td>≥400</td><td>0.9～1.4</td></tr>
</table>

经济流速的计算较复杂，一般也可采用界限流量（表6-5）确定经济管径。

五、水头损失计算

管网中的水头损失包括沿程水头损失和局部水头损失。因局部水头损失与沿程水头损失相比很小，通常忽略不计，所以，管网计算中主要考虑沿程水头损失。在具体计算时，可直接查阅给水排水水力计算表（附录1和附录2）。

表6-5

界 限 流 量

管 径 /mm	界限流量 /(L/s)	管 径 /mm	界限流量 /(L/s)	管 径 /mm	界限流量 /(L/s)
100	<9	350	68～96	700	355～490
150	9～15	400	96～130	800	490～685
200	15～28.5	450	130～168	900	685～822
250	28.5～45	500	168～237	1000	822～1120
300	45～68	600	237～355		

第二节 管网水力计算

一、树状管网的水力计算

现举例说明树状管网水力计算的步骤和方法。

【例6-2】 某镇给水管网布置及管段长度如图6-9所示。管网最高用水时用水量 Q_h =97.15L/s，各节点流量标注于图上。各点最小服务水头相同，H_c=20m。各点地面高程及吸水井最低水位见表6-6。试进行树状管网的水力计算。

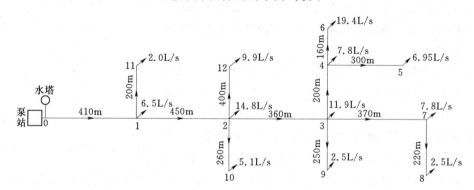

图6-9 树状管网的水力计算

表6-6

节 点 地 面 高 程

节点	0	1	2	3	4	5	6	7
地面高程/m	32.0	32.5	32.1	31.4	32.7	34.2	33.15	31.8

节点	8	9	10	11	12	吸水井	水塔	
地面高程/m	32.1	32.0	32.3	32.0	32.3	29.0	32.0	

解：（1）选定控制点，确定干线。控制点一般是距泵站较远、地势较高或最小服务水头较高的点。本例中各点最小服务水头相同，距泵站较远的点有5、6、8点，再考虑各点的地面高程，选5点为控制点，则管线5—4—3—2—1—0为干线，其余为支线。

（2）干线水力计算。列表进行干线水力计算，见表4-7，由节点流量求各管段计算流量填入表中第③栏。根据管段计算流量查附录6-1，得各管段管径、流速和相应水力坡度，填入表中第④、⑤、⑥栏。所查得的管径和流速应符合前述管径和经济流速的要求。5—4 管道的流速看似偏高，但若选用 125mm 管径，流速变为 0.57m/s，不仅不符合经济流速要求，也小于 0.6m/s 的最小流速。管段 2—1、1—0 的设计流速尽管超出了经济流速范围，但如果改用 400mm 管径，流速将减为 0.7m/s 和 0.77m/s，偏离 400mm 管径经济流速更远。

将第②栏管长乘以第⑥栏水力坡度得水头损失，填入第⑦栏。

控制点 5 要求的服务水头 20m 填入第⑪栏，自由水压加第⑩栏地面高程得 5 点水压高程，填入第⑨栏。5 点水压高程加 5—4 管段水头损失得 4 点水压高程。同理可得 3、2、1、0 点水压高程，均填入第⑨栏，由第⑨栏水压高程减去第⑩栏地面高程可得各点自由水压，并校核各点自由水压是否不小于各点最小服务水头，该例题中各点自由水压均满足最小服务水头 20m 的要求。

表 6 - 7 　　　　　　　　干 线 水 力 计 算

管段	管长 L/m	流量 q/(L/s)	管径 D/m	流速 v/(m/s)	水力坡度 1000i	水头损失 /m	节点	水压高程 /m	地面高程 /m	自由水压 /m
①	②	③	④	⑤	⑥	⑦	⑧	⑨	⑩	⑪
5—4	300	6.95	100	0.9	18.1	5.43	5	54.2	34.2	20.0
							4	59.63	32.7	26.93
4—3	200	34.15	250	0.7	3.45	0.69				
							3	60.32	31.4	28.92
3—2	360	58.85	300	0.83	3.7	1.33				
							2	61.65	32.1	29.55
2—1	450	88.65	350	0.92	3.71	1.67				
							1	63.32	32.5	30.82
1—0	410	97.15	350	1.01	4.37	1.79				
							0	65.11	32.0	33.11

（3）支线水力计算。确定支线管径时，只考虑降低管线造价的要求，而不必满足经济流速要求。支线的起点为干线上某一节点，其水压高程已知；末点的最小服务水头已知，加地面高程即得要求的末点水压高程。选择管径时，可在满足末点水压高程的前提下选用尽可能小的管径。

支线水力计算见表 6-8。将各管段流量填入第③栏，将各支线起点 1、2、3、4 的水压高程、自由水压填入表中第⑩栏和第⑫栏，将支线各节点地面高程填入第⑪栏。对于管段 4—6，末点 6 最小服务水头 20m，则要求的水压高程为 20＋33.15＝53.15（m），起点 4 的水压高程为 59.63m，则管段 4—6 允许的最大水头损失为 59.63－53.15＝6.48（m），允许的最大水力坡度为 6.48/160＝0.0405，将该值填入第⑦栏参考水力坡度。查水力计算表确定管径，并使其对应的水力坡度最接近参考水力坡度而又不大于参考水力坡度。管段 4—6 选用 150mm 管径，流速 1.12m/s，已超出经济流速范围，但其水力坡度 0.0161 并未超出参考水力坡度，因此可行。根据设计管径、水力坡度求水头损失、末点水压高程、自由水压填入第⑧、⑩、⑫栏。按照上述方法，管段 1—11、3—9、7—8 可以选用比 100mm 更小的管径，但要求干管的最小管径为 100mm，故仍选用 100mm 管径。

表 6 - 8　　　　　　　　　　支 管 水 力 计 算

管段	管长 L /m	流量 q /(L/s)	管径 D /m	流速 v /(m/s)	水力 坡度 i	参考水 力坡度 i	水头损失 /m	节点	水压高程 /m	地面高程 /m	自由水压 /m
①	②	③	④	⑤	⑥	⑦	⑧	⑨	⑩	⑪	⑫
1—11	200	2.0	100	0.26	0.00194	0.0566	0.39	1	63.32	32.5	30.82
								11	62.93	32.0	30.93
2—10	260	5.1	100	0.66	0.0104	0.036	2.70	2	61.65	32.1	29.55
								10	58.95	32.3	26.65
2—12	400	9.9	125	0.83	0.0117	0.0234	4.68	2	61.65	32.1	29.55
								12	56.97	32.3	24.67
3—9	250	2.5	100	0.32	0.00288	0.0333	0.72	3	60.32	31.4	28.92
								9	59.6	32.0	27.6
4—6	160	19.4	150	1.12	0.0161	0.0405	2.58	4	59.63	32.7	26.93
								6	57.05	33.15	23.9
3—7	370	10.3	125	0.85	0.0122	0.0139	4.51	3	60.32	31.4	28.92
								7	55.81	31.8	24.01
7—8	220	2.5	100	0.32	0.00288	0.0139	0.63	7	55.81	31.8	24.01
								8	55.18	32.1	23.08

二、环状管网的水力计算

环状管网计算时，必须满足下列基本水力条件：

（1）连续性方程（又称节点流量平衡条件）。即任一节点流入该节点的流量必须等于流出该节点的流量。

若规定流出节点的流量为正，流入节点的流量为负，则任一节点的流量代数和等于零，即

$$q_i + \sum q_{ij} = 0 \qquad (6-9)$$

（2）能量方程（又称闭合环路内水头损失平衡条件）。即环状管网任一闭合环路内，水流为顺时针方向的各管段水头损失之和应等于水流为逆时针方向的各管段水头损失之和。若规定顺时针方向的各管段水头损失为正，逆时针方向为负，则在任一闭合环路内各管段水头损失的代数和等于零，即

$$\sum h_{ij} = 0 \qquad (6-10)$$

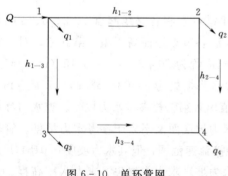

图 6 - 10　单环管网

如图 6 - 10 所示，由并联管路的基本公式可知，节点 1～4 之间均有下列关系成立：

$$h_{1-2-4} = h_{1-3-4} = H_1 - H_4$$

式中　h_{1-2-4}——管线 1—2—4 的水头损失，m；

　　　　h_{1-3-4}——管线 1—3—4 的水头损失，m；

　　H_1、H_4——节点 1 和节点 4 的水压标高值（每一节点只有一个值），m。

　　另由串联管路的基本公式，得

$$h_{1-2-4}=h_{1-2}+h_{2-4}$$
$$h_{1-3-4}=h_{1-3}+h_{3-4}$$

所以有　　　　　$h_{1-2}+h_{2-4}=h_{1-3}+h_{3-4}$ 或 $h_{1-2}+h_{2-4}-h_{1-3}-h_{3-4}=0$

　　环状管网在流量预分配时，已经符合每一节点 $q_i+\sum q_{ij}=0$，但在参照经济流速确定管径并计算水头损失以后，往往不能满足每一闭合环路内水头损失平衡条件。若不能满足 $\sum h_{ij}=0$ 的条件，则说明此时管网中的流量和水头损失与实际水流情况不符，不能用来推求各节点水压、计算水泵扬程和水塔高度。因此，必须求出各管段的真实流量和水头损失。

　　若闭合环路内顺、逆时针两个水流方向的管段水头损失不相等，即 $\sum h_{ij}\neq 0$，存在一定差值，这一差值就叫环路闭合差，记作 Δh。

　　在计算过程中，若闭合差为正，即 $\Delta h>0$，说明水流为顺时针方向的各管段中所分配的流量大于实际流量值，而水流为逆时针方向各管段中所分配的流量小于实际流量值；若闭合差为负，即 $\Delta h<0$，则恰好相反。因此，需根据具体情况重新调整各管段的流量，即在每一节点均满足 $q_i+\sum q_{ij}=0$ 的条件下，在流量偏大的各管段中减去一些流量，加在流量偏小的各管段中去。每次调整的流量值称为校正流量，记作 Δq。如此反复，直到各闭合环路均满足 $\sum h_{ij}=0$ 的条件为止。这种为消除闭合差而进行流量调整计算的过程，叫作管网平差。

　　一般基环和大环闭合差达到一定精度要求后，管网平差即可结束。手算时，基环闭合差要求小于 0.5m，大环闭合差小于 1.0～1.5m；电算时，闭合差值可达到任何精度，一般采用 0.01～0.05m。

　　环状管网在乡镇供水中应用相对较少，因此，其平差方法及水力计算就不再作详细讲解。

第三节　给水管材和管网附属构筑物

一、管材

　　给水管材应具有足够的强度，以承受内水压力和外部荷载；应有较高的水密性；水管内壁应光滑以减小水头损失；制管材料应无毒；价格低廉，使用年限长，并具有较高的防腐性能。常用的给水管材有钢管、铸铁管、钢筋混凝土管和塑料管。

　　1. 钢管

　　钢管分为焊接钢管和无缝钢管两种。焊接钢管又有直缝钢管和螺旋缝钢管。钢管的优点是强度高、耐振动、重量轻、长度大，易切割焊接。缺点是价格高、易腐蚀，使用时管内外壁应做防腐处理。钢管一般不作埋地管道，一般只在内压高、管径大的地区使用。钢管所用配件如三通、四通、弯管等，由钢板卷焊而成，也可直接用标准铸铁配件。钢管采用焊接或法兰连接，小口径也可用丝扣连接。

2. 铸铁管

铸铁管强度较高，价格较钢管低，有较强的耐腐蚀性能。但其质地较脆，不耐振动，重量大。铸铁管在城镇给水工程中使用最广。

铸铁管采用承插连接和法兰连接，如图6-11和图6-12所示。铸铁管有各种标准铸铁配件，可在水管转弯、改变口径、分叉等处连接使用。配件型式见表6-9。

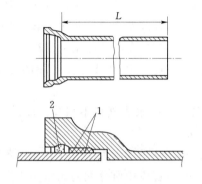

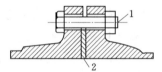

图6-11　铸铁管刚性承插接口　　图6-12　法兰式接口
1—嵌缝材料；2—密封填料　　　1—螺栓；2—垫片

表 6-9　　　　　　　　　　铸 铁 管 配 件

序号	名　称	图形标示	公称口径 DN/mm	序号	名　称	图形标示	公称口径 DN/mm
1	承盘短管		75～1500	12	22½°承插弯管		75～700
2	插盘短管		75～1500	13	11¼°承插弯管		75～700
3	套管		75～1500	14	乙字管		75～500
4	90°双盘弯管		75～1000	15	全承丁字管		75～1500
5	45°双盘弯管		75～1500	16	三盘丁字管		75～1000
6	90°双承弯管		75～1500	17	双承丁字管		75～1500
7	45°双承弯管		75～1500	18	承插单盘排气丁字管		150～1500
8	22½°双承弯管		75～1500	19	承插泄水丁字管		700～1500
9	11¼°双承弯管		75～1500	20	全承十字管		200～1500
10	90°承插弯管		75～700	21	承插渐缩管		75～1500
11	45°承插弯管		75～700	22	插承渐缩管		75～1500

3. 预应力和自应力钢筋混凝土管

预应力和自应力钢筋混凝土管防腐能力强、耐久性能好、价格低，但质地脆、重量大、强度低、不可切割。它无标准配件，需配用特制铸铁配件。钢筋混凝土管采用橡胶圈承插接口，如图 6 - 13 所示。

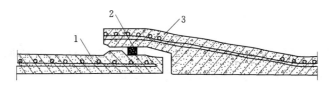

图 6 - 13　钢筋混凝土管柔性承插式接口
1—插口；2—橡胶圈；3—承口

自应力钢筋混凝土管由于具有低廉的价格和良好的耐久性能，因此在乡镇给水中被广泛使用。其工作压力有 0.4MPa 和 0.6MPa 两种。预应力钢筋混凝土管具有耐高压、抗渗性能好等优点。目前最大口径为 9m，承压达 4.0MPa，但其制作较复杂。

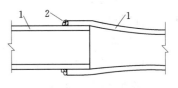

图 6 - 14　塑料管焊接
1—塑料管；2—焊条

4. 塑料管

塑料管具有表面光滑、水头损失小、不易结垢、不腐蚀、重量轻、加工和接口方便等优点，但其强度低、易老化。塑料管有聚氯乙烯管和聚丙烯管两种。前者质地硬脆，抗老化能力差，价格低；后者质地软而有弹性，抗老化能力强，价格较高。塑料管在乡镇供水中应用较广泛，在城镇给水和建筑给水中也有应用。

塑料管配件有三通、四通、弯管、阀门等多种。接口用焊接（图 6 - 14）、胶合剂粘接、熔接或丝扣连接等。

二、管网附件

管网中应设置各种附件，如阀门、排气阀、安全阀等，用以配合管道完成输配水任务，保证管网正常工作。管网附件不同于管道配件，它能相对独立地承担一项工作，如阀门能调节水量和水压，排气阀能排除管道中的气体等。

1. 阀门

阀门用以调节水量和水压，事故时隔离损坏管段。阀门口径一般和水管直径相同，但当管径大于 500mm 时，为了节省阀门造价，可安装口径为 0.8 倍水管直径的阀门。常用阀门有闸阀、蝶阀、截止阀。

闸阀是依靠闸板的升降调节水流的。闸板有楔式和平行式两种。根据闸阀启闭时阀杆是否移动可分为明杆和暗杆两种。明杆闸阀启闭时，阀杆随闸板升降，可直观地掌握阀门的开启度，但开启后整个阀门的高度大，适宜安装在经常启闭的场合，如安装在泵站内。暗杆闸阀启闭时，阀杆不升降，适用于安装和操作地位受到限制处或不需经常启闭处。

蝶阀仍是由闸板控制水流的。闸板可绕中轴转动，当闸板平面垂直于水流方向时蝶阀即关闭；将中轴转动 90°，闸板平面平行于水流方向时，蝶阀达到最大开度。蝶阀结构简单，开启方便，体积小，重量轻。由于密封结构和材料的限制，蝶阀只在中低压管线上使用。

截止阀依靠阀塞的升降控制水流。截至阀关闭严密，水头损失大，常用于管径不大于80mm 的管道上。

2. 单向阀

单向阀是限制水流朝一个方向流动的阀门。阀门可绕根部铰轴转动，水流正向流动时推开阀门过水；水流反向流动时，阀门因自重和水作用而自动关闭。单向阀一般安装在水泵出水管上，防止突然停电或其他事故时水倒流。

3. 排气阀

排气阀设在管线向上隆起的部位，用以自动排除管中积气，垂直向上安装在管道上。排气阀口径与管径之比采用 1∶8～1∶12。较小管线上也可采用普通阀门定期手动排气。

4. 水锤消除设备

因单向阀突然关闭等原因引起水锤，水锤产生的高压和负压均会对管道造成危害。

安全阀装设于单向阀下游，当管道中压力过高时会自动打开，排水泄压。

5. 消火栓

消火栓有地面式和地下式两种。地面式消火栓用阀杆启闭阀瓣，共有 2 个 65mm 和 1 个 100mm 的接水口。地下式消火栓可以有 1～2 个接水口，其防冻性能好，适用于寒冷地区。

三、管网附属构筑物

1. 阀门井

阀门井用以安装管网附件，使之有良好的操作和养护环境。阀门井的平面形状有圆形和矩形，其平面尺寸取决于水管直径以及附件的种类。为便于操作和安装拆卸，井底到水管承口或法兰盘底的距离至少为 0.1m，法兰盘距井壁距离宜大于 0.15m，承口边缘距井壁应大于 0.3m。井口直径为 700mm，井壁设有上下爬梯。

阀门井可用砖石或钢筋混凝土建造。当阀门井处于地下水位以下时，井底和井壁应不透水。当管道直径较小且位于人行道或简易路面下时，可用阀门套筒代替阀门井。

2. 镇支墩

在弯管、三通、水管末端、变径等处，水管配件受到不平衡力的作用，有与相邻水管脱离的趋势时，必须设支墩与接口共同承担不平衡力，阻止配件滑离管道。当管径小于300mm 或转弯角度小于 10°且水压力不超过 980kPa 时，可不设支墩。各种型式的支墩可参见标准图集。

本　章　小　结

本章重点介绍了乡镇输配水管网的功能、布置、水力计算方法，介绍了输配水管网的附属构筑物及配件。配水管网有两种布置形式，即枝状管网和环状管网，在水力计算中首先计算比流量，再计算节点流量和管段流量，从而参照经济流速确定管网的管径。环状管网的水力计算不仅要遵循节点流量平衡条件，还要遵循水头损失平衡条件。

复 习 思 考 题

（1）管网布置有几种形式？试说明各种布置形式的条件和优缺点。

（2）乡镇给水系统的工作工况有几种？试分别说明。

（3）乡镇给水管网管段流量计算时首先要计算什么流量？试分别说明。

（4）在乡镇管网的水力计算中，枝状管网要满足什么条件？环状管网要满足什么条件？

（5）什么是经济流速？影响经济流速的主要因素有哪些？

第七章　乡镇排水管网及其设计计算

【学习目标】　通过本章的学习，熟悉和了解乡镇污水和雨水管道系统规划设计的方法和步骤，掌握污水和雨水设计流量的计算方法，污水和雨水管道水力参数的确定方法，能够进行排水管道系统的设计计算。

第一节　污水管道系统设计流量计算

污水管道系统设计的首要任务，在于正确合理地确定污水管道系统的设计流量。污水管道系统的设计流量是污水管道及其附属构筑物能保证通过的最大流量。通常以最大日最大时流量作为污水管道系统的设计流量，它包括生活污水和工业废水设计流量两大部分。此时，可按以下方法计算污水管道系统的设计流量。

一、居民生活污水设计流量 Q_1

居民生活污水主要来自居住区，它通常按下式计算：

$$Q_1 = \frac{nNK_z}{24 \times 3600} \tag{7-1}$$

式中　Q_1——居民生活污水设计流量，L/s；

　　　n——居民生活污水量定额，L/(人·d)；

　　　N——设计人口数，人；

　　　K_z——生活污水量总变化系数。

（一）居民生活污水量定额

居民生活污水量定额是指乡镇居民每人每日所排入排水系统的平均污水量，它与生活用水量定额、室内卫生设备情况、所在地区气候、生活水平等因素有关。在确定污水量定额时，应根据乡镇排水现状资料，按乡镇的规划年限，并综合考虑各方面的因素来确定。若这些资料不易取得，《室外排水设计规范》（GB 50014—2006）建议根据生活用水定额确定生活污水排水定额，对给水排水系统完善的地区可按用水定额的90%计，一般地区可按用水定额的80%计，居民生活用水定额可参照表1-2确定。

（二）设计人口

设计人口是污水排除系统设计期限终期的计划人口数，它取决于乡镇或工业企业的发展规模。设计人口在数值上等于人口密度与居住区面积的乘积。

（三）生活污水量总变化系数

乡镇生活污水量定额是一个平均值，而生活污水量实际上是逐月、逐日、逐时都在变化。一年之中的污水量不同，一日之中各小时的污水量也有很大变化，但在乡镇污水管道规划设计中，通常都假定在一小时内污水量是均匀的。污水量的变化程度常用变化系数来表示，变化系数有日变化系数 K_d、时变化系数 K_h、和总变化系数 K_z。

一年中最大日污水量与平均日污水量的比值称为日变化系数，即

$$K_d = \frac{最大日污水量}{平均日污水量}$$

一年中最大日最大时污水量与最大日平均时污水量的比值称为时变化系数，即

$$K_h = \frac{最大日最大时污水量}{最大日平均时污水量}$$

最大日最大时污水量与平均日平均时污水量的比值，称为总变化系数，即

$$K_z = K_d K_h \tag{7-2}$$

污水管道应按最大日最大时的污水量进行设计，因此需要求出总变化系数。用式（7-2）计算总变化系数一般都难以得到，因为乡镇中关于日变化系数和时变化系数的资料都较缺乏。但总变化系数一般与污水量有关，其流量变化幅度与平均流量之间的关系可按下式计算：

$$K_z = \frac{2.7}{Q^{0.11}} \tag{7-3}$$

式中 Q——平均日平均时污水流量，L/s。

居民生活污水量总变化系数也可按表 7-1 计算。当居住区有实际生活污水量总变化系数值时，可按实测资料确定。

表 7-1　　　　　　　　　　　　　生活污水量总变化系数

污水平均日流量/(L/s)	5	15	40	70	100	200	500	≥1000
总变化系数 K_z	2.3	2.0	1.8	1.7	1.6	1.5	1.4	1.3

根据以上方法分别确定设计人口、居民生活污水量定额和总变化系数后，就可以按式（7-1）计算居民生活污水设计流量。

二、公共设施排水量 Q_2

公共设施排水量应根据公共设施的不同性质，按《建筑给水排水设计规范》（GB 50015—2010）的规定进行计算。

三、工业企业生活污水和淋浴污水设计流量 Q_3

工业企业的生活污水和淋浴污水主要来自生产区的食堂、卫生间、浴室等。其设计流量的大小与工业企业的性质、污染程度、卫生要求有关。一般按下式计算：

$$Q_3 = \frac{q_1 N_1 K_1 + q_2 N_2 K_2}{3600T} + \frac{q_3 N_3 + q_4 N_4}{3600} \tag{7-4}$$

式中 Q_3——工业企业生活污水和淋浴污水设计流量，L/s；

N_1——一般车间最大班职工人数，人；

N_2——热车间及严重污染车间最大班人数，人；

q_1——一般车间职工生活污水量定额，以 25L/(人·班) 计；

q_2——热车间及严重污染车间职工生活污水量定额，以 35L/（人·班）计；

N_3——一般车间最大班使用淋浴的职工人数，人；

N_4——热车间及严重污染车间最大班使用淋浴的职工人数，人；

q_3——一般车间的淋浴污水量定额，以 40L/（人·班）计；

q_4——热车间及严重污染车间淋浴污水量定额，以 60L/（人·班）计；

T——每班工作时数，h；

K_1——一般车间职工生活污水总变化系数，一般取 3.0；

K_2——热车间及严重污染车间职工生活污水总变化系数，一般取 2.5。

淋浴时间按 1h 计。

四、工业废水设计流量 Q_4

在工业企业中，工业废水设计流量一般按日产量或单位产品排水量定额计算，计算公式如下：

$$Q_4 = \frac{mMK_z}{3600T} \tag{7-5}$$

式中　Q_4——工业废水设计流量，L/s；

m——生产过程中单位产品的废水量定额，L/单位产品；

M——产品的平均日产量，单位产品/d；

K_z——工业废水总变化系数；

T——工业企业每日工作时数，h。

在新建工业企业时，可参考与其生产工艺过程相似的已有工业企业的数据来确定。各工厂的工业废水量标准有很大差别，即使生产同样的产品，由于生产过程不同，其废水量标准也有很大差异。工厂中工业废水的排出有的比较均匀，有的排水量变化很大，它随着工业的性质和生产工艺过程而不同。表 7-2 列出了一些工业企业的工业废水量时变化系数。

表 7-2　　　　　　　　　　工业企业的工业废水量时变化系数

工业类别	冶金	化学	纺织	食品	皮革	造纸
时变化系数	1.0~1.1	1.3~1.5	1.5~2.0	1.5~2.0	1.5~2.0	1.3~1.8

一般情况下，工业企业工业废水量由该企业提供，设计人员经调查核实后采用。

五、乡镇污水管道系统设计总流量

乡镇污水管道系统设计总流量 Q 为上述四项设计流量之和，即

$$Q = Q_1 + Q_2 + Q_3 + Q_4 \tag{7-6}$$

在上述计算所求得的污水设计总流量中，每项都是按最大时流量计算，污水管网设计就是根据各项污水最大时流量之和来计算，这种方法称为最大流量累加法。但在污水泵站和污水处理厂的设计中，如果也采用各项污水最大时流量之和作为设计依据，将是很不经济的。因为所有各项最大时污水量同时发生的可能性极小，采用这样估算的设计流量来设

计泵站和污水厂显然过大。各种污水汇合时，可能相互错开而得到调节，因而使流量高峰降低。为了正确、合理地计算污水泵站和污水厂的最大污水设计流量，就必须考虑各种污水流量的逐时变化，从而求出一日内最大时流量作为总设计流量，这种方法称为综合流量法。

【例 7-1】 河北省某乡镇一屠宰厂每天宰杀活牲畜 260t，废水量定额为 10m³/t，工业废水的总变化系数为 1.8，三班制生产，每班 8h。最大班职工人数 800 人，其中在污染严重车间工作的职工占总人数的 40%，使用淋浴人数按该车间人数的 85% 计；其余 60% 的职工在一般车间工作，使用淋浴人数按 30% 计。工厂居住区面积为 10hm²，人口密度为 600 人/hm²。各种污水由管道汇集输送到厂区污水处理站，经处理后排入乡镇污水管道，试计算该屠宰厂的污水设计总流量。

解： 该屠宰厂的污水包括居民生活污水、工业企业生活污水和淋浴污水、工业废水三种，因该厂区公共设施情况未给出，故按综合生活污水计算。

（1）综合生活污水设计流量计算。查综合生活用水定额，河北位于第二分区，乡镇平均日综合用水定额为 110～180L/(人·d)，取 165L/(人·d)。假定该厂区给水排水系统比较完善，则综合生活污水定额为 165×90%＝148.5L/(人·d)，取为 150L/(人·d)。

居住区人口数 $600×10＝6000$（人）

则综合生活污水平均流量 $\dfrac{150×6000}{24×3600}＝10.4$(L/s)

用内插法查总变化系数表，得 $K_z＝2.24$，于是综合生活污水设计流量为
$$Q_1＝10.4×2.24＝23.3(\text{L/s})$$

（2）工业企业生活污水和淋浴污水设计流量计算。由题意知，一般车间最大班职工人数为 $800×60%＝480$（人），使用淋浴的人数为 $480×30%＝144$（人）；污染严重车间最大班职工人数为 $800×40%＝320$（人），使用淋浴的人数为 $320×85%＝272$（人）。所以工业企业生活污水和淋浴污水设计流量为
$$Q_3＝\dfrac{480×25×3+320×35×2.5}{3600×8}+\dfrac{144×40+272×60}{3600}＝8.35(\text{L/s})$$

（3）工业废水设计流量计算。
$$Q_4＝\dfrac{10×260×1.8}{24×3600}＝0.0542(\text{m}^3/\text{s})＝54.2(\text{L/s})$$

该厂污水设计总流量 $Q_1+Q_3+Q_4＝23.3+8.35+54.2＝85.85(\text{L/s})$

第二节 污水管道水力计算

污水管道系统的设计总流量计算完毕后，需在管网平面布置图上划分设计管段，确定设计管段的起止点，求出各设计管段的设计流量，从而进行设计管段的水力计算。

一、污水管段设计流量计算

（一）设计管段的划分

在污水管道系统上，为了便于管道的连接，通常在管径改变、坡度改变、管道转向、

支管接入及管道交汇的地方设置检查井。这些检查井在管网定线时就已设定完毕。对于两个检查井之间的连续管段，如果采用的设计流量不变，且采用同样的管径和坡度，则这样的连续管段称为设计管段。设计管段两端的检查井称为设计管段的起止检查井（简称"起止点"）。但在实际划分设计管段时，由于在直线管段上，为了满足清通养护污水管道的需要，还需每隔一定的距离设置一个检查井。这样，实际在管网平面布置图上设置的检查井很多。为了简化计算，可以把采用同样管径和坡度的连续管段划作一个设计管段。根据管道平面布置图，凡有集中流量流入，有旁侧管接入的检查井均可作为设计管段的起止点。对设计管段两端的起止检查井依次编上号码，如图 7-1 所示，然后即可计算每一设计管段的设计流量。

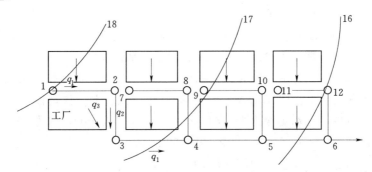

图 7-1　设计管段的划分及其设计流量的确定

（二）设计管段流量确定

如图 7-1 所示，每一设计管段的污水设计流量可能包括以下三种流量。

1. 本段流量 q_1

本段流量是指从本管段沿线街坊流来的污水量。对于某一设计管段而言，它沿管线长度是变化的，即从管段起点为零逐渐增加到终点达到最大。为了计算方便，通常假定本段流量是在起点检查井集中进入设计管段的，它的大小等于本管段服务面积上的全部污水量。一般用下式计算：

$$q_1 = Fq_s K_z \tag{7-7}$$

其中

$$q_s = \frac{n\rho}{24 \times 3600} \tag{7-8}$$

式中　q_1——设计管段的本段流量，L/s；

　　F——设计管段服务的街坊面积，hm^2；

　　K_z——生活污水量总变化系数；

　　q_s——生活污水比流量，L/(s·hm^2)。

　　n——生活污水量定额或综合生活污水量定额，L/(人·d)；

　　ρ——人口密度，人/hm^2。

2. 转输流量 q_2

转输流量是指从上游管段和旁侧管段流来的污水量，它对某一设计管段而言，是不发生变化的，但不同的设计管段，可能有不同的转输流量。

3. 集中流量 q_3

集中流量是指从工业企业或公共设施流来的污水量。对某一设计管段而言，它也不发生变化。

设计管段的设计流量是上述本段流量、转输流量和集中流量三者之和。实际计算时应根据具体情况而定。在图 7-1 中，设计管段 1—2 只收集管段两侧的沿线流量，故只有本段流量 q_1。设计管段 2—3 除收集它本管段两侧的沿线流量外，还要接收上游 1—2 管段流来的污水量，所以设计管段 2—3 的设计流量包括它的本段流量 q_1 和上游 1—2 管段的转输流量 q_2 两部分。对于设计管段 3—4 而言，除收集它本段两侧的沿线流量外，还要接收上游 2—3 管段转输流来的污水量以及有工厂流来的集中流量，所以设计管段 3—4 的设计流量包括它的本段流量 q_1 和上游 2—3 管段的转输流量 q_2 以及工厂集中流量 q_3 三部分。

二、污水管道水力计算

(一) 污水管道水力计算参数

由水力计算公式可知，设计流量与设计流速和过水断面面积有关，而流速则与管壁粗糙系数、水力半径和水力坡度有关。为保证污水管道的正常运行，《室外排水设计规范》(GB 50014—2006) 中对这些因素进行了综合考虑，提出了如下的计算控制参数，在污水管道设计计算时，必须予以遵守。

1. 设计充满度

在设计流量下，管道中的水深 h 与管径 D 的比值 h/D 称为设计充满度。当 $h/D=1$ 时称为满流，当 $h/D<1$ 时称为不满流。

《室外排水设计规范》(GB 50014—2006) 规定，雨水管道及合流管道应按满流计算，污水管道应按不满流计算，其允许最大设计充满度见表 7-3，明渠超高不得小于 0.2m。

表 7-3　　　　　　　　　　最 大 设 计 充 满 度

管径或渠高/mm	最大设计充满度	管径或渠高/mm	最大设计充满度
200～300	0.60	500～900	0.75
350～450	0.70	≥1000	0.80

注　在计算污水管道充满度时，不包括沐浴或短时间突然增加的污水量，但当管径不大于 300mm 时，应按满流复核。

这样规定的原因如下：

(1) 污水流量时刻在变化，很难精确计算，而且雨水可能通过检查井盖上的孔口流入，地下水也可能通过管道接口渗入污水管道。因此，有必要预留一部分管道断面，为未预见水量的介入留出空间，避免污水溢出妨碍环境卫生，同时使渗入的地下水能够顺利流泄。

(2) 污水管道内沉积的污泥可能分解析出一些有害气体（如 CH_4、H_2S 等）。此外，污水中如含有汽油、苯、石油等易燃液体时，可能产生爆炸性气体。故需留出适当的空间，以利管道的通风，及时排除有害气体及易燃气体。

(3) 便于管道的清通和养护管理。

表7-3所规定的最大设计充满度是排水管渠设计的最大限值。在进行水力计算时，所选用的实际充满度应不大于表中规定。但是如果所取充满度过小，也是不经济的。一般情况下设计充满度最好不小于0.5，特别是大尺寸的管渠，设计充满度最好接近最大允许充满度，以发挥最大效益。

2. 设计流速

与管道设计流量、设计充满度相应的水流平均流速称为设计流速。如果污水在管道中流速过小，则污水中的部分杂质就会在重力作用下沉淀在管底，从而造成管道淤积；如果管内流速过大，又会使管壁受到冲刷磨损，而降低管道的使用年限，因此对设计流速应予以限制。《室外排水设计规范》（GB 50014—2006）规定，污水管道在设计充满度下，最小设计流速为0.6m/s。规定的最小设计流速，是保证管内不致发生淤积的流速。含有金属矿物固体或重油杂质的生产污水管道，流速应适当加大。

3. 最小设计坡度

流速和坡度间存在一定关系，相应于最小允许流速的坡度就是最小设计坡度。在污水管道系统设计时，通常使管道敷设坡度与地面坡度一致，这对降低管道系统的造价非常有利。但对应于管道敷设坡度的污水流速应等于或大于最小设计流速，这在地势平坦地区或管道逆坡敷设时尤为重要。为此，应规定污水管道的最小设计坡度，只要其敷设坡度不小于最小设计坡度，则管道内就不会产生沉淀淤积。

最小设计坡度也与水力半径有关，相同直径的管道因充满度不同，其水力半径也不同，所以也应有不同的最小设计坡度。但是通常对同一直径的管道只规定一个最小坡度，以充满度为0.5时的最小坡度作为最小设计坡度，见表7-4。

表7-4　　　　　　　　　　　　　　最小管径和最小设计坡度

管　　别	位　　置	最小管径/mm	最小设计坡度
污水管	在街坊和厂区内	200	0.004
	在街道下	300	0.003

4. 最小管径

乡镇污水管道系统中，起端管段的设计流量很小，所以计算所得的管径就很小。管径过小的管道极易阻塞，且不易清通。调查表明，在同等条件下，管径150mm的阻塞次数是管径200mm阻塞次数的2倍，而两种管径的工程总造价相当。据此经验，《室外排水设计规范》（GB 50014—2006）规定了污水管道的最小管径，见表7-4。当按设计流量计算确定的管径小于最小管径时，应按表7-4最小管径采用。

在污水管道的设计过程中，若某设计管段的设计流量小于其在最小管径、最小设计流速和最大设计充满度条件下管道通过的流量，则这样的管段称为不计算管段。设计时不再进行水力计算，直接采用最小管径即可。此时管道的设计坡度取与最小设计管径相应的最小设计坡度，管道的设计流速取最小设计流速，管道的设计充满度取半满流，即$h/D=0.5$。

（二）污水管道水力计算方法

设计管段的设计流量确定后，即可从上游管段开始，在水力计算参数的控制下，进行各设计管段的水力计算。在污水管道的水力计算中，污水流量通常是已知数值，需要确定管道的直径和坡度。所确定的管道断面尺寸，必须在规定的设计充满度和设计流速条件下，能够排泄设计流量。管道敷设坡度的确定，应充分考虑地形条件，参照地面坡度和最小设计坡度确定。一方面要使管道坡度尽可能与地面坡度平行敷设，以减小管道埋设深度；另一方面也必须满足设计流速的要求，使污水在管道内不发生沉淀淤积且对管壁不造成冲刷。在具体水力计算中，对每一管道而言，有管径 D、粗糙系数 n、充满度 h/D、水力坡度 I、流量 Q、流速 v 六个水力参数，而只有流量 Q 为已知数，直接采用水力计算的基本公式计算极为复杂。为了简化计算，通常把上述各水力参数之间的水力关系绘制成水力计算图（附录3）。对每一张图而言，D 和 n 为已知数。它有 4 组线，其中横线代表管道敷设坡度 I，竖线代表管段设计流量 Q，从左下方向右上方倾斜的斜线代表设计充满度 h/D，从左上方向右下方倾斜的斜线代表设计流速 v。通过该图，在 Q、I、h/D、v 这 4 个水力参数中，只要知道 2 个，就可以查出另外 2 个。现举例说明该水力计算图的用法。

【例 7-2】 已知 $n=0.014$、$D=300\text{mm}$、$I=0.004$、$Q=30\text{L/s}$，求 v 和 h/D。

解： 采用 $D=300\text{mm}$ 的水力计算图（附录3）。先在纵轴上找到代表 $I=0.004$ 的横线，再从横轴上找到代表 $Q=30\text{L/s}$ 的竖线；两条线相交于一点。这一点落在代表设计流速 v 为 0.8m/s 与 0.85m/s 的两斜线之间。按内插法计算 $v=0.82\text{m/s}$，同时该点还落在设计充满度 $h/D=0.5$ 与 $h/D=0.55$ 的两斜线之间，按内插法计算 $h/D=0.52$。

【例 7-3】 已知 $n=0.014$、$D=400\text{mm}$、$Q=41\text{L/s}$、$v=0.90\text{m/s}$，求 I 和 h/D。

解： 采用 $D=400\text{mm}$ 的水力计算图（附录3）。在图上找到代表 $Q=41\text{L/s}$ 的竖线和代表 $v=0.90\text{m/s}$ 的斜线，这两线的交点落在代表 $I=0.0043$ 的横线上，即 $I=0.0043$；同时还落在设计充满度 $h/D=0.35$ 与 $h/D=0.40$ 的两条斜线之间，按内插法计算 $h/D=0.39$。

实际工程设计时，通常只知道设计管段的设计流量，此时可参考设计管段经过地段的地面坡度进行确定，以地面坡度作为管道的敷设坡度；如果地面坡度不能利用，则可自己假定管道的敷设坡度进行确定。

第三节 乡镇雨水管渠设计计算

雨水管渠系统主要由雨水口、连接管、雨水管渠、检查井等构筑物组成，图 7-2 为雨水管渠系统组成示意图。

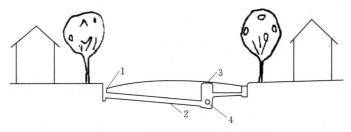

图 7-2 雨水管渠系统组成示意图

1—雨水口；2—连接管；3—检查井；4—雨水管渠

一、雨水管渠系统设计流量计算

雨水管道的设计，是要保证排除汇水面积上产生的最大径流量，而最大径流量是确定雨水管道断面尺寸的重要依据。

（一）雨量基本概念

1. 降雨量

降雨量是指降雨的绝对量，用 H 表示，单位以 mm 计，也可用单位面积上的降雨体积来表示，单位以 L/hm^2 表示。

在分析降雨量时，很少以一场雨作为对象，应对多场雨进行分析研究，才能掌握降雨的规律及特征。常用的降雨量统计数据计量单位如下：

（1）年平均降雨量，指多年观测的各年降雨量的平均值。

（2）月平均降雨量，指多年观测的各月降雨量的平均值。

（3）最大日降雨量，指多年观测的各年中降雨量最大一日的降雨量。

2. 降雨历时

降雨历时是指连续降雨时段，可指一场雨的全部降雨时间，也可指其中个别的连续降雨时段，用 t 表示，其计量单位以 min 或 h 计。

3. 降雨强度（暴雨强度）

降雨强度（暴雨强度）是指某一连续降雨时段内的平均降雨量，即单位时间内的平均降雨深度，用 i 表示，其计量单位为 mm/min 或 mm/h。

$$i=\frac{H}{t} \tag{7-9}$$

式中　　i——降雨强度，mm/min；

H——降雨量，mm；

t——降雨历时，min。

在工程设计中的降雨多属于暴雨性质，故称为暴雨强度，常用单位时间内单位面积上的降雨量 q 表示，其单位为 $L/(s \cdot hm^2)$。在实际计算中，是以降雨深度表示的降雨强度 i 折算为以体积表示的降雨强度 q，它是指降雨历时为 t 的降雨深度 H 的雨量，在 $1hm^2$ 面积上，每秒钟平均的雨水体积。设降雨量为每分钟 1mm，求用体积表示暴雨强度 q：

$$q=\frac{10000 \times 1000i}{1000 \times 60}=167i \tag{7-10}$$

式中　　q——暴雨强度，$L/(s \cdot hm^2)$；

167——折算系数。

4. 降雨面积和汇水面积

降雨面积是指降雨所笼罩的面积，就是指接受雨水的地面面积，其计量单位用 hm^2 或 km^2 表示。

汇水面积是降雨面积的一部分，雨水管道汇集和排除雨水的面积，其计量单位用 hm^2 或 km^2 表示。

5. 降雨强度的重现期

暴雨强度的重现期是指某种强度的降雨和大于该强度的降雨重复出现的时间间隔，一

般用 P 表示。

（二）雨水设计流量计算公式

由于乡镇雨水管渠的汇水面积较小，一般属于"水文学"中小汇水面积范畴，因此雨水管渠设计流量，可以采用小汇水面积暴雨径流推理公式计算，即

$$Q=\Psi qF=\Psi F\times\frac{167A_1(1+c\lg P)}{(t+b)^n}\qquad(7-11)$$

式中　Q——雨水设计流量，L/s；

　　　Ψ——径流系数；

　　　q——设计暴雨强度，L/(s·hm^2)；

　　　F——汇水面积，hm^2。

式（7-11）是一个半经验、半理论性公式，但基本上能满足工程计算上的要求，因此得到广泛应用。

1. 径流系数确定

降落到地面上的雨水，在沿地面流动过程中，形成地面径流，地面径流的流量称为雨水地面径流量。由于渗透、蒸发、植物吸收、洼地截留等原因，最后流入雨水管道系统的只是其中的一部分。因此将雨水管道系统汇水面积上的雨水径流量与总降雨量的比值称为径流系数，用 Ψ 表示。

$$\Psi=\frac{径流量}{降雨量}\qquad(7-12)$$

根据定义，其值小于1。影响径流系数 Ψ 的因素很多，如汇水面积上地面覆盖情况、建筑物的密度与分布、地形、地貌、地面坡度、降雨强度、降雨历时等。其中影响的主要因素是汇水面积上的地面覆盖情况和降雨强度的大小。例如，地面覆盖为屋面、沥青或水泥路面，均为不透水性，其值就大；绿地、草坪、非铺砌路面能截留、渗透部分雨水，其值就小。如地面坡度较大，雨水流动快，降雨强度大，降雨历时较短，就会使得雨水径流的损失较小，径流量增大，Ψ 值增大；相反，会使雨水径流损失增大，Ψ 值减小。由于影响 Ψ 的因素很多，故难以得到准确数据。因此，在设计中可采用区域综合径流系数。一般乡镇中心区的综合径流系数采用 0.5～0.8，郊区的径流系数采用 0.4～0.6。随着各地乡镇规模的不断扩大，不透水的面积也迅速增加，在设计时，应从实际情况考虑，综合径流系数可取较大值。

2. 设计降雨强度的确定

暴雨强度公式是用数学表达式的形式反映暴雨强度 q、降雨历时 t、重现期 P 三者之间的相互关系。根据不同地区的适用情况，可以采用不同的公式。《室外排水设计规范》（GB 50014—2006）规定我国采用的暴雨强度公式的形式为

$$q=\frac{167A_1(1+c\lg P)}{(t+b)^n}\qquad(7-13)$$

我国部分大城市的暴雨强度公式中的参数见《给水排水设计手册》第 5 册，设计时可直接选用。对于目前尚无暴雨强度公式的城镇，可借用临近气象条件相似地区城市的暴雨强度公式。

由于各地区气候条件不同，降雨的规律也不同，因此各地的降雨强度公式也不同（附录4）。虽然这些暴雨强度公式各异，但都反映出降雨强度与重现期 P 和降雨历时 t 之间的函数关系，即 $q = \phi(P, t)$，可见，在公式中只要确定重现期 P 和降雨历时 t，就可由公式求得暴雨强度 q 值。

（1）设计重现期 P 的确定。由暴雨强度公式 $q = \dfrac{167A_1(1 + c\lg P)}{(t + b)^n}$ 可知，对应于同一降雨历时，若 P 大，降雨强度 q 则越大；反之，重现期小，降雨强度则越小。由雨水管道设计流量公式 $Q = \Psi q F$ 可知，在径流系数 Ψ 不变和汇水面积一定的条件下，降雨强度越大，则雨水设计流量也越大。

可见，在设计计算中若采用较大的设计重现期，则计算的雨水设计流量就越大，雨水管道的设计断面则相应增大，排水通畅，管道相应的汇水面积上积水的可能性将会减少，安全性高，但会增加工程的造价；反之，可降低工程造价，地面积水可能性大，可能发生排水不畅，甚至不能及时排除雨水，将会给生活、生产造成经济损失。

一般情况下，采用的设计重现期低洼地段大于高地，干管大于支管，工业区大于居住区，乡镇中心区大于郊区。

设计重现期的最小值不宜低于 0.33 年，一般地区选用 0.5～3 年，对于重要干道或短期积水可能造成严重损失的地区，可根据实际情况采用较高的设计重现期。例如，北京天安门广场地区的雨水管道，其设计重现期是按 10 年考虑的。此外，在同一设计地区，可采用同一重现期或不同重现期。如中心区可大些，郊区可小些。

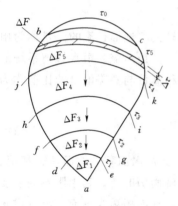

图 7-3　汇水面积径流过程

（2）设计降雨历时的确定。一般来说，只有当 $t = \tau_0$ 时，汇水面积全部参与径流，集水点 a 将产生最大径流量，这一概念称为极限强度法（图 7-3）。其基本要点是：以汇水面积上最远点的水流时间作为集水时间计算暴雨强度，用全部汇水面积作为服务面积，所得雨水流量最大，可作为雨水管道的设计流量。

根据极限强度法原理，当 $t = \tau_0$ 时，相应的设计断面上产生最大雨水流量。因此，在设计中采用汇水面积上最远点雨水流到设计断面的集流时间 τ_0 作为设计降雨历时 t。对于雨水管道某一设计断面来说，集水时间 t 是由地面雨水集水时间 t_1 和管内雨水流行 t_2 两部分组成。所以，设计降雨历时可用下式表述：

$$t = t_1 + m t_2 \tag{7-14}$$

式中　t——设计降雨历时，min；

t_1——地面雨水流行时间，min；

t_2——管内雨水流行时间，min；

m——折减系数，暗管 $m = 2$，明渠 $m = 1.2$，陡坡地区暗管采用 1.2～2。

1）地面集水时间 t_1 的确定。地面集水时间 t_1 是指雨水从汇水面积上最远点流到第 1 个雨水口 a 的地面雨水流行时间。地面集水时间 t_1 的大小，主要受地形坡度、地面铺砌及地面植被情况、水流路程的长短、道路的纵坡和宽度等因素的影响，这些因素直接影响水流的速度。此外，地面集水时间与暴雨强度也有关，暴雨强度大，水流速度也大，t_1 则大。

在上述因素中，雨水流程的长短和地面坡度的大小是影响集水时间最主要的因素。在实际应用中，根据《室外排水设计规范》（GB 50014—2006）的规定，一般采用 5～15min。按经验，一般在汇水面积较小、地形较陡、建筑密度较大、雨水口分布较密的地区，可取 t_1=5～8min，而在汇水面积较大、地形较平坦、建筑密度较小、雨水口分布较疏的地区，宜采用较大 t_1 值，可取 t_1=10～15min。起点检查井上游地面雨水流行距离以不超过 150m 为宜。

2）管内雨水流行时间 t_2 的确定。管内雨水流行时间 t_2 是指雨水在管内从第一个雨水口流到设计断面的时间。它与雨水在管内流经的距离及管内雨水的流行速度有关，可用下式计算：

$$t_2 = \sum \frac{L}{60v} \tag{7-15}$$

式中　t_2——上游各管段中的流行时间之和，min；

　　　L——上游各管段的长度，m；

　　　v——上游各管段的设计流速，m/s。

（三）雨水管段设计流量的计算

图 7-4 为设计地区的一部分。Ⅰ、Ⅱ、Ⅲ、Ⅳ为 4 个毗邻的街区，设汇水面积 $F_Ⅰ$=$F_Ⅱ$=$F_Ⅲ$=$F_Ⅳ$，雨水从各块面积上最远点分别流入雨水口所需的集水时间均为 τ_1，1—2、2—3、3—4 分别为设计管段。试确定各雨水管段设计流量。

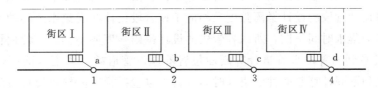

图 7-4　雨水管段设计流量示意图

图 7-4 中 4 个街区的地形均为北高南低，道路是西高东低，雨水管渠沿道路中心线敷设，道路断面呈拱形为中间高，两侧低。降雨时，降落在地面上的雨水顺着地形坡度流到道路两侧的边沟中，道路边沟的坡度和地形坡度相一致。当雨水沿着道路的边沟流到雨水口经检查井流入雨水管渠。Ⅰ街区的雨水（包括路面上雨水）在 1 号检查井集中流入管段 1—2；Ⅱ街区的雨水在 2 号检查井集中，并同Ⅰ街区经管段 1—2 流来的雨水汇合后流入管段 2—3；Ⅲ街区的雨水在 3 号检查井集中，同Ⅰ街区和Ⅱ街区流来的雨水汇合后流入管段 3—4；其他依次类推。

1. 管段 1—2 的雨水设计流量的计算

管段 1—2 是收集汇水面积 $F_Ⅰ$ 上的雨水，只有当 $t=\tau_1$ 时，$F_Ⅰ$ 全部面积的雨水均已流到 1 断面，此时管段 1—2 内流量达到最大值。因此，管段 1—2 的设计流量为

$$Q_{1-2} = F_Ⅰ q_1$$

式中　Q_{1-2}——相应于降雨历时 $t=\tau_1$ 的雨水设计流量，L/s；

　　　　q_1——相应于降雨历时 $t=\tau_1$ 的暴雨强度，L/(s·hm²)。

2. 管段 2—3 的雨水设计流量计算

当 $t=\tau_1$ 时，全部 F_{II} 和部分 F_{I} 面积上的雨水流到 2 断面，此时管段 2—3 的雨水流量不是最大，只有当 $t=\tau_1+t_{1-2}$ 时，这时 F_{I} 和 F_{II} 全部面积上的雨水均流到 2 断面，此时管段 2—3 雨水流量达到最大值。设计管段 2—3 的雨水设计流量为

$$Q_{2-3}=(F_{\mathrm{I}}+F_{\mathrm{II}})q_2$$

式中　Q_{2-3}——管段 2—3 的雨水设计流量，即相应于 $t=\tau_1+t_{1-2}$ 的雨水设计流量，L/s；

　　　　q_2——管段 2—3 的设计暴雨强度，即相应于 $t=\tau_1+t_{1-2}$ 的暴雨强度，L/(s·hm²)；

　　　　t_{1-2}——管段 1—2 的管内雨水流行时间，min。

3. 管段 3—4 的雨水设计流量的计算

同理　　　　　　　　　　　$Q_{3-4}=(F_{\mathrm{I}}+F_{\mathrm{II}}+F_{\mathrm{III}})\cdot q_3$

式中　Q_{3-4}——管段 3—4 的雨水设计流量，即相应于 $t=\tau_1+t_{1-2}+t_{2-3}$ 的雨水设计流量，L/s；

　　　　q_3——管段 3—4 的设计暴雨强度，即相应于 $t=\tau_1+t_{1-2}+t_{2-3}$ 的暴雨强度，L/(s·hm²)；

　　　　t_{2-3}——管段 2—3 的管内雨水流行时间，min。

由上可知，各设计管段的雨水设计流量等于该管段承担的全部汇水面积和设计暴雨强度的乘积。各设计管段的设计暴雨强度是相应于该管段设计断面集水时间的暴雨强度，因为各设计管段的集水时间不同，所以各管段的设计暴雨强度亦不同。在使用计算公式 $Q=\Psi qF$ 时，应注意到随着排水管道计算断面位置不同，管道的计算汇水面积也不同，从汇水面积最远点到不同计算断面处的集水时间（其中也包括管道内雨水流行时间）也是不同的。因此，在计算平均暴雨强度时，应采用不同的降雨历时 $t(t=\tau_0)$。

根据上述分析，雨水管道的管段设计流量，是该管道上游节点断面的最大流量。在雨水管道设计中，应根据各集水断面节点上的集水时间 τ_0 正确计算各管段的设计流量。

二、雨水管道设计计算

(一) 雨水管渠水力计算参数

为保证雨水管渠正常的工作，避免发生淤积和冲刷等现象，《室外排水设计规范》（GB 50014—2006）对雨水管道水力计算的基本参数做了如下规定。

1. 设计充满度

由于雨水较污水清洁，对水体及环境污染较小，因此雨水管渠允许溢流，以减少工程投资。在水力计算中，雨水管渠按满流进行设计，即 $h/D=1$。

2. 设计流速

由于雨水管渠内的沉淀物一般是砂、煤屑等，为了防止沉淀，需要较高的流速。《室

外排水设计规范》（GB 50014—2006）规定：雨水管渠（满流时）的最小设计流速为 0.75m/s。明渠内发生沉淀后容易清除，所以可采用较低的设计流速。《室外排水设计规范》（GB 50014—2006）规定：明渠的最小设计流速为 0.4m/s。为了防止管壁和渠壁的冲刷损坏，雨水管渠暗管最大允许流速为：金属管道为 10m/s，非金属管道 5m/s。明渠最大允许流速，当明渠水深 h 为 0.4～1.0m 时，根据不同构造按表 7-5 确定。

表 7-5　　　　　　　　　　　　明渠最大允许流速

明　渠　构　造	最大允许流速/(m/s)	明　渠　构　造	最大允许流速/(m/s)
粗砂及贫砂质黏土	0.8	干砌块石	2.0
砂质黏土	1.0	浆砌块石	4.0
黏土	1.2	浆砌砖	3.0
石灰岩或中砂岩	4.0	混凝土	4.0
草皮护面	1.6		

故雨水管道的设计流速应在最小流速与最大流速范围内。

3. 最小管径

为了保证管道养护上的便利，防止管道发生阻塞，《室外排水设计规范》（GB 50014—2006）规定：街道下的雨水管道的最小管径为 300mm，街坊和厂区的雨水管道的最小管径为 200mm。

4. 最小坡度

为了保证管渠内不发生淤积，雨水管渠的最小坡度应按最小流速计算确定。《室外排水设计规范》（GB 50014—2006）规定：在街坊和厂区内，当管径为 200mm 时，最小设计坡度为 0.004；在街道下，当管径为 300mm 时，最小设计坡度为 0.003；雨水口连接管的最小坡度为 0.01；明渠的最小坡度为 0.0005。

（二）雨水管道水力计算方法

雨水管道水力计算仍按均匀流考虑，其水力计算公式与污水管道相同，但按满流计算。实际计算中，通常采用制成的水力计算图（附录 5）或水力计算表。

在工程设计中，通常是在选定管材后，n 值即为已知数，雨水管道通常选用的是混凝土和钢筋混凝土管，其管壁粗糙系数 n 一般采用 0.013。设计流量是经过计算后求得的已知数。因此只剩下 3 个未知数 Q、v 及 I。在实际应用中，可参考地面坡度假定管底坡度，并根据设计流量值，从水力计算图或水力计算表中求得 D 及 v 值，并使所求的 D、v、I 值符合水力计算基本参数的规定。下面举例说明水力计算方法。

【例 7-4】 已知 $n=0.013$，设计流量 $Q=200$L/s，该管段地面坡度 $I=0.004$，试确定该管段的管径 D、流速 v 和管底坡度 I。

解：（1）设计采用 $n=0.013$ 的水力计算图，如图 7-5 所示。

（2）在横坐标轴上找到 $Q=200$L/s 值，作竖线；然后在纵坐标轴上找到 $I=0.004$ 值，作横线，将两线相交于一点（A），找出该点所在的 v 和 D 值，得到 $v=1.17$m/s，其值符合规定。而 D 值介于 400mm、500mm 两斜线之间，不符合管材统一规格的要求，故需要调整 D。

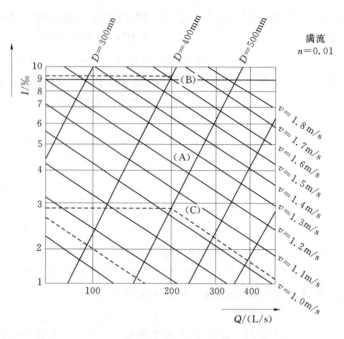

图 7-5 钢筋混凝土圆管水力计算图

（3）如果采用 $D=400\text{mm}$，则将 $Q=200\text{L/s}$ 的竖线与 $D=400\text{mm}$ 的斜线相交于一点 (B)，从图中得到交点处的 $v=1.60\text{m/s}$，其值符合水力计算的规定。而 $I=0.0092$ 与原地面坡度 $I=0.004$ 相差很大，势必会增大管道的埋深，因此不宜采用。

（4）如果采用 $D=500\text{mm}$，则将 $Q=200\text{L/s}$ 的竖线与 $D=500\text{mm}$ 的斜线相交于点 (C)，从图中得出该交点处的 $v=1.02\text{m/s}$，$I=0.0028$。此结果既符合水力计算的规定，又不会增大管道的埋深，故决定采用。

第四节 合流制排水管渠

合流制管渠系统是用同一管渠排除生活污水、工业废水及雨水的排水方式。根据混合污水的处理和排放的方式，有直泄式和截流式合流制两种。由于直泄式合流制严重污染水体，对于新建排水系统不易采用，故本节只介绍截流式合流制排水系统。

一、截流式合流制排水系统的工作情况与特点

截流式合流制排水系统是沿水体平行设置截流管道，以汇集各支管、干管流来的污水，在截流干管的适当位置设置溢流井。在晴天时，截流干管是以非满流方式将生活污水和工业废水送往污水处理厂。雨天时，随着雨水量的增加，截流干管是以满流方式将混合污水（雨水、生活污水、工业废水）送往污水处理厂。若设乡镇混合污水的流量为 Q，设截流干管的输水能力为 Q'，当 $Q \leqslant Q'$ 时，全部混合污水输送到污水处理厂进行处理；当 $Q > Q'$ 时，有 $Q=Q'$ 的混合污水送往污水处理厂，而 $Q-Q'$ 的混合污水则通过溢流井排入水体。随着降雨历时继续延长，由于暴雨强度的减弱，溢流井处的溢流流量逐渐减小，最后

混合污水量又重新等于或小于截流干管的设计输水能力,溢流停止,全部混合污水又都流向污水厂。

从上述管渠系统的工作情况可知,截流式合流制排水系统是在同一管渠内排除两种混合污水,集中到污水处理厂处理,从而消除了晴天时乡镇污水及初期雨水对水体的污染,在一定程度上满足了环境保护方面的要求;另外,截流式合流制排水系统具有管线单一、管渠的总长度小等优点,因

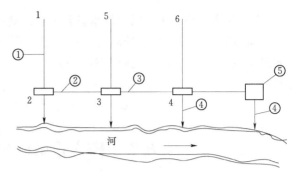

图 7-6 截流式合流制组成示意图
①—合流管道;②—截流管道;③—管溢流井;
④—出水口;⑤—污水处理厂

此在节省投资、管道施工方面较为有利。但在暴雨期间,部分混合污水通过溢流井溢入水体,将造成水体周期性污染。另外,由于截流式合流制排水管渠的过水断面很大,晴天时流量小、流速低,往往在管底形成淤积;降雨时,雨水将沉积在管底的大量污物冲刷起来带入水体形成严重的污染。图 7-6 为截流式合流制组成示意图。

二、合流制排水管渠的水力计算

(一)完全合流制排水管渠设计流量确定

完全合流制排水管渠系统按下式计算管渠的设计流量为

$$Q_u = Q_s + Q_g + Q_y = Q_h + Q_y \tag{7-16}$$

式中　Q_u——完全合流制管渠的设计流量,L/s;

Q_s——生活污水设计流量,L/s;

Q_g——工业废水设计流量,L/s;

Q_h——晴天时乡镇污水量(生活污水量和工业废水量之和),即为旱流流量,L/s;

Q_y——雨水设计流量,L/s。

(二)截流式合流制排水管渠设计流量确定

截流式合流制在截流干管上设置了溢流井后,对截流干管的水流状况产生的影响很大。不从溢流井溢出的雨水量,通常按旱流污水量 Q_h 的指定倍数计算,该指定倍数称为截流倍数,用 n_0 表示,其意义为通过溢流井转输到下游干管的雨水量与晴天时旱流污水量之比。如果流入溢流井的雨水量超过了 n_0Q_h,则超过的雨水量由溢流井溢出,经排放渠道排入水体。所以,溢流井下游管渠(图 7-8 中的 2—3 管段)的雨水设计流量为

$$Q_y = n_0(Q_s + Q_g) + Q_y' \tag{7-17}$$

溢流井下游管渠的设计流量,是上述雨水设计流量与生活污水平均量及工业废水最大班平均流量之和,即

$$Q_z = n_0(Q_s + Q_g) + Q_y' + Q_g + Q_s + Q_h' = (n_0 + 1)Q_h + Q_y' + Q_h' \tag{7-18}$$

其中　Q_h'——溢流井下游汇水面积上流入的旱流流量,L/s;

Q_y'——溢流井下游汇水面积上流入的雨水设计流量,按相当于此汇水面积的集水时间求得,L/s。

(三) 从溢流井溢出的混合污水设计流量的确定

当溢流井上游合流污水的流量超过溢流井下游管段的截流能力时，就有一部分的混合污水经溢流井处溢流，并通过排放渠道排入水体。其溢流的混合污水设计流量按下式计算：

$$Q_J = (Q_s + Q_g + Q_y) - (n_0 + 1)Q_h \qquad (7-19)$$

第五节　排水管渠材料及附属构筑物

在排水系统中，管渠是系统中最主要的组成部分。为及时、有效地收集输送排除乡镇污水和天然降雨，保证管渠系统的正常工作，必须将管渠及其附属物连成枝状网络形成排水管网系统。

一、排水管渠的材料

目前，在我国乡镇和工业企业中常用的排水管道有混凝土管、钢筋混凝土管、金属管、沥青混凝土管、陶土管、低压石棉管、塑料管等。下面介绍几种常用的排水管渠。

(一) 非金属管

1. 混凝土管

混凝土管的管径一般小于 450mm，长度一般为 1m，该管适用于排除雨水、污水，用于重力流管，不承受内压力。管口通常有三种形式：承插式、企口式、平口式。图 7-7 为混凝土和钢筋混凝土排水管道的管口形式。

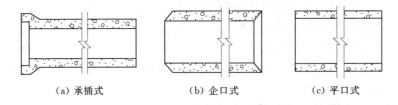

(a) 承插式　　　　(b) 企口式　　　　(c) 平口式

图 7-7　混凝土和钢筋混凝土排水管道的管口形式

制作混凝土的原料充足，可就地取材，价格较低，其设备、制造工艺简单，因此被广泛采用。其主要缺点是，抗腐蚀性能差，耐酸碱及抗渗性能差，同时抗沉降、抗震性能也差，管节短、接头多、自重大。混凝土一般在专门的工厂预制，也可在现场浇制。

2. 钢筋混凝土管

当排水管道的管径大于 500mm 时，为了增强管道强度，通常是加钢筋而制成钢筋混凝土管。当管径为 700mm 以上时，管道采用内外两层钢筋，钢筋的混凝土保护层为 25mm。钢筋混凝土管适用于排除雨水、污水。

3. 塑料排水管

由于塑料管具有表面光滑、水力性能好、水力损失小、耐磨蚀、不易结垢、重量轻、加工接口搬运方便、漏水率低及价格低等优点，因此，在排水管道工程中已得到应用和普及。其中聚乙烯 (PE) 管、高密度聚乙烯 (HDPE) 管和硬聚氯乙烯 (UPVC) 管的应用较广。但塑料管主要缺点是管材强度低、易老化。

目前，在国内有许多企业通过技术创新引进国外技术，采用不同材料和创造工艺，生产出各种不同规格的塑料排水管道，其管径从 15mm 至 400mm 不等。

（二）金属管

金属管质地坚固、强度高，抗渗性能好，管壁光滑、水流阻力小，管节长、接口少，且运输和养护方便。但价格较贵，抗腐蚀性能较差，大量使用会增加工程投资。因此，在排水管道工程中一般较少采用，只有在外荷载很大或对渗漏要求特别高的场合下才采用金属管，常用铸铁管，其连接方式有承插式和法兰式两种。

（三）大型排水沟渠

一般大型排水沟渠断面多采用矩形、拱形、马蹄形等。其形式有单孔、双孔、多孔。建造大型排水沟渠常用的材料有砖、石、混凝土块和现浇钢筋混凝土等。在采用材料时，尽可能就地取材。其施工方法有现场砌筑、现场浇筑、预制装配等。

一般大型排水沟渠可由基础渠底、渠身、渠顶等部分组成。在施工过程中通常是现场浇筑管渠的基础部分，然后再砌筑或装配渠身部分，渠顶部分一般是预制安装的。此外，建造大型排水沟渠也有全部浇筑或全部预制安装的。

二、排水管渠系统上的构筑物

为保证及时有效地收集、输送、排除乡镇污水及天然降雨，保证排水系统正常的工作，在排水系统上除设置管渠以外，还需要在管渠上设置一些必要的构筑物。常用的构筑物有检查井、跌水井、水封井、溢流井、冲洗井、倒虹管、雨水口及出水口等。这些附属构筑物对排水系统的工作有很重要的影响，其中有些构筑物在排水系统中所需要的数量很多，它们在排水系统的总造价中占有相当的比例。例如，为便于管渠的维护管理，通常都应设置检查井，对于污水管道，一般在直线管段上每隔 50m 左右需要设置一个。

（一）检查井

为便于对排水管道系统进行定期检修、清通和联结上、下游管道，须在管道适当位置上设置检查井。当管道发生严重堵塞或损坏时，检修人员可下井进行操作疏通和检修。检查井通常设置在管道的交汇、转弯和管径、坡度及高程变化处。

检查井的平面形状一般为圆形，大型管渠的检查井也有矩形和扇形。检查井的基本构造可由基础、井底、井身、井盖和井盖座等部分组成，图 7-8 为检查井构造。我国目前则多采用砖砌，以水泥浆抹面。

（二）跌水井

因受地势或其他因素的影响，排水管道在某些地段会形成高程落差，当落差高度为 1～2m 时，宜设跌水井。跌水井具有检查井的功能，同时又具有消能功能，由于水流跌落时具有很大的冲击力，所以要求井底牢固，且要设有减速防冲击消能的设施。

当管道跌水高度在 1m 以内时，可不设跌水井，只需在检查井井底做成斜坡。通常在下列情形下必须采取跌落措施：①管道垂直于陡峭地形的等高线布置，按照设计坡度露出地面；②支管接入高程较低的干管处（支管跌落）或干管接纳高程较低的支管处（干管跌落，支管是建成的，干管是设计的）。此外，跌水井不宜设在管道的转弯处，污水管道和

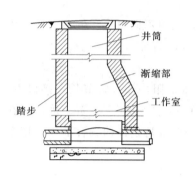
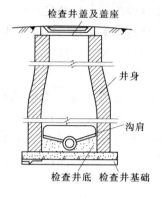
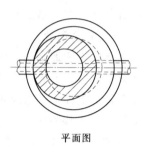

图 7-8 检查井构造图

合流管道上的跌水井宜设排气通风管。

（三）水封井

水封井是一种能起到水封作用的检查井。当工业废水中含有易燃的能产生爆炸或火灾的气体时，其废水管道系统中应设水封井，以阻隔易燃易爆气体的流通及阻隔水面游火，防止其蔓延。由于这类管道具有危险性，所以在定线时要注意安全问题。水封井应设在远离明火的地方，不能设在车行道和行人众多的地段。

（四）雨水溢流井

在截流式合流制排水系统中，晴天时，管道中的污水全部送往污水厂进行处理，雨天时，管道中的混合污水仅有一部分送入污水厂处理，超过截流管道输水能力的那部分混合污水不作处理，直接排入水体。因此，在合流管道与截流干管的交汇处应设置溢流井，其作用是将超过溢流井下游输水能力的那部分混合污水，通过溢流井溢流排出。因此，溢流井的设置位置应尽可能靠近水体下游，减少排放渠道长度，使混合污水尽快排入水体。此外，最好将溢流井设置在高浓度的工业污水进入点的上游，可减轻污染物质对水体的污染程度。如果系统中设有倒虹吸管及排水泵站，则溢流井最好设置在这些构筑物的前面。

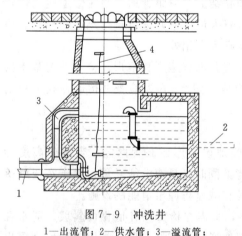

图 7-9 冲洗井
1—出流管；2—供水管；3—溢流管；
4—拉阀的绳索

（五）冲洗井

当污水在管道内的流速不能保证自清时，为防止淤积可设置冲洗井。冲洗井有两种类型：人工冲洗和自动冲洗。自动冲洗井一般采用虹吸式，其构造复杂，且造价很高，目前已很少采用。

人工冲洗井的构造比较简单，是一个具有一定容积的检查井。冲洗井的出流管上设有闸门，井内设有溢流管以防止井中水深过大。冲洗水可利用污水、中水或自来水。用自来水时，供水管的出口必须高于溢流管管顶，以免污染自来水。

冲洗井一般适用于管径不大于 400mm 的管道上。冲洗管道的长度一般为 250m 左右。图 7-9 为冲洗井构造示意图。

本 章 小 结

本章主要讲述了乡镇污水管道和雨水管道系统设计计算的一般方法与步骤，主要包括以下内容：

（1）乡镇污水设计总流量的计算方法。

（2）污水管道水力计算的设计参数、排水管道水力计算图表等污水管渠水力计算的相关内容。

（3）污水管渠水力计算的一般方法：设计管段的划分、管段设计流量的确定、污水管道的水力计算等。

（4）雨水管渠设计流量及水力计算设计参数的确定。

（5）能够进行雨水管渠系统的平面布置、设计管段划分、计算各设计管段的汇水面积、确定暴雨强度公式及平均径流系数值，并能进行水力计算。

（6）合流制排水管渠的水力计算方法。

（7）排水管渠材料及附属构筑物的特点及作用。

复 习 思 考 题

（1）什么是居民生活污水定额和综合生活污水定额？它们受哪些因素的影响？其值应如何确定？

（2）什么是污水量的日变化、时变化、总变化系数？生活污水量总变化系数为什么随污水平均日流量的增大而减小？其值应如何确定？

（3）如何计算乡镇污水的设计总流量？

（4）污水管道水力计算的目的是什么？

（5）污水管道水力计算中，对设计充满度、设计流速、最小管径和最小设计坡度是如何规定的？为什么要这样规定？

（6）试述污水管道埋设深度的两个含义。在设计时为什么要限定最小覆土厚度和最大埋设深度？

（7）在进行污水管道的衔接时应遵循什么原则？衔接的方法有哪些？分别怎样衔接？

（8）什么是污水管道系统的控制点？如何确定控制点的位置和埋设深度？

（9）什么是设计管段？怎样划分设计管段？怎样确定每一管段设计流量？

（10）污水管道水力计算的方法和步骤是什么？计算时应注意哪些问题？

（11）暴雨强度与哪些因素有关？为什么降雨历时越短，重现期越长，暴雨强度越大？

（12）雨水管渠设计流量如何计算？

（13）如何确定暴雨强度重现期 P、地面集水时间 t_1、管内流行时间 t_2 及径流系数？

（14）为什么雨水和合流制排水管渠要按满流设计？

（15）某县城一小区面积共 20.5hm²，其平均径流系数 $\Psi_{av}=0.55$，当采用设计重现期 P 为 5 年、2 年、1 年及 0.5 年时，计算设计降水历时 $t=10$mm 时的雨水设计流量各是多少？

（16）某乡镇一肉类联合加工厂每天宰杀活牲畜 258t，废水量标准为 8.2m³/t，总变化系数为 1.8，三班制生产，每班 8h。最大班职工人数 860 人，其中在高温及严重污染车间工作的职工占总数的 40%，使用淋浴人数按 85% 计；其余 60% 的职工在一般车间工作，使用淋浴人数按 30% 计。工厂居住区面积为 9.5hm²，人口密度为 580 人/hm²，居住区生活污水量定额为 160L/（人·d），各种污水由管道汇集后送至厂区污水处理站进行处理。试计算该厂区的污水设计总流量。

第四篇　乡镇给排水运行管理

第八章　乡镇给排水施工与验收

【学习目标】　掌握地下水取水构筑物、水处理构筑物、管道安装等施工技术要点；熟悉管井、水处理构筑物、管道安装等施工程序；了解管井、水处理构筑物、管道安装等施工内容。

第一节　构　筑　物　施　工

一、管井施工

管井施工是指用专门的钻凿工具在地层中钻孔，然后安装滤水器和井管。对于规模较小的线井，可采用人力钻孔；对于较深的管井，通常采用机械钻孔。在松散岩层中，管井深度一般在30m以内。

（一）管井组成

管井是汲取深层地下水的地下取水构筑物，由井壁管、沉淀管、滤水管、填砾层等组成，如图8-1所示。

1. 井壁管和沉淀管

井壁管和沉淀管通常采用钢管和铸铁管，有时也可采用其他金属管材。

2. 滤水管

滤水管有多种形式，一般常用的有缠丝过滤管、填砾过滤管和砾石水泥过滤管。

（1）缠丝过滤管。缠丝过滤管适用于中砂、粗砂、砾石等含水层，按其骨架材料可分为铸铁滤水管、钢制滤水管、钢筋骨架滤水管和钢筋混凝土滤水管等。

（2）砾石水泥滤水管。即无砂混凝土滤水管，是以砾石为骨料，用325号以上普通水泥或矿渣水泥胶结而成的多孔管材。为保证透水性和强度，在浇筑滤水管时，应严格控制配合比。根据实际经验，砾石水泥滤水管的配合比按水泥：砾石：水（重量比）＝1：（6～

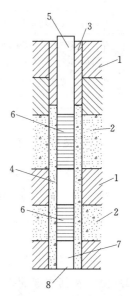

图8-1　管井结构图
1—隔水层；2—含水层；3—人工封闭物；
4—人工填料；5—井壁管；6—滤水管；
7—沉淀管；8—井底

5.5）∶（0.38～0.42）效果最佳。

（3）滤水管的缠丝。滤水管的缠丝应符合设计要求，一般用 1.5～3.0mm 的镀锌铁丝，当遇有腐蚀性较强的地下水时，宜采用钢丝、不锈钢丝、尼龙丝、尼龙胶丝和玻璃纤维增强滤水丝等。

3. 滤水管填砾滤料

对于砾石、粗砂、中砂、细砂等松散含水层，为防止细砂涌入井内，提高滤水管的有效孔隙率，增大管井出水量，延长管井的使用年限，在缠丝滤水管周围，应再填充一层粗砂和砾石。

井管填砾滤料的规格形状、化学成分和质量与管井的产水量和水质密切相关。滤料粒径过大，容易产生涌砂现象；粒径过小，会减少管井的出水量。因此，施工时，应按含水层的颗粒级配，正确选择缠丝间距和填砾粒径，严格控制。

（二）施工方法

管井施工应根据设计要求、水文地质资料、现场条件和设备能力等，选择经济、合理的施工方法。常用的管井施工方法，见表 8-1。

表 8-1　　　　　　　　　　　　　管井常用的施工方法

钻进方法	主 要 工 艺 特 点	适 用 条 件
回转钻进	钻头回转切削、研磨破碎岩石，清水或泥浆正向循环。有取芯钻进及全面钻进之分	砂土类及黏性土类松散层，软质硬的基岩
冲击钻进	钻具冲击破碎岩石，抽筒捞取岩屑。有钻头钻进及抽筒钻进之分	碎石土类松散层，井深在 200m 以内
潜孔锤钻进	冲击、回转破碎岩石，冲洗介质正向循环。潜孔锤有风动及液动之分	坚硬基岩，且岩层不含水或富水性差
反循环钻进	回转钻进中，冲洗介质反向循环。有泵吸、气举、射流反循环三种方式	除漂石、卵石（碎石）外的松散层，基岩
空气钻进	回转钻进中，用空气或雾化清水，雾化泥浆、泼墨、充气泥浆等作冲洗介质	岩层漏水严重或干旱缺水地区施工

二、钢筋混凝土结构水池施工

（一）模板设计与分层安装

模板施工前，应根据结构形式、施工工艺、设备和材料供应等条件进行模板及其支架设计。模板及其支架的强度、刚度及稳定性须满足受力要求。模板设计主要包括以下内容：

（1）模板的形式和材质的选择。

（2）模板及其支架的强度、刚度及稳定性计算，其中包括支杆支撑面积的计算，受力铁件的垫板厚度及与木材接触面积的计算。

（3）防止吊模变形和位移的预防措施。

（4）模板及其支架的风载作用下防止倾倒的措施。

（5）各部分模板的结构设计，各结合部位的构造，以及预埋件、止水板等的固定方法。

（6）隔离剂的选用。

（7）模板及其支架的拆除顺序、方法及保证安全措施。

混凝土模板安装应按《混凝土结构工程施工质量验收规范》（GB 50204—2002）的相关规定执行，分层安装时，池壁模板可先安装一侧，绑完钢筋后，分层安装另一侧模板，或采用一次安装到顶面分层预留操作窗口的施工方法。采用这种方法时，应遵守下列规定：

（1）分层安装模板时，其每层层高不宜超过1.5m，分层留置窗口时，窗口的层高及水平净距不宜超过1.5m。斜壁的模板及窗口的分层高度应适当减小。

（2）当有预留孔洞或预埋管时，宜在孔口或管口外径1/4～1/3高度处分层；孔径或管外径小于200mm时，可不受此限制。

（3）分层模板及窗口模板应事先做好链接装置，使之能迅速安装。安装一层模板或窗口模板的时间，应符合浇筑混凝土间歇时间的规定。

（4）分层安装模板或安装窗口模板时，应严防杂物落入模内。

在安装池壁的最下一层模板时，应在适当位置预留清扫杂物用的窗口。在浇筑混凝土前，应将模板内部清扫干净，经检验合格后，再将窗口封闭。

（二）钢筋绑扎

1. 绑扎接头

相邻纵向受力钢筋的绑扎接头宜相互错开，绑扎搭接接头中钢筋的横向净距不应小于钢筋直径，且不小于25mm，钢筋的绑扎接头应符合下列规定：

（1）钢筋搭接处，应在中心和两端用钢丝扎牢。

（2）钢筋绑扎搭接连接区段长度为$1.3L_1$（L_1为搭接长度），凡搭接接头中点位于连接区段长度内的搭接接头均属于同一连接区段；同一连接区段内，纵向钢筋搭接接头面积百分率为该区段内有搭接接头的纵向受力钢筋截面面积的比值（图8-2）。

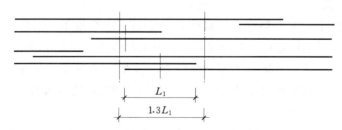

图8-2 钢筋绑扎搭接接头连接区段及接头面积
百分率确定方式示意图

（3）同一连接区段内，纵向受力钢筋搭接接头面积百分率应符合设计要求；设计无具体要求时，受压区不得超过50%；受拉区不得超过25%；池壁底部和顶部与顶板施工缝处的预埋竖向钢筋可按50%控制，并应按规定的受拉区钢筋搭接长度增加30%。

（4）设计无要求时，纵向受力钢筋绑扎搭接接头的最小搭接长度应按表8-2的规定执行。

表 8 - 2　　　　　　　　　　　　纵向受力钢筋绑扎搭接接头最小搭接长度

序　号	钢 筋 级 别	受 拉 区	受 压 区
1	HPB235	$35d_0$	$30d_0$
2	HRB335	$45d_0$	$40d_0$
3	HRB400	$55d_0$	$50d_0$
4	低碳冷拔钢丝	300mm	200mm

注　d_0 为钢筋直径，单位 mm。

2. 绑扎工艺

在模板支设完成后，即可进行钢筋的绑扎工作。池壁钢筋绑扎的关键是控制好钢筋的搭接长度与搭接位置；控制好竖向钢筋顶部的高度；控制好池壁内外层钢筋的净距尺寸，以保证整体钢筋网的稳固。

当底板钢筋采取焊接排架的方法固定时，排架的间距应根据钢筋的刚度适当选择。在留设保护层时，应以相同配合比的细石混凝土或水泥砂浆制成垫块，垫起钢筋，严禁以钢筋垫钢筋或用铁钉、铁丝等将钢筋直接固定在模板上。若采用铁马凳架设钢筋，在不能取掉的情况下，应在铁马凳上加焊止水环，以防止水沿铁马凳渗入混凝土结构。预埋件、预埋螺栓及插筋等，其埋入部分不得超过混凝土结构厚度的 3/4。

在水池池壁开洞时，当预埋管及预留孔洞的尺寸小于 300mm 时，可将受力钢筋绕过预埋管件或孔洞，而不必采取加固措施；当预埋管及预留孔洞的尺寸为 300～1000mm 时，应沿预埋管或孔洞每边配置加强钢筋，钢筋截面积不应小于洞口宽度内被切断受力钢筋面积的 1/2，且不小于 2 根 ϕ10mm 钢筋；当预埋管及预留孔洞尺寸大于 1000mm 时，应在预留孔或预埋管四周加设小梁。

当钢筋排列比较稠密，以致影响混凝土正常浇筑时，应与设计人员商量采用适当措施，以保证浇筑质量。

（三）混凝土浇筑

水处理构筑物由于经常储存大量水体且埋于地下或半地下，一般承受较大水压和土压，因此，除需满足结构强度外，还应保证它的防水性能，以及在长期正常使用条件下具有良好的水密性、耐蚀性、抗冻性等耐久性能。混凝土的浇筑必须在对模板和支架、钢筋、预埋管、预埋件以及止水带等经检查符合设计要求后，方可进行。

1. 浇筑条件与间歇时间

（1）浇筑条件。冬期施工的混凝土应在冷却前达到要求的强度，并宜降低入模温度。在日最高气温高于 30℃ 的热天施工时，可根据情况选用下列措施：①利用早晚气温较低的时间浇筑混凝土；②适当增大混凝土的坍落度；③掺入缓凝剂；④石料经常洒水降温，或加棚盖防晒；⑤混凝土浇筑完毕后及时覆盖养护，防止曝晒，并应增加浇水次数，保持混凝土表面湿润。

（2）间歇时间。浇筑混凝土应连续进行。当需要间歇时，间歇时间应在前层混凝土凝结之前，将次层混凝土浇筑完毕。混凝土从搅拌机卸出到次层混凝土浇筑压茬的间歇时间，当气温小于 25℃ 时，不应超过 3h，气温不低于 25℃ 时，不应超过 2.5h；如超过时，应留置施工缝。

2. 混凝土振捣

采用振捣器捣实混凝土时，振捣时间应使混凝土表面呈现浮浆且不再沉落；插入式振捣器捣实混凝土的移动间距，不宜大于作用半径的1.5倍；振捣器距离模板不宜大于振捣器作用半径的1/2；并应尽量避免碰撞钢筋、模板、预埋管（件）等。振捣器应插入下层混凝土50mm；表面振动器的移动间距，应能使振动器的平板覆盖已振实部分的边缘；浇筑预留孔洞、预埋管、预埋件及止水带等周边混凝土时，应辅以人工插捣。

混凝土的振捣应采用机械振捣，其能产生振幅不大、频率较高的振动，使骨料间摩擦力降低，有利于增强混凝土拌和物的密实度，增加水泥砂浆的流动性，使骨料能更充分地被砂浆所包裹，同时挤出混凝土拌和物中的气泡。

3. 变形缝

（1）变形缝的类型。

1）沉降缝。沉降缝是指当构筑物或管道的地基上有显著变化或构筑物的竖向布置高差较大时，应设置沉降缝。沉降缝应在构筑物或管道的同一剖面上贯通，缝宽不应小于3cm。

2）伸缩缝。地下式或设有保温措施的构筑物和管段，由于施工条件限制外露时间较长时，宜按露天条件设置伸缩缝。伸缩缝宜做成贯通式将基础断开，缝宽不宜小于2cm。

（2）变形缝的施工。沉降缝与伸缩缝施工中采用橡胶或塑料止水带时，厚度小于25cm的构件宜在设缝端部处局部加厚截面并增设构造。采用埋入式橡胶或塑料止水带的变形缝时，止水带的位置应准确，圆环中心应在变形缝的中心线上。

采用埋入式橡胶或塑料止水带的变形缝示意图如图8-3所示。

止水带应固定，位置准确，浇筑混凝土前须清洗干净，不得留有泥土杂物。

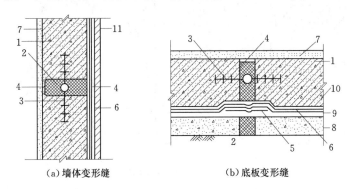

（a）墙体变形缝　　　　　（b）底板变形缝

图8-3 采用埋入式橡胶或塑料止水带的变形缝示意图

1—防水结构；2—填缝材料；3—止水带；4—填缝油膏；5—油毡防水附加层；
6—油毡防水层；7—水泥砂浆抹面层；8—混凝土垫层；9—水泥
砂浆找平层；10—水泥砂浆保护层；11—保护墙

4. 施工缝

对于因结构复杂、工艺构造要求或体积庞大受施工条件限制的池类结构，而须间歇浇筑作业时，应选择合理部位设置施工缝。

（1）施工缝设置。底板混凝土应连续浇筑，不得留施工缝。池壁一般只允许留设水平施工缝。池壁的施工缝，底部宜留在底板上面不小于 20cm 处，当底板与池壁连接有腋角时，宜留在腋角上面不小于 20cm 处；顶部宜留在顶板下面不小于 20cm 处，当有腋角时，宜留在腋角下部。池壁设有孔洞时，施工缝距扎洞边缘不宜小于 300mm。当必须留设垂直施工缝时，应留在结构的变形缝处。

（2）施工缝形式。常见的施工缝有平口缝、企凸缝和钢板止水缝三种。

平口缝施工较简单，只是界面结合差；钢板止水缝防水效果可靠，但耗费钢材，在池壁为现浇混凝土，底板与池壁连接处的施工缝留在基础上口 20cm 处时，按设计要求在浇捣混凝土之前，应将止水钢板安放固定，设置钢板止水缝。

企凸缝可以分为凹缝、凸缝、V 形缝、阶形缝四种。V 形缝和阶形缝渗水线路较长，支模比较麻烦；凸缝接缝表面虽然容易清理，但支模费时；凹缝施工简便，界面结合较好，只是清理困难，易积杂物，如图 8-4 所示。

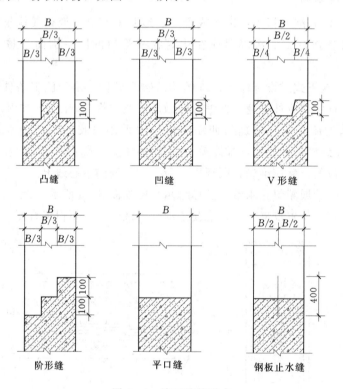

图 8-4 施工缝的形式

（3）施工缝浇筑。在施工缝处继续浇筑混凝土时，应符合下列规定：

1）已浇筑混凝土的抗压强度不应小于 $2.5N/mm^2$。

2）在已硬化的混凝土表面上，应凿毛和冲洗干净，并保持湿润，但不得积水。

3）在浇筑前，施工缝处应先铺一层与混凝土配比相同的水泥砂浆，其厚度宜为 15～30mm。

4）混凝土应细致捣实，使新旧混凝土紧密结合。为了加强新老混凝土的结合，在浇捣新混凝土之前，在原有混凝土结合面先铺一层 1cm 厚 1：2 的水泥砂浆。

5.混凝土养护

（1）混凝土浇筑完毕后，应根据现场气温条件及时覆盖和洒水，养护期不少于14d。池外壁在回填土时，方可撤除养护。一般情况下，现浇钢筋混凝土水池不宜采用电热法养护。

（2）当采用蒸汽养护时，应使用低压饱和蒸汽均匀加热，最高温度不宜大于30℃，升温速度不宜大于10℃/h，降温速度不宜大于5℃/h。

（3）当采用池内加热养护时，池内温度不得低于5℃，且不宜高于15℃，并应洒水养护保持湿润。池壁外侧应覆盖保温。

（4）当室外最低气温不低于-15℃时，应采用蓄热法养护。对预留孔、洞以及迎风面等容易受冻部位，应加强保温措施。

第二节　管　道　工　程　施　工

一、管道敷设

（一）沟槽开挖

1.断面形式

在给水排水工程管道开槽法施工中，常用的沟槽断面形式有直槽、梯形槽、混合槽等；当有两条或多条管道共同埋设时，还需采用联合槽。

（1）直槽。直槽即沟槽的边坡基本为直坡，一般情况下，开挖断面的边坡小于0.05，如图8-5（a）所示。直槽断面常用于工期短、深度浅的小管径工程。

（2）梯形槽。梯形槽即大开槽，是槽帮具有一定坡度的开挖断面。开挖断面槽帮放坡，不需支撑。当地质条件良好时，纵使槽底在地下水以下，也可以在槽底挖成排水沟，进行表面排水，保证其槽帮土壤的稳定。大开槽断面是应用较多的一种形式，尤其适用于机械开挖的施工方法，如图8-5（b）所示。

（3）混合槽。混合槽是由直槽与大开槽组合而成的多层开挖断面，较深的沟槽宜采用此种混合槽分层开挖断面。混合槽一般多为深槽施工。采取混合槽施工时，上部槽尽可能采用机械施工开挖，下部槽的开挖常需同时考虑采用排水及支撑的施工措施，如图8-5（c）所示。

（4）联合槽。联合槽是由两条或多条管道共同埋设的沟槽，其断面形式要根据沟槽内埋设管道的位置、数量和各自的特点而定，多是由直槽或大开槽按照一定的形式组合而成的开挖断面，如图8-5（d）所示。

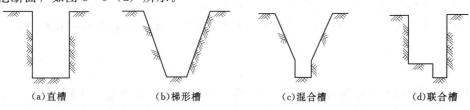

(a)直槽　　　　(b)梯形槽　　　　(c)混合槽　　　　(d)联合槽

图8-5　沟槽断面形式

2. 沟槽开挖方法

（1）人工开挖。人工开挖主要适用于管径小、土方量少或施工现场狭窄，地下障碍物多，不易采用机械挖土或深槽作业的场所。如果底槽需支撑无法采用机械挖土时，通常采用人工挖土，常用的工具为铁锹和镐。

开挖深 2m 以内的沟槽，人工挖土与沟槽内出土宜结合在一起进行。较深的沟槽，宜分层开挖，每层开挖深度一般在 2～3m 为宜，利用层间留台人工倒土出土。在开挖过程中应控制开挖断面将槽帮边坡挖出，槽帮边坡应不陡于规定坡度。

沟槽底部的土壤严禁扰动，在接近槽底时，要加强测量，注意清底，不要超挖。如果发生超挖，应按规定要求进行回填，槽底保持平整，槽底高程及槽底中心每侧宽度均应符合设计要求。

（2）机械开挖。为了减轻繁重的体力劳动，加快沟槽施工速度，提高劳动生产效率，目前多采用机械开挖、人工清底的施工方法。为了充分发挥机械施工的特点，提高机械利用率，保证安全生产，施工前的准备工作应细致、充分，并合理选择施工机械。常用的挖土机械主要有推土机、单斗挖土机、多斗挖土机、装载机等。

采用机械挖槽时，应向司机详细交底，交底内容一般包括挖槽断面（深度、槽帮坡度、宽度）的尺寸、堆土位置、电线高度、地下电缆、地下构筑物及施工要求，并根据情况会同机械操作人员制定安全生产措施后，方可进行施工。机械司机进入施工现场，应听从现场指挥人员的指挥，对现场涉及机械、人员安全的情况应及时提出意见，妥善解决，确保安全。

（二）管道基础

管道基础是承受沟管自重、管内液体重、管上土压力和地面荷载的结构层，由地基、基础和管座三部分组成。

1. 管道基础的组成

（1）地基。地基是地表面以下一定深度长久未经扰动的土层，亦称老土、原土。一般情况下，管道可直接铺设在这种未被扰动过的坚实原状土层上。只是在给水排水工程施工中，经常会遇到一些软弱土层，因此必须对地基进行加固处理。常用的加固方法有换土法、夯实挤密法、化学加固法以及桩基地基处理等。

（2）基础。基础是指管子与地基间经人工处理过的或专门建造的设施，其作用是将管道较为集中的载荷均匀分布，以减少对地基单位面积的压力。

（3）管座。管座是管子下侧与基础之间的部分，设置管座的目的在于它使管子与基础连成一个整体，以减少对地基的压力和对管子的反作用力。管座包角的中心角越大，基础所受的单位面积的压力和地基对管子的单位面积的反作用力越小。管座的中心包角一般采用 135°；当遇到管径大、埋设深或土质差等特殊情况时，经设计部门或建设单位同意，也可采用 180°管座，如图 8-6 所示。

2. 基础施工

为保证给水排水管道能安全正常运行，除管道工艺本身设计施工应正确外，还要求管道的地基和基础要有足够的承受载荷的能力和可靠的稳定性，否则给排水管道可能产生不

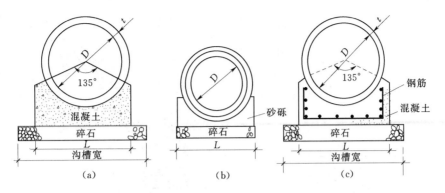

图 8-6 管道基础图

均匀沉陷，造成管道错口、断裂、渗漏等现象，导致对附近地下水的污染，甚至影响附近建筑物的基础。

（1）在铺筑管道基础垫层前，应认真复核基础底的土基标高、宽度和平整度，铲除槽底的淤泥、杂物和积水，并于当天查验整改完毕。

（2）如地基不稳定或有流砂现象等，应采取措施加固后才能铺筑碎石垫层。应根据规定的宽度和厚度摊铺平整拍实，摊铺完毕后，应尽快浇筑混凝土基础。

（3）槽深超过 2m，基础浇筑时，必须采用串筒或滑槽来倾倒混凝土，以防混凝土发生离析现象。

（4）倒卸浇筑材料时，不得碰撞支撑结构物。车辆卸料时，应在沟槽边缘设置车轮限位木，防止翻车坠落伤人。

（三）下管与稳管

1. 下管

所谓下管也就是将管道从沟槽上下到沟槽内的过程。下管方法分为人工下管和机械下管两类。应根据管材种类、单节重量和长度以及施工现场情况选用。在混凝土基础上安装管道时，混凝土强度必须达到设计强度的 50% 方可下管。

（1）人工下管法。人工下管一般适用于管径较小、管重较轻的管道，如陶土管、塑料管、直径 400mm 以下的铸铁管、直径 600mm 以下钢筋混凝土管等，以及施工现场狭窄、不便于机械操作、工程量小或机械供应有困难的情况。

（2）机械下管法。机械下管法适用于管径大、沟槽深、工程量大且便于机械操作的地段。机械下管速度快、安全，而且可以减轻工作的劳动强度。机械下管一般采用汽车式起重机、下管机或其他起重机械。按行走装置的不同，分为履带式起重机、轮胎式起重机和汽车式起重机（图 8-7）。

（3）管道下管的方式。

1）分散下管。分散下管是将管道沿沟槽边顺序排列，依次下到沟槽内，这种下管形式避免了槽内运管，多用于较小管径、无支撑等有利于分散下管的环境条件。

2）集中下管。集中下管则是将管道相对集中地下到沟槽内某处，然后将管道再运送到沟槽内所需要的位置，因此，集中下管必须进行槽内运管。该下管方式一般用于管径较

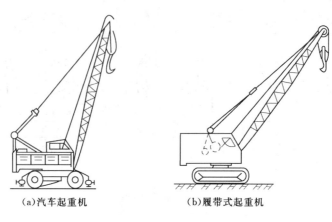

（a）汽车起重机　　　　　（b）履带式起重机

图 8-7　下管用起重机

大、沟槽两侧堆土场地狭窄或沟槽内有支撑等情况。由于在槽下，特别是在支撑槽的槽下，使用机械运管非常困难，故这一工作一般都是由人工来完成。

2. 稳管

稳管是将管道按设计的高程和平面位置稳定在地基或基础上。压力流管道对高程和平面位置的要求精度可低些，一般由上游向下游进行稳管；重力流管道的高程和平面位置应严格符合设计要求，一般由下游向上游进行稳管。

管道应稳贴地安放在管沟中，管下不得有悬空现象，以防管道承受附加应力，这就需要加大对管道位置的控制。管道位置控制对保证管道功能的正常发挥以及设计要求的实现具有重要意义。管道位置控制不仅包括管道轴线位置控制和管道高程控制，还应包括管道承插接口的排列方向、间隙以及管道的转角。重力流管道的水力要素与管道铺设的坡度更有直接的关系，稳管通常包括对中和高程控制两个环节。

（1）对中。管道对中，就是使管道中心线与设计中心线在同一平面上重合。对中质量在排水管道中要求在 ±15mm 范围内，如果中心线偏离较大，则应调整管子，直至符合要求为止。通常可按下述两种方法进行。

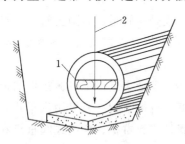

图 8-8　中心线对中法
1—水平尺；2—中心垂线

1）中心线法。该法借助坡度板上的中心钉进行，如图 8-8 所示。在连接两块坡度板的中心钉之间的中线上挂一垂球，当垂球线通过水平尺中心时，表示管子已对中。这种对中方法较准确，采用较多。

2）边线法。采用边线法（图 8-9）进行对中作业时，就是将坡度板上的定位钉钉在管道外皮的垂直面上。操作时，只要管子向左或向右稍一移动，管道的外皮恰好碰到两坡度板间定位钉之间连线的垂线。

（2）高程控制。高程控制，就是控制管道的高程，使其与设计高程相同，如图 8-10 所示。在坡度板上标出高程钉，相邻两块坡度板的高程钉到管内底的垂直距离相等，则两高程钉之间连线的坡度就等于管内底坡度，该连线称为坡度线。坡度线上任意一点到管内底的垂直距离为一个常数，称为对高数。一般利用高程板上的不同下反数，控制其各部分的高程。

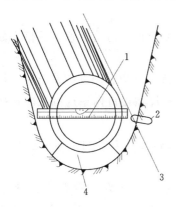

图8-9 边线法
1—水平尺；2—边桩；3—边
线；4—砂垫弧基

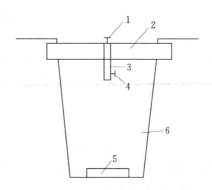

图8-10 高程控制作业示意图
1—中心钉；2—坡度板；3—高程板；4—高程
钉；5—管道基础；6—沟槽

此外，还应注意在进行对高作业时，使用丁字形对高尺，尺上刻有坡度线与管底之间距离的标记，即为对高读数。将高程尺垂直放在管内底中心位置（当以管顶高程为基础选择常数时，高程尺应放在管顶），调整管子高程，当高程尺上的刻度与坡度线重合时，表明管内底高程正确，否则须采取挖填沟底方法予以调正。值得注意的是，坡度线不宜太长，应防止坡度线下垂，影响管道高程。

稳管作业应达到平、直、稳、实的要求，其管内底标高允许偏差为±10mm，管中心线允许偏差为10mm。

二、管道的连接

（一）给水管的连接

1. 钢管连接方法

钢管的接口多为螺纹接口、焊接，此外还有法兰盘接口和各种柔性接口形式。

（1）螺纹接口。在城市给水工程中，小口径室内给水镀锌钢管一般采用螺纹接口。螺纹接口的螺纹形式分圆柱螺纹和圆锥螺纹。圆柱螺纹又称平行螺纹，用于活箍等管件，圆锥螺纹具有1/16的锥度，用于管道接口。

套丝的方式主要有人工套丝和管子套丝两种，管子套丝螺纹要求丝扣端正，光滑、无毛刺、不掉扣，断扣缺口的长度不应大于丝长的10%。作业时不准用铁器工具敲击丝板各个部位，每日套丝作业完毕应对丝板进行清洗。

管螺纹接口处应使用相应的填料，以达到连接的严密性。常用的填料有麻、铅油、胶带等。管钳的规格选用要适当，用过大规格的管钳安装管件，会因用力过大使管件破裂，反之则因用力不够而安装不紧。使用管钳要左手扶稳钳头部，待与管件咬实后，右手压钳把，渐渐用力。切不可用力过大或用身体加力于钳把，以防止钳牙脱出伤人。安装配件时，不仅要求上紧，还需考虑配件的位置和方向，不推荐因拧过头而用倒拧的方法找正。

（2）焊接。焊接一般采用熔化焊方式。焊条的化学成分、机械强度应与母材相同且匹配，兼顾工作条件和工艺特性；管径大于 800mm 时，采取双面焊，管内焊两遍，管外焊三遍。

冬季焊接时，要根据环境温度进行预热处理，不合格的焊缝应返修，返修次数不得超过三次。

钢管对口前必须首先修口，使钢管端面的坡口角度、钝边、圆度等符合对口接头尺寸的要求，对口时应使内费齐平，可采用长 400mm 的直尺在接口内壁周围顺序找平，错口的允许偏差为 0.2 倍壁厚且不大于 2mm。

对口时纵向焊缝应错开，错开的间距，管径小于 800mm 时，间距不小于 100mm；管径不小于 800mm 时，间距不小于 300mm。

纵向焊缝应放在管道中心垂线上半圆的 45°左右处；环向焊缝距支架净距不小于 100mm，直管管段环向焊缝距相邻的环向焊缝不应小于 200mm；不得出现十字焊缝。

不同壁厚的钢管对口时，管壁厚度相差不得大于 3mm。当大于 3mm 时，应将厚壁钢管的接口边缘削成坡口，使其与对接的钢管壁厚一致，坡口的切削长度不小于壁厚差值的 4 倍。不同管径的管节相连时，如果两管径相差大于小管管径的 15%，可用渐缩管连接。

钢管对口检查合格后进行点焊，点焊时应符合下列规定：点焊应采用与接口焊接相同的焊条；点焊厚度应与第一层焊接厚度相近，焊缝的根部必须焊透，钢管的纵向焊缝及螺旋焊缝处不得点焊。

2. 铸铁管连接方法

铸铁管一般采用刚性和柔性接口。

（1）刚性接口。刚性接口有油麻石棉水泥接口、橡胶圈膨胀水泥接口等，麻-铅接口则为半柔半刚性接口，胶圈石棉水泥接口为柔性接口，接口形式如图 8-11～图 8-14 所示。

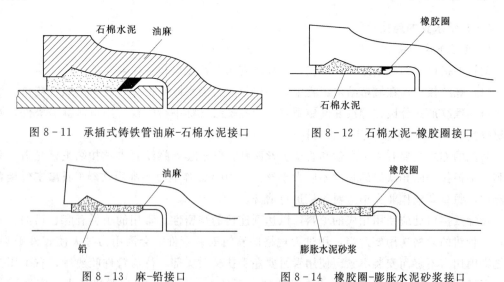

图 8-11 承插式铸铁管油麻-石棉水泥接口　　图 8-12 石棉水泥-橡胶圈接口

图 8-13 麻-铅接口　　图 8-14 橡胶圈-膨胀水泥砂浆接口

刚性接口是往插口缝隙中填打油麻和填料，过去常用青铅，现在大都用石棉水泥，黏合力很强，能到 17kg/cm。

刚性接口填料分为内侧填料与外侧填料，内侧填料为接口内层填料，外侧填料为接口外层填料。

1）内侧填料。内侧填料放置于管口里侧，保证管口严密、不漏水，并起扩圆作用且防止水泥等漏入管内。因此，材料应柔软，有弹性和挡水性。常用的材料有油麻、橡胶圈等。

2）外侧填料。外侧填料要保证接口有一定强度，并能承受冲击和少量弯曲，可采用石棉水泥、膨胀水泥、铅和铅绒等。

（2）柔性接口。目前为了增强铸铁管道的抗震性，普遍采用柔性接口。柔性接口时在承插管壁之间填上圆形、楔形或梯唇形胶圈。

1）滑入式接口。球墨铸铁管一般采用柔性接口，其接口为滑入式 T 形接口，操作方便、快速，适用于 $DN80 \sim 2000mm$ 的输配水管道（图 8-15）。

2）法兰接口。法兰一般是由钢板加工的，也有铸铁法兰和铸铁螺纹法兰。法兰接口所用的环形橡胶垫圈应质地均匀、厚薄一

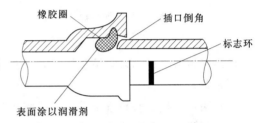

图 8-15 滑入式柔性接口安装示意图

致、未老化、无皱纹，采用非整体垫片时，应粘接良好，拼缝平整。

3）活箍接口（人字柔口）。人字柔口有铸铁和钢制两种。此种接口是套管式柔性接口的一种，安装时要与管口配合好，并应做到：位置适中，不偏移、不倾斜；胶圈位置正确，受力均匀；活箍防腐均匀、不脱落。

3. 塑料管连接方法

硬聚氯乙烯给水管道可以采用橡胶圈接口、粘接接口、法兰连接等形式。最常用的是橡胶圈和粘接连接，橡胶圈接口适用于管径为 63～315mm 的管道连接；粘接接口只适用管外径小于 160mm 管道的连接；法兰连接一般用于硬聚氯乙烯管与铸铁管等其他管材阀件等的连接。高密度聚乙烯塑料管可采用热熔连接。聚乙烯管与金属管道连接，采用钢塑过渡接头连接。

（1）橡胶圈连接。将橡胶圈正确安装在承插口的橡胶圈沟槽区中，不得装反或扭曲，为了安装方便可先用水浸湿胶圈，但不得在橡胶圈上涂润滑剂安装，防止在接口时将橡胶圈推出。橡胶圈连接的管材在施工中被切断时，需在插口端另行坡口，并应划出插入长度标线，然后再进行连接。

（2）粘接连接。承插式粘接接口适用于 UPVC 管，不适用于高密度聚乙烯塑料管。溶剂粘接是塑料管道连接使用最普遍的方法。管道粘接的优点是：连接强度高，严密不渗漏，不需要专用工具，施工迅速。主要缺点是：管道和管件连接后不能改变和拆除，未完全固化前不能移动、不能检验，渗漏不易修理。

管道粘接工艺如下：粘接连接的管道在安装中被切断时，需将插口端倒角，挫成坡口后再进行连接。黏结剂最好由管材商配套提供。

（3）热熔连接。高密度聚乙烯塑料连接可分为可拆卸连接和不可拆卸连接。可拆卸连接口有法兰接口、螺纹连接口和承插式柔性接口。不可拆卸接口有承插式电热熔接口和对

接式电热熔接口。聚乙烯管管壁光滑，不适宜采用粘接接口，也不得在管壁上直接套丝形成螺纹连接接口。

图8-16为塑料焊接接口，图8-17为焊接坡口。

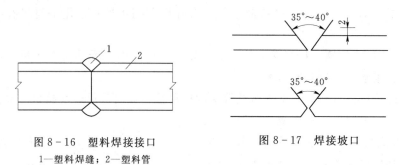

图8-16　塑料焊接接口

1—塑料焊缝；2—塑料管

图8-17　焊接坡口

电热熔接口也称为自动熔接接口，具有性能稳定、质量可靠、操作简便的优点，但需要专用设备。

（4）法兰连接。塑料管常采用可拆卸法兰接口，法兰也由塑料制成。法兰与管口连接有焊接、凸缘接、翻边接等形式，如图8-18所示。法兰盘面应垂直于管口，垫圈材料一般采用橡胶。

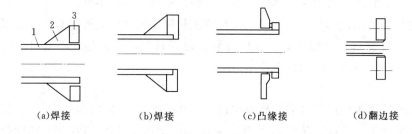

（a）焊接　　　　（b）焊接　　　　（c）凸缘接　　　　（d）翻边接

图8-18　塑料管法兰接口的法兰盘与管口连接

1—管子；2—加劲肋；3—法兰盘

（5）专用接头。当塑料管材与其他材料、阀门及消火栓等管件连接时，应采用专用接头。

（二）排水管的连接

室外排水管道目前多为混凝土管道、钢筋混凝土管道及塑料管，这里主要介绍混凝土管道连接。

1. 水泥砂浆抹带接口

在管子接口处用1:2.5～1:3水泥砂浆抹成半椭圆形式或其他形状的砂浆带，带宽120～150mm，属于刚性接口。一般适用于地基土质较好的雨水管道，或用于地下水位以上的污水支线上。企口管、平口管、承插管均采用此种接口，如图8-19所示。

企口　　　　　平口　　　　　承插口

图8-19　水泥砂浆抹带接口

2. 钢丝网水泥砂浆抹带接口

钢丝网水泥砂浆抹带接口属于刚性接口。将抹带范围的管外壁凿毛，抹 1∶2.5 水泥砂浆一层，厚 15mm，中间采用 20 号 10mm×10mm 钢丝网一层，两端插入基础混凝土中，上面再抹砂浆一层，厚 10mm。适用于地基土质较好的具有带形基础的雨水、污水管道上，如图 8-20 所示。

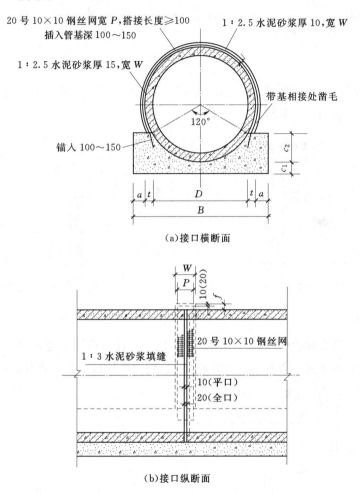

图 8-20 钢丝网水泥砂浆抹带接口（单位：mm）

3. 管道膨胀水泥接口

管道膨胀水泥接口属刚性接口，指水泥、石膏粉、氯化钙按一定比例混合加水后拌和配制而成的接口填料。配比中石膏粉含量：铸铁管接口宜控制在 8%（重量比）以下；混凝土管接口宜控制在 5%（重量比）以下；氯化钙掺量宜控制在 5% 左右（溶化后使用）。如图 8-21 所示。

4. 石棉沥青卷材接口

石棉沥青卷材接口属于柔性接口。石棉沥青卷材为工厂加工，沥青玛瑞脂重量配比为沥青∶石棉∶细砂＝7.5∶1∶1.5。先将接口处管壁刷净烤干，涂上冷底子油一层，再刷沥青玛瑞脂厚 3mm，再包上石棉沥青卷材，再涂 3mm 厚的沥青砂玛瑞脂，这叫"三层做

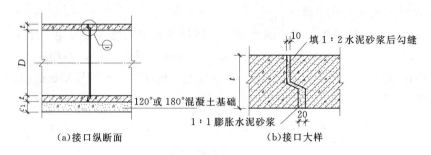

(a)接口纵断面　　　　　　　　(b)接口大样

图 8-21　膨胀水泥砂浆接口

法"。若再加卷材和沥青玛琋脂各一层,便叫"五层做法"。一般适用于地基沿管道轴向沉陷不均匀地区,如图 8-22 所示。

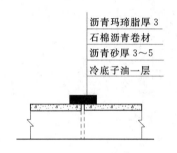

图 8-22　石棉沥青卷材接口(单位:mm)

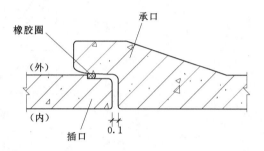

图 8-23　承插口橡胶圈接口

5. 橡胶圈接口

橡胶圈接口属柔性接口。接口结构简单,施工方便,适用于施工地段土质较差、地基硬度不均匀或地震地区,图 8-23、图 8-24 分别为承插口、企口橡胶圈接口。

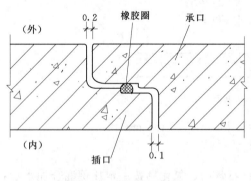

图 8-24　企口橡胶圈接口

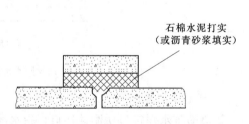

图 8-25　预制套环石棉水泥
(或沥青砂)接口

6. 预制套环石棉水泥(或沥青砂)接口

预制套环石棉水泥接口属于半刚半柔接口。石棉水泥重量比为水:石棉:水泥=1:3:7(沥青砂配比为沥青:石棉:砂=1:0.67:0.67)。适用于地基不均匀沉降且位于地下水位以下,内压低于 10m 的管道上,如图 8-25 所示。

第三节 竣 工 验 收

竣工验收是工程建设程序的最后环节。它是全面考核投资效益、检验设计和施工质量的重要环节。竣工验收的顺利完成，标志着投资建设阶段的结束和生产使用阶段的开始。

一、竣工验收程序

工程项目的竣工验收程序主要有自检预验、提交正式验收报告、现场预验收、正式验收。

（一）自检预验

自检预验可视工程重要程度和工程情况分层次进行。通常有下列三个层次。

1. 基层施工单位自检

由基层施工单位负责人组织有关职能人员，对拟报竣工工程，根据施工图纸要求、合同规定和验收标准，进行检查验收。主要内容有工程质量是否符合标准，工程资料是否齐全，工程完成情况是否符合设计和使用要求。若有不足之处，及时组织力量，限期修理完成。

2. 项目经理组织自检

根据基层单位的报告，项目经理组织生产、技术、质量、预算等部门自检。

3. 公司预验

对于重要工程，可根据项目部的申请，由公司组织检查验收，并进行评价。

（二）提交正式验收报告

当施工单位进行自检预验并及时做好相应的修正完善工作，自认为工程已符合要求，具备交验条件时，即可向总监理工程师（或业主）发出正式验收申请报告，同时递交有关竣工图、分项技术资料和试验报告。

（三）现场与验收

总监理工程师（或业主）初步审查工程实物和有关资料，认为符合有关条件时，组织验收班子进行工程预验收和技术资料审核。

（四）正式验收

预验合格，向验收委员会递交"竣工验收申请表"（由监理单位填写），请求正式验收。验收委员会收到"竣工验收申请表"后，确定验收日期，进行正式验收。验收合格，则由验收委员会签发竣工验收证书和验收工程鉴定书，而后转入工程交接收尾，投入使用。验收程序参见表8-3。

二、竣工验收内容

工程项目竣工验收内容分为工程资料验收和工程内容验收两个部分。工程资料验收包括工程技术资料验收、工程综合资料验收和工程财务资料验收；工程内容验收分为建筑工程验收和安装工程验收。

表 8 - 3		工 程 竣 工 验 收 程 序	
阶　　段	工　作　内　容	执行单位	备　　注
准备工作	拟完交验条件和必备资料	监理单位	
	工程收尾	施工单位	
	绘制竣工图	施工单位	设计单位协助
	验收必备技术资料汇总	施工单位	
	编制竣工技术档案	施工单位	市档案馆验收
	竣工项目自检自验	施工单位	
	递交正式验收申请书	施工单位	总监理工程师受理
竣工验收	商定验收形式与成员	业主、监理	报告有关单位及人员
	组成验收委员会	业主、监理	请质检站参与
	竣工预验收	业主、监理	请质检站参与
	报递正式验收申请表	业主、监理	送验收委员会
	竣工验收预备会	业主、监理	施工、设计、质检参加
	正式竣工验收	验收委员会	业主、监理协助
	宣布验收结果、办理相关手续	验收委员会	
验收后收尾	工程价款结算	施工、业主、监理	
	工程财务决算	业主、监理	
	工程备件（品）交接	施工、业主、监理	办理交接手续
	工程档案交接	施工、业主、监理	由档案馆验收
	施工单位临时设施拆除	施工单位	
	生产准备	业主	施工、监理协助
	投产、使用	业主	

本　章　小　结

　　本章内容主要包括构筑物施工、管道工程施工以及竣工验收等内容。其中构筑物施工主要包括取水构筑物施工和水处理构筑物施工两部分。取水构筑物主要介绍管井的施工，水处理构筑物施工主要介绍了钢筋混凝土结构水池的施工方法。管道工程施工主要介绍管道的各类连接方法，包括给水管材和排水管材，以及管道敷设施工的过程；竣工验收主要介绍竣工验收程序、内容、验收后的收尾与交接等内容。

复　习　思　考　题

　　（1）取水构筑物一般包括哪几种形式？

　　（2）管井的基本构造由哪几部分组成？

　　（3）大口井的施工方法有哪些特点？

　　（4）常见的混凝土施工缝有哪几种形式？施工中应符合哪些规定？

（5）给水管的连接方式有哪几种？各自具有什么特点？

（6）排水管的连接方式有哪几种？

（7）管道敷设施工中，沟槽开挖的断面形式有哪几种？

（8）沟槽支撑有哪几种类型？

（9）管道基础由哪几部分组成？各自的作用是什么？

（10）请简述稳管施工中对中和高程控制的基本方法。

（11）竣工验收的程序是什么？

（12）竣工验收的内容包括哪几部分？

第九章 乡镇给排水运行管理

【学习目标】 让学生掌握水质检验的项目、检验方法和要求、水泵运行管理、输配水管网的检漏、修复等内容；熟悉乡镇给排水工程水源保护的内容，净水构筑物的运行管理，排水管网运行管理内容；了解乡镇给排水工程运行管理中的安全检查等内容。

第一节 水 质 管 理

水质检验是从水样的采集、保存，到检验出数据结果和进行评价的全过程，以求水质检验结果的可靠性、准确性和有代表性。

乡镇供水水厂检验水质的目的：①检查自己给水系统供应的产品水执行国家规定的合格程度；②作为净化过程质量控制的手段，以保证供水合格；③了解和掌握原水的变化趋势和问题，调整净化过程，并向有关上级反映情况；④选择新水源。

一、化验室管理

1. 化验室仪器设备管理

在化验室里，凡仪器设备都要设专人负责保管和维修，使其经常处在完好的工作状态。对于大型的精密仪器设备，如精密天平、气相色谱仪、原子吸收分光光度计等，都要设专门房间，要防震、防晒、防潮、防腐蚀、防灰尘。在使用仪器设备时应按说明书进行操作，无关人员不得随意乱动。要建立使用登记制度，以加强责任制。对于各种玻璃仪器，每次用后必须洗刷干净，放在仪器架（橱）中，保持洁净和干燥，以备再用。还要建立仪器领取、使用、破损登记制度。

2. 化验室化学药品的储存和管理

化验室的化学药品必须设专人保管，特别是有毒、易燃、易爆药品。保存不当，容易发生事故或变质失效。因此，保管药品的人员必须具有专业知识和高度责任心。药品的储藏和试剂的保存，要避免阳光照射，室内要干燥、通风，室温在15～20℃，严防明火。要建立药品试剂发放、领取、使用制度。

3. 化验室的卫生管理

（1）保持化验室的公共卫生。化验室是进行水质检验、获得科学数据的地方，因此，必须保证有一个卫生整洁的环境。室内要设置废液缸和废物篓，不准乱倒废液乱扔废物。强酸、强碱性废液必须先稀释后倒入下水道，再放水冲走。

（2）讲究个人卫生。工作人员在化验室内，要穿白色工作服，戴白色工作帽，切忌穿杂色的工作服。工作前要洗手，防止检验工作中的交叉污染。工作台面和仪器要保持洁净。工作后或饭前要洗手，防止工作中药品污染，造成危害。

4．化验室的安全要求

（1）所用药品、标样、溶液、试剂等都要有标签，并标明名称、数量、浓度等主要项目，标签与内容物必须相符。

（2）凡剧毒药品或溶液、试剂要设专人专柜严加保管。

（3）使用易挥发性溶液、试剂，一定要在通风橱中或通风的地方进行操作。

（4）严禁在明火处使用易燃有机溶剂。

（5）稀释硫酸时，应仔细缓慢地将硫酸加入水中，绝不可将水加到硫酸中。

（6）在使用吸管吸取酸碱和有毒的溶液时，不可用嘴直接吸取，必须用橡皮球吸取。

（7）化验室要建立安全制度，下班时注意检查水、电、煤气和门窗是否关闭。

（8）做每项水质检验时，操作前一定要很好熟悉本项检验的原理、试剂、操作步骤、注意事项。要仔细检查仪器是否完好，安装是否妥当。一定要按要求和步骤谨慎地进行操作。检验结束后，应进行安全检查一切电、水和热源是否关闭。

二、水质检验项目及检验频率

水质检验项目和检验频率应根据原水质、净水工艺、供水规模确定，并符合《村镇供水工程技术规范》（SL 310—2004）的要求。对于乡镇供水，选择水质检验项目要根据当地的情况和水厂的实际需要来确定，一般从以下几方面来考虑选择：

（1）把与人民健康关系密切，而且变化很快的，也是系统运行、保证水质的控制指标列为必检项目，有浑浊度、余氯、大肠菌群、细菌总数4项。

（2）感官性状指标能使用户直接感到水质问题，也应该经常测定。除浑浊度外，尚有色度、臭和味、肉眼可见物等项。

（3）对与水厂净化处理有密切关系的指标，应根据净化处理要求进行检测。除浑浊度、余氯之外，还有pH值和水温。

（4）一些有卫生学意义的指标，有明显的地区性，例如氟化物在高氟地区是一项重要指标，但一般地区就可以不经常测定。这类指标有铁、锰、砷、硝酸盐、硫酸盐、氯化物等。

（5）当水源受生活污水污染时，要检测氨氮和耗氧量、磷等指标；受工业污染时要检测代表工业污染内容的有关指标。

（6）在选择新水源时要对新水源进行全面检验。

三、水质检验方法和要求

1．水质检验方法

（1）水质的感官检验。通过水的浊度、色度，嗅和味，肉眼可见物等判断水质的方法，是最简单又实用的一种方法。

（2）水质的物理检验。使用物理仪器对水温、比重、透明度等进行检验。

（3）水质的化学检验。通过化学方法对水中的化学物质进行定性和定量分析，这是水质检验中最常用、使用范围较广的方法。

（4）微生物检验。这是一种对水中的病毒、细菌进行检测的方法。《生活饮用水卫生标准》（GB 5749—2006）规定了细菌总数、总大肠菌群是生活饮用水的必检项目。

2. 水质检验要求

（1）原水采样时，应布置在取水口附近。管网末梢水采样点应设在水质不利的管网末梢，按供水人口每2万人设1个，供水人口在2万人以下时不少于1个。

（2）水样采集、保存和水质检验方法应符合《生活饮用水标准检验》（GB 5749—2006）的规定，也可采用国家质量监督部门、卫生部门认可的简便方法和设备进行检验。

（3）供水单位不能检验的项目应委托具有生活饮用水水质检验资质的单位进行检验。

（4）当检验结果超出指标限值时，应立即重复测定，并增加检验频率。水质检验结果连续超标时，应查明原因，并采取有效措施防止对人体健康造成危害。

第二节 水源保护与管理

一、水源安全防护

作为生活饮用水水源，为防止外界污染物的侵入，确保水源的清洁卫生，应设置安全保护区。安全保护区应根据具体条件和对象设置。《生活饮用水卫生标准》（GB 5749—2006）中对水源安全保护区作了规定，对于集中式供水水源保护区的规定如下。

1. 地表水水源保护

（1）取水点周围半径100m的水域内，严禁捕捞、停靠船只、游泳和从事可能污染水源的任何活动，并由供水单位设置明显的范围标志和严禁事项的告示牌。

（2）取水点上游1000m至下游100m的水域，不得排入工业废水和生活污水，其沿岸防护范围内不得堆放废渣，不得设立有害化学物品仓库、堆栈或装卸垃圾、粪便和有毒物品的码头，不得使用工业废水或生活污水灌溉及使用持久性或剧毒的农药，不得从事放牧等有可能污染该段水域水质的活动。

（3）以河流为供水水源时，根据实际需要，可将取水点上游1000m以外的一定范围河段划为水源保护区，并严格控制上游污染物排放量。受潮汐影响的河流，取水点上游、下游及其沿岸的水源保护区范围应根据具体情况适当扩大。

（4）以水库、湖泊和池塘为供水水源时，应根据不同情况的需要，将取水点周围部分水域或整个水域及其沿岸划为水源保护区，防护措施与上述要求相同。

（5）输水渠道、作预沉池（或调蓄池）的天然池塘，防护措施与上述要求相同。

（6）水厂生产区的范围应明确划定并设立明显标志，在生产区外围不小于10m范围内不得设置生活居住区和修建禽畜饲养场、渗水厕所、渗水坑，不得堆放垃圾、粪便、废渣或铺设污水渠道，应保持良好的卫生状况和绿化。单独设立的泵站、沉淀池和清水池的外围不小于10m的区域内，其卫生要求与水厂生产区相同。

2. 地下水水源保护

（1）地下水水源保护区和井的影响半径范围应根据水源地所处的地理位置、水文地质条件、开采方式、开采水量和污染源分布情况确定，且单井保护半径不小于100m。

（2）在井的影响半径范围内，不应开凿其他生产用水井，不应使用工业废水或生活污水灌溉和使用耐久性或剧毒的农药，不得修建渗水厕所、渗水坑、堆放废渣或铺设污水渠道，并不得从事破坏深层土层的活动。

（3）雨季应及时疏导地表积水，防止积水入渗和漫溢到井内。

（4）渗渠、大口井等受地表水影响的地下水源，其防护措施与地表水源保护要求相同。

（5）地下水资源匮乏地区，开采深层地下水的水源井应保证生活用水，不宜用于农业灌溉。

二、地表水取水构筑物的管理

1. 水源设施的管理

取水口是河床式取水构筑物的进水部分，取水口竣工后，应检查施工围堰是否拆除干净。残留围堰会形成水下丁坝，造成河流主流改向、影响取水，或导致取水构筑物淤塞报废。取水头部的格栅应经常检查及时清污，以防格栅堵塞导致进水不畅。对山区河流，为防止洪水期泥沙淤积影响取水，取水头部应设置可靠的除沙设备。水库取水常因生物繁殖影响取水，应采取措施及时消除水生物，以保证取水。

2. 进水管管理

进水管类型有有压管、进水暗渠和虹吸管三种形式。管内应经常保持一定的流速，一般不会淤积，若达不到设计流量，管内流速较小，可能发生淤积。有压管长期停用，也会造成管内淤积，水中的漂浮物也可能堵塞取水头部。

（1）顺冲法。一种方法是关闭一部分进水管，同时加大另一条进水管的过水能力，造成管内流速快速增加，实现冲淤；另一种方法是在水源高水位时，先关闭进水管的阀门，将该集水井抽到最低水位，然后迅速打开进水管阀门，利用水源与集水井较大的水位差实现对水管的冲洗。此法简单，不必另设冲洗管道，但因管壁上附着的泥沙不易冲洗掉，所以冲淤效果较差。

（2）反冲法。将出水管与进水管连接，利用水泵的压力水进行反冲洗。此法效果较好，但管路复杂，运行管理费用较高。

3. 集水井管理

集水井要定期清洗和检修，洪水期间还应经常观测河中最高水位，采取相应的防洪措施，以防泵站进水，影响生产。

4. 阀门管理

阀门每3个月维修保养一次，6个月检修一次。阀门螺纹外露部分、螺杆和螺母的结合部分，应润滑良好，保持清洁。机械传动的阀门，传动部分应涂抹润滑油脂，以利于开关灵活。阀门停止运行时，要将阀门内的水放完，以防止结冰冻坏。

闸门的管理维护方法如下：

（1）要有严格的启、闭制度。进水孔、引水管上的闸门，不能随便启、闭。操作人员必须在得到有权决定闸门启、闭人员的指示后方可启、闭。启、闭要规定时间、开（关）度。

（2）要做好启闭前的检查。启闭前要检查闸门的开启度是否在原来记录的位置上，检查周围有无漂浮物卡阻，门体有无歪阻、门槽是否堵塞，如有问题，应处理好之后再进行操作。

（3）操作运行应该注意的事项。操作时要用力均匀，慢开慢闭。当开启度接近最大开度或关闭闸门接近闸门底时，应注意指示标志，掌握力度，防止产生撞击底坎现象。

（4）操作后应认真将操作人员、启闭依据、时间、开（关）度详细记录在值班日记上。

5. 地表水取水构筑物的定期维护

每季度应对格栅、阀门和其附属设备检查一次，长期开和长期关的阀门每季度都应开关活动一次，并进行保养，金属部件补刷油漆。对取水口的设施、设备，应每年检修一次，清除垃圾，修补钢筋混凝土构筑物、油漆金属件、修缮房屋等。对进水口处河、库的深度，应每年测量一次，并做记录，发现变浅，应及时对河床进行必要的疏挖。对输水管线及其附属设施，每季度维修一次，保持完好。对输水明渠要定期检查，及时清除积泥和污物、藻类，保证水量和水质。

6. 缆车式取水构筑物的运行与管理

缆车式取水构筑物在运行时应特别注意以下问题：

（1）应随时了解河流的水位涨落及河水中的泥沙状况，为了保证取水工作的顺利进行，及时调节缆车的取水位置。

（2）在洪水到来时，应采取有效措施保证车道、缆车及其他设备的安全。

（3）应注意缆车运行时的人身与设备的安全。管理人员进入缆车前，每次调节缆车位置后，应检查缆车是否处于制动状态，确保缆车运行时处于安全状态。

（4）应定期检查卷扬机与制动装置等安全设备，以免发生不必要的安全事故。

缆车式取水构筑物运行时，其他注意事项与一般泵站基本相同。

三、地下水取水构筑物管理

（一）管井的维护管理

管井的维护管理直接关系到管井使用的合理性、使用年限的长短以及能否发挥其最大经济效益。目前，很多管井由于使用不当，出现了水量衰减、堵塞、漏沙、淤沙、涌沙、咸水侵入，甚至早期报废等现象。因此，要发挥管井的最大经济效益，增长管井的寿命，必须加强管井的日常维护管理。

1. 管井的维护与保养

管井建成后，应及时修建井室，保护机井。机房四周要填高夯实，防止雨季地表积水向机房内倒灌。井室内要修建排水池和排水管道，及时排走积水。井口要高出地面 0.3～0.5m，周围用黏土或水泥封闭，严防污水进入井中。每年定期量测管井的深度，若井深变小，说明井底可能淤沙，应使用抽沙筒或空压机进行清理。

要依据机井的出水量和丰、枯季节水位变化情况，选择合适的抽水设备。抽水设备的出水量应小于管井的出水能力，应使管井过滤器表面进水流速小于允许进水速度，以防止出水含沙量的增加，保证滤料层和含水层的稳定性。季节性供水的管井，因长期不用更易淤塞，使出水量减少，故应经常抽水，可十天或半个月抽一次，每次进行时间不少于一天。

对于季节性供水的管井或备用井，在停泵期间，应隔一定时间进行一次维护性的抽水，防止过滤器发生锈结，以保持井内清洁，延长管井使用寿命，并同时检查机、电、泵各设备的完好情况。对机泵易损易磨零件，要有足够的备用件，以供发生故障时及时更换，将供水损失减少到最低限度。管井周围应按卫生防护规范要求，设置供水水泥卫生防护带。

2. 管井的故障排除

严格执行管井、机泵的操作规程和维护制度。井泵在工作期间，机泵操作和管理人员必须坚守岗位，严格监视电器仪表，出现异常情况，及时检查，查明原因或停止运行进行检查。机泵必须定期检修，保证机泵始终处于完好状态下运行。如管井出现出水量减少、井水含沙量增大等情况，应请专家和工程技术人员进行仔细检查，找出原因，并请专业维修队进行修理，尽快恢复管井的出水能力。

3. 管井的技术档案

对每口管井应建立技术档案，包括使用档案和运行记录。运行过程中要详细记录出水量、水位、水温、水质及含沙量的变化情况，绘制长期变化曲线。要确切记录抽水起始时间、静水位、动水位、出水量、出水压力以及水质（主要是含盐量及含沙量）的变化情况。详细记录电机的电位、电压、耗电量、温度等和润滑油料的消耗以及水泵的运转情况等，若发现异常，如水位明显变化、出水量减少等情况，应及时查明原因并进行处理，以确保正常运行。为此，管井应安装水表及观测水位的装置。

（二）大口井的维护管理

因大口井适用于地下水位埋藏较浅、含水层较薄的情况，所以在使用过程中应严格控制出水量，否则将使过滤设施破坏，井内大量涌沙，以至造成大口井报废。浅层地下水，丰水期和枯水期的水量变化很大，在枯水期要特别控制大口井的出水量。还需特别注意的是，要防止周围地表水的侵入；要在地下水影响半径范围内，注意污染观测，严格按照水源卫生防护的规定制定卫生管理制度；注意井内卫生，保持良好的卫生环境，经常换气并防止井壁微生物的生长。

大口井取水井壁和井底易于堵塞，应每月测定井内外水位一次，及时发现堵塞，及时进行清淤。很多大口井建造在河漫滩、河流阶地及低洼地区，需考虑不受洪水冲刷和被洪水淹没。大口井要设置密封井盖，井盖上应设密封入孔（检修孔），井应高出地面 0.5～0.8m；井盖上还应设置通风管，管顶应高出地面或最高洪水位 2.0m 以上。

对大口井的水泵应按照水泵的要求制定各项工作标准、操作规程、检修制度，大口井的运行卡片每天需要详细记录水位、出水量、水温，定期分析水质。

第三节 净 水 厂 管 理

净水厂管理与维护总的要求是：①建立健全以各种工作标准为中心的各项规章制度；②保证水质管理工作的标准化、制度化、经常化，管好、用好、维护好净水处理设备；③确保在任何情况下运行正常、安全可靠、经济合理，并且使出厂水质始终能达到国家生活饮用水规定的标准。

一、沉淀池运行管理

沉淀池维护管理的基本要求是：保证出水浊度达到规定的指标（一般在 10 度以下）；保证各项设备安全完好，池内池外清洁卫生；具有完整的原始数据记录和技术资料。

对于平流式沉淀池在管理中要着重做好以下几点：

（1）掌握原水水质和处理水量的变化。

（2）观察絮凝效果，及时调整加药量。

（3）及时排泥。

（4）防止藻类滋生，保持池体清洁卫生。

平流沉淀池主要运行控制指标包括以下几个方面：

（1）沉淀时间是平流沉淀池中的一项主要指标，它不仅影响造价，而且与出水水质和投药量也有较大关系。根据我国各地水厂的运行经验，沉淀时间大多低于 3h，出水水质均能符合滤池的进水要求。鉴于村镇供水规模小，为提高可靠度，因此规定平流沉淀池沉淀时间一般为 2~4h。

（2）虽然池内水平流速低有利于固液分离，但是往往会降低水池的容积利用率与水流的稳定性，加大温差、异重流以及风力等对水流的影响，因此应在不造成底泥冲刷的前提下，适当加快沉淀池的水平流速，这对提高沉淀效率有好处。但水平流速过高，会增加水的紊动，影响颗粒沉降，还易造成底泥冲刷。设计大型平流沉淀池时，为满足长宽比的要求，水平流速可用高值。

（3）根据沉淀池浅层沉淀原理，在相同沉淀时间的条件下，池子越深，截留悬浮物的效率越低，工程费增加；池子过浅易使池内沉泥带起。根据各地水厂实际运行经验，平流沉淀池池深一般可采用 2.5~3.5m。平流沉淀池宜布置成狭长的型式，以改善池内水流条件。

（4）平流沉淀池进水与出水的均匀与否直接影响沉淀效果，为使进水能达到在整个水流断面上配水均匀，宜采用穿孔墙，但应避免絮体在通过穿孔墙处的破碎。平流沉淀池出水一般采用溢流堰，为不致因溢流率过高而使已沉降的絮体被出水水流带出，故规定了溢流率不宜大于 $20m^3/(m \cdot h)$。

二、澄清池运行管理

澄清池运行管理的基本要求是：勤检测、勤观察、勤调节，并且特别要抓住投药适当、排泥及时这两个环节：①投药适当，就是凝聚剂的投加量应根据进水量和水质的变化随时调整，不得疏忽，以保证出水合乎要求；②排泥及时，就是在生产实践基础上掌握好排泥周期和排泥时间，既防止泥渣浊度过高，又要避免出现活性泥渣大量被带出池外，降低出水水质。只要抓好以上两个环节，并按规定的时间和内容对澄清池进行检测、调节，做好管理和维护的各项工作，澄清池的净水效果就可以得到基本保证。

（1）起始运行。为加快泥渣浓度的形成，可使进水量为设计流量的 1/3~1/2，混凝剂（包括助凝剂）投放量可为正常用量的 1~2 倍。若原水混浊度较低，除投放适量石灰、黏土外，还应考虑进水量和凝聚剂的投加量。所投黏土颗粒要均匀，质重而杂质少，投放可干投或湿投。干投是将黏土块粉碎，筛去石块和杂质后，放入水力循环澄清池第一反应室或加速反应池的第二反应室。湿投是把除去杂质的泥块加水搅成泥浆，并和适量的混凝剂调配，然后放入进水管或反应室。

澄清池出水后，仔细观察出水水质及泥渣形成情况。若出水夹带泥渣较多与反应室内水质相似，说明加药量不足，需增加投药量。还要考虑加泥量不足增投泥量问题。

培植泥渣的过程中，要经常取样测定池内各部位的沉降比。如第二反应室泥渣沉降比逐步提高，说明活性泥渣在形成。一般2～3h后泥渣即可形成。运行趋于正常后，可逐步减少药的投放量至正常用量。进水量亦逐渐增加到设计进水量，进入正常运行阶段。

泥渣沉降比的测定：是取100mL水样，放入100mL的量筒内，静放5min，读出泥水分界的刻度，其刻度显示了泥渣沉降部分所占总体积的百分比，即5min泥渣沉降比。

（2）正常运行。每隔2～4h测定一次进出水的浊度、各部分的沉降比及投药量，并做好记录。应根据进水量和水质的变化，调整投药量，不应中断。控制净水效果的重要指标之一是加速澄清池第二反应室，水力循环澄清池反应筒、脉冲澄清池和悬浮澄清池悬浮层的5min泥渣沉降比，一般宜控制在10％～20％，超过20％应进行排泥。排泥时间不能过长，避免活性泥渣排除过量，影响澄清池的正常运行。

（3）停用后再运行。各澄清池应连续运行，均匀进水。如果停用最好不要超过24h，不然活性泥渣会压缩，引起老化腐败。加速澄清池间歇运行时，搅拌机不要停顿，以免絮粒压实，堵塞回流缝。在恢复运行前20min开始投药，以增加絮粒活性。

停止运行8h以上再运行时，要排除部分老化泥渣，适当加大投药量和提高进水量，促使底部泥渣松动活化。而后调整进水量在正常水量的65％左右运行，等出水水质稳定后，逐步减少药的投放量，并使进水量达到正常。

（4）运行中的问题和处理。当清水区有细小絮粒上浮、水质变得浑浊，第一反应池絮粒细小，泥渣层浓度越来越低时，说明药的投放量不足，应增加投药量；当清水区大粒絮粒上浮、水色透明时，说明投药量过大，应加强排泥并减少投药量。当反应室泥渣浓度过高，沉降比在20％以上，排出的泥渣浓度其沉降比在80％以上，清水区泥渣层逐渐上升，出水水质变坏时，说明排泥不够，应缩短排泥周期，增加排泥时间；当清水区泥渣絮粒大量上浮，甚至出现翻池情况时，说明进水温度高于清水池水温，进水量过大、投药中断或排泥不及时，应降低取水口位置，覆盖进水管路，避免阳光照射，检查进水量和排泥情况。

（5）提高澄清效果的措施。当水源污染较重，有机物或藻类较多时，可预先加氯，以降低色度，除去臭味和破坏水中胶体，以防池内繁殖藻类和青苔类生物。为了提高冬季的混凝效果，可加助凝剂。对浑浊度低的水源，可定期投放适量泥土，增加泥渣量和提高出水水质，延长排泥周期。

（6）澄清池的检修。澄清池每半年应放空一次，以便清洗和检修，同时根据运行中所发现的问题，检查各部位和泥渣情况，为技术改造积累资料。进行检修的主要内容有：彻底清洗池底与池壁积泥，维护各种闸阀及其他附属设备，检查各取样管是否堵塞。

三、滤池运行管理

1. 普通快滤池

翻换过滤料的滤池，其滤料面应铺高 10cm 左右。冲洗数次后的水其浑浊度在 50 度左右时，应放干滤料，将滤料层表面细粒滤料和杂物清除，然后放入用漂白粉或液氯配制成的 50mg/L 的含氯水，浸泡 24h，再冲洗一次，方可投入运行。

滤池在过滤和反冲洗时，应注意阀门开启次序，以防滤干或溢水。滤池滤干后反冲洗或倒压清水，排除滤料中的空气后才能运行。进水时滤料层上面应有一定的水深，防止破坏滤层。滤池冲洗时，滤料上面应有一定的水深（10～15cm），反冲洗时阀门应慢慢开启，注意反冲洗强度，以防冲乱滤料层和承托层。滤池冲洗后，要观察滤料层表面是否严整。水的混浊度应小于 50 度，否则应考虑重新冲洗。

2. 重力式无阀滤池

翻换滤料时，因滤料浸水后密实度增加，试冲会带走部分细粒滤料，滤料面应加高 70mm 左右。滤层冲洗消毒与普通滤池要求一样。滤池开始运行时，为排除集水区和滤料中的空气，要将水注入冲洗水箱，通过集水区，自下而上通过滤料。滤池初次冲洗时，要将冲洗强度调节器调整到约为虹吸管下降管容的 1/4，然后慢慢增大开启度到预定的冲洗强度。滤池试运行时，要对冲洗时间（从冲洗水箱水位降低起到虹吸破坏止）、虹吸形成时间（从排水井堰顶溢流起到冲洗水位下降止）、滤池冲洗周围状况等进行测定，并调整到正常状态。滤池运行后，要定期检查滤料是否平整、有无泥球及裂缝等情况。

3. 接触双层滤池

为提高净水效果，应采用铁盐混凝剂。运行过程中应注意进出水水质的变化，随时调整进水量和混凝剂的投放量，不允许水量突然变化和间歇运行。滤池内水中的絮粒，以芝麻大小为宜。滤池冲洗后，进水量应适当减小，混凝剂投放量适当增加。

4. 滤池的保养与检修制度

滤池是净化设备中最主要的设备之一，一般的保养和检修制度是：①一级保养为日常保养，每天要进行一次，由操作值班人员负责；②二级保养为定期检修，一般每半年或每年进行一次，由操作值班人员配合检修人员进行；③大修理，为设备恢复性修理，包括滤池的翻砂和阀门的解体大修或调换，由厂部安排检修人员进行。

第四节　泵站的管理及供水调度管理

一、泵站的运行管理

（一）水泵机组的试运行

供水工程是乡镇重要的基础设施，对水质、水量、水压的可靠性要求高，因此，水泵机组安装完毕后，应对整个系统认真调试并全面测试其性能，尽可能找出并及时解决系统中的隐患，以便及早处理，避免发生事故。水泵机组的试运行就是检查机组制造、安装质量和运行状态是否符合规定要求，按规定时间进行空载和负载运转的过程。

1. 水泵机组试运行的目的

（1）按照设计、施工、安装及验收等有关规程、规范及其他技术文件的规定，结合泵站的具体情况，对泵站土建和机电设备的安装进行全面、系统地质量检查和鉴定。

（2）通过水泵试运行可及早发现遗漏及不完善的工作，发现工程和机电设备存在的缺陷，以便及早处理，避免发生事故，保证建筑物和机电设备安全可靠地投入运行。

（3）通过水泵试运行考核主辅机械联合运行的协调性，掌握机电设备的技术性能和必要的技术参数，获得主要设备的特性曲线，为泵站正式投入运行做好技术准备。

（4）在大、中型泵站或有条件的泵站，还可以结合试运行进行现场测试，以便对运行进行经济分析，满足机组运行低耗、高效的要求。

2. 水泵机组试运行的内容

为掌握机电设备的运行性能及联合运行的协调性，试运行的主要内容有：①机组充水试验；②机组空载试运行；③机组负载试运行；④机组自动开、停机试验。

3. 水泵机组试运行程序

（1）试运行前的准备工作。试运行前要成立试运行小组，拟定试运行程序和注意事项，组织运行操作人员的值班人员学习操作规程、安全知识。然后由试运行人员进行全面、认真的检查。

（2）机组空载试运行。包括机组的第一次启动，机组停机试验，机组自动开、停机试验。

（3）机组负荷试运行。包括负荷试运行前的检查、负载启动。

（4）机组连续试运行。在条件许可的情况下，经试运行小组同意，可进行机组连续试运行，其要求是：①单台机组运行一般累计运行72h，或连续运行24h（含全站机组联合运行小时数）；②连续试运行期间，开机、停机不少于3次；③全站机组联合运行的时间不少于6h。

（二）水泵的运行操作

1. 离心泵

（1）启动前的检查。工作人员在水泵启动前，应先对水泵进行全面检查，检查各部件是否正常，机组转动是否灵活，泵内有无声响，轴承润滑是否清洁，油位是否符合标准，填料密封冷水水阀是否打开，压盖松紧是否合适，进水水位是否到位，出水管阀门是否关闭，电源、开关、仪表等是否正常。

（2）水泵充水（灌水或启动真空泵）。水泵灌水时应同时打开水泵顶部的排气阀。若用真空泵，抽真空时亦应先打开顶部的抽气阀，关闭真空箱放水阀。真空泵启动后，注意真空泵真空度是否上升，同时注意抽气管，若抽气管中水位上升，说明水泵已充满水。

（3）启动电动机。水泵启动后应立即关闭排气阀，注意真空表和压力表读数是否上升，轴承、填料函是否运转正常。通常填料处呈滴水漏水，若不滴水，则表明填料压盖过紧，应将压盖放松；若漏水多且进气，应将压盖压紧一些。

（4）打开出水阀。水泵运行后，打开出水阀，压力表指针缓慢下降，直到出水管压力正常为止，电流表逐渐达到额定值，表明水泵正常运行。再查、看、听机组运行及各种仪表等，填写运行记录。而后按规定进行巡回检查，监视机组运行情况，以确保供水。

（5）停泵。停泵前要慢慢关闭出水管上的阀门，使电动机最后达到空载状态，阀门完全关闭后，切断电源，电动机停止运行。

2．深井泵

（1）深井泵启动时必须降压启动，以防传动轴扭伤。降压启动设备一般用自耦变压器或补偿器。

（2）启动前均应加水润滑。直接向压力管路送水的深井泵，启动前要将出水阀门打开。

（3）启动后或每运行 24h 后，应将填料黄油杯旋入一圈润滑填料，油杯内应随时将油填满备用。

（4）电动机润滑油增加时，油杯的油面线以停机时为准。一般开机后油面下降，若在电机运行时加至油面线，则停机后油会溢出，再开机时飞溅到机组上，弄脏线圈，影响绝缘。

（5）深井泵关机后不允许立即再启动，因出水管中满管水水位正在下降，若立即启动会增加传动轴上的扭力，使轴损坏，必须等管中水全部下降后才能再启动，一般 10min 左右。为快速再启动，可在预润水管上加设通气阀，打开通气阀，空气进入，可使管中水迅速下降。当没有空气进入时，关闭阀门可再启动水泵。

3．潜水泵

（1）用 500V 兆欧表量测电机绕组对地绝缘电阻值，应不低于 5MΩ。

（2）启动前应检查各控制仪表的接线是否正确可靠。

（3）使用自耦降压器降压启动。

（4）停机后再启动，必须间隔 3min 以上。

（三）水泵运行中的注意事项

1．声音与振动

水泵在运行中机组平稳，声音正常而不间断；如有不正常的声音和振动发生，说明水泵可能发生故障，应立即停泵检查。

2．温度与油量

水泵运行时对轴承的温度和油量应经常巡检，用温度表量测轴承温度，滑动轴承最高温度为 70℃，滚动轴承最高温度为 95℃。工作中可以用手触轴承座，若烫手不能停留时，说明温度过高，应停泵检查。轴承中的润滑油要适中，用机油润滑的轴承要经常检查，及时补足油量；同时，动力机温度也不能过高，填料密封应正常。若发现异常现象，必须停机检查。

3．仪表变化

水泵启动后，要注意各种仪表指针位置。在正常运行情况下，指针位置应稳定在一个位置上基本不变；若指针发生剧烈变化，要立即查明原因。

（1）离心泵。若真空表指针突然上升或过高，可能是进水水管被堵塞，或进水池水位过低，应停机检查。若压力表指针突然下降到零，要立即关闭出水阀，停泵进行检查。若水泵与出水压力同时下降，表明用水大增或水管破裂大量漏水，可能是供电线路发生问题，电机转速下降造成水泵扬程下降等，当然也可能是压力表损坏。电流表指数上升，指针摇摆不止，表明电动机绕阻可能发生问题，要及时切断电源停泵检查，以免电机被烧坏。若电流表读数超过电动机额定电流，不一定立即停泵，要查明原因，使其在允许范围之内。电流表读数下降，可能是出水阀或底阀没有完全打开或水泵进气等原因造成的。

（2）深井泵。若电流表读数突然下降并接近零，且不再回升，而电动机仍在运行，水泵不出水，则表明传动轴已断裂，应立即停泵。若电流表读数突然上升，以至达到上限，则可能是扬水管脱焊、扬水管脱扣或水泵体故障所致，要立即停泵，以免造成更大的事故。此类事故发生之前可能出现机组振动增大，出水量减少，在机组旁可以听到较有规律而低沉的撞击井壁声等。电流表指针有规律地上下波动，正常值维持几分钟后又回落，几分钟或数十秒后又上升，循环不停，造成的原因是动水位降落过低，使水泵间歇工作，此时应立即停泵，增加叶轮轴向间隙，以减少出水量。彻底解决办法是清洗深井提高水位。

4. 水位变化

机组运行时，要注意进水池和水井的水位变化。若水位过低（低于最低水位），应停泵，以免发生气蚀。深井泵要经常量测井中水位的变化，防止水位下降过大而影响水泵正常工作。在运行过程中，若发现井水中含有大量泥沙，应把水抽清，以免停泵后泥沙沉积于水泵或井底中，影响水泵下次启动或井水水质。当发生大量涌沙而长时间抽不清时，应停泵进行分析。

5. 工作记录

值班工作人员在机组运行中应认真做好记录。水泵发生异常时应增加记录次数，分析原因，及时进行处理。交班时应把值班时发现的问题和异常现象交代清楚，提醒下一班工作人员注意。

（四）水泵运行一般故障与排除

表9-1列出了水泵机组运行故障及其排除方法。

表9-1　水泵机组一般故障与排除

故障现象	产　生　原　因	排　除　方　法
1. 水泵灌不满水或灌不进水	（1）底阀或吸水管漏水； （2）泵底部放空螺丝或阀门没关闭； （3）泵壳顶部或排气孔阀未开启	（1）检查底阀或吸水管； （2）关闭有关放空闸阀； （3）打开排气阀
2. 振动或轴承发热	（1）基础螺栓松动或安装不善； （2）吸水管堵塞或产生气蚀； （3）泵轴弯曲或电机轴磨损； （4）润滑油不够或轴承内进水	（1）拧紧螺栓，调整基础安装； （2）清除杂物，减小吸水系统阻力； （3）检修或更换泵轴和电机轴承； （4）添加或更换润滑油
3. 水泵流量降低、压力不够	（1）吸水面下底阀淹没深度不够； （2）底阀、叶轮或管路阻塞或漏气； （3）叶轮、叶壳间隙过大； （4）未达到额定转速； （5）总扬程超过规定值； （6）吸水高度过大，超过允许值； （7）填料损坏或过松	（1）底阀没入吸水面深度应大于吸水管直径1.5倍； （2）清除杂物和检修； （3）重新调整叶轮与叶壳轴向间隙； （4）检查电路，电压、频率太低或调整转速； （5）减少管路损失或重新选泵； （6）减少吸水系统阻力或降低水泵位置； （7）调换或增加填料

故障现象	产生原因	排除方法
4. 电机过负荷	（1）转速过高； （2）流量过大； （3）泵内混入异物； （4）电机或水泵机械损失过大	（1）检查电机是否配套； （2）关小出水闸门； （3）拆泵除去异物； （4）检查水泵叶轮与泵壳之间间隙、填料、泵轴、轴承是否正常
5. 水泵启动困难或轴功率过大	（1）填料压得太死，泵轴弯曲，轴承磨损； （2）联轴器间隙太小； （3）电压过低； （4）流量过大、超过使用范围太多	（1）松压盖，矫正泵轴，更换轴承； （2）调整间隙； （3）检查电路，对症检修； （4）关小出水阀门
6. 深井泵配套电机止逆装置不起作用	（1）防逆盘上止逆子孔不清洁或止逆子卡住； （2）止退盘突起部分磨损或破坏	（1）拆下防逆盘，清洗止逆子孔或止逆子，并擦干、修正止逆子毛刺，使防逆盘上小气孔畅通； （2）拆下止退盘，补焊磨损部分至原状或更换

二、供水调度管理

在多水源的供水系统中，各泵站之间的协调运行是保证供水的经济性和可靠性的重要因素。为此，供水管理部门必须加强调度管理，及时了解整个供水系统的运行情况，随时进行调度，以保证各水源之间的生产运行协调一致。

调度管理部门是整个给水系统的调度管理中心，应具有先进的遥测、遥控和通信设备，能遥测管网中监测点的水压、水库和水塔的水位、各水厂出水管的出流量以及各泵站的电压和电流，对管网中的各主要的闸阀和管网中所有的水泵进行遥控，并且能及时了解各泵站的运行情况。根据收集的各种数据和信息调度中心即可进行决策，并发出调度指示。调度管理部门要做好调度工作，进行科学调度，除了依靠先进的技术手段以外，还必须熟悉各水厂和泵站中的设备及运转情况，掌握管网特点，了解用户的用水情况，否则就会导致调度决策与实际不符，造成不必要的损失。

第五节 输配水管网管理

一、管网管理主要内容

为了维持供水管网的正常工作，保证安全供水，必须做好管网的日常维护管理工作。管网管理的工作主要内容包括技术档案管理、检漏与修漏、水管的清垢与防腐、管网事故的抢修及管网水质的管理等。

为了便于管网的维护管理，必须具备管网的技术资料，如管网平面图、竣工记录和竣工图、管线检修记录、新建扩建情况、闸阀和消火栓维护资料等，作为日常维护管理工作的基本依据。

在管网的日常管理中，应根据管网技术资料，制定出维护管网工作计划，采取预防措施，消除隐患、减少事故，保证安全供水。在维护工作中应准备好各种管材、配件、阀门和维修机具等，以便于抢修。

二、管网的检漏和修复

1. 检漏

检漏是管网管理的一项日常工作，通过检漏和修复可以减小管网的漏水量，这不仅可以降低供水成本，而且节约了宝贵的水资源。此外，对于大孔隙土壤地区的乡镇，管网漏水不但浪费水量，而且影响建筑物基础的稳固，因此更应严格防止漏水。

管网漏水的原因很多，大致分为三类：①管件材质，如管材质量差、有砂眼、有裂隙、管壁薄厚不均或长期使用后管材受腐蚀造成质量下降等；②施工质量，如接口不牢或不严、基础不平或沉陷、支墩不当、埋深不足、防腐不好等；③偶然事故，如车辆压坏、水泵或阀门操作不当引起的水锤或水压力过高而导致水管破裂等。

检漏的方法很多，如直接观察法、听漏法、分区检漏法等，可根据具体情况，选择适宜的方法。

（1）直接观察法或实地观察法。这种方法是从地面上观察管道的漏水迹象，如地面沟边有清水渗出、排水窨井中有清水流出、局部地面下沉、晴天出现湿润的路面等。

（2）听漏法。这是常用的检漏方法，最早的听漏法是利用一根听漏棒，一端放到地面、阀门或消火栓上，当有漏水时水管产生震动，即可从棒的另一端听到漏水声，然后根据声音的大小凭经验确定漏水的地点。听漏时应沿管线进行，听漏的位置视情况和经验而定。另有一种半导体测漏仪，它是一个简单的高频放大器，利用晶体探头将地下漏水的低频振动转化为电信号，经放大后即可在耳机中听到漏水声，也可从输出电表的指针摆动看出漏水情况。

（3）分区检漏法。这种方法是利用水表测出漏水地点和漏水量，一般只在允许短期停水的小范围内进行。检漏时先将整个供水管网分为几个小区，将欲检测的小区与其他小区相通的阀门全部关闭，小区内暂时停水，然后开启装有水表的一条进水管上的阀门向小区供水。如小区的管网漏水，水表指针将会转动，由此可读出漏水量。查明小区管网漏水后，可按需要再划分为更小的区，用同样的方法测定漏水量。这样逐步缩小范围，最终找到漏水点。

2. 修复

水管一旦损坏会产生大量漏水，不仅影响正常供水，而且妨碍交通或造成建筑物地基破坏，必须及时抢修。

铸铁管损坏严重时，可采用整段水管更新，如系纵向裂缝且裂隙大时，可先在裂缝两端钻6～15cm的小圆孔以防止裂缝继续扩展，然后用卡箍卡住即可；如系管壁穿孔，若孔眼不大，可先用螺锥攻丝，再用丝堵堵住；如非圆孔或孔眼较大时，可用卡箍。

钢管裂缝可用焊接修补，如穿洞，可先用木塞堵住，再用卡箍卡住。

接口漏水可能是由于施工不良或水锤冲击、基础沉降等原因造成的，如为青铅接口，可将青铅打实；如为石棉水泥接口，则应拆除旧口填料，重新填打新口；如为法兰接口，可更换垫圈或螺栓，重新接牢。

三、管道防腐

金属管道与水或潮湿土壤接触后，因化学作用和电化学作用产生腐蚀而遭到破坏。按照腐蚀过程的机理，可分为化学腐蚀、电化学腐蚀和生物化学腐蚀。电化学腐蚀是供水管道最常见的一种腐蚀，影响电化学腐蚀的因素很多，主要有水中的溶解氧、pH 值、含盐量和水流速度等。一般情况下，水中溶解氧越多，pH 值越低，含盐量越高，流速越大，腐蚀速度越快。钢管和铸铁管氧化时，管壁可生成氧化膜，由于氧化膜的保护作用会使腐蚀速度越来越慢，甚至可能使金属不再进一步腐蚀。因此，当水中溶解氧含量多，易在管壁形成氧化膜，可以减轻腐蚀。但是氧化膜必须在完全覆盖管壁、附着牢固、没有透水微孔的条件下，才能起到保护作用。

目前供水管道的防腐大致可分为三类：利用非金属管材、涂加绝缘层、阴极保护法。

1. 采用非金属管材

预应力或自应力钢筋混凝土管、石棉水泥管、塑料管等，都具体很好的抗腐蚀性能，可根据实际情况选用。

2. 涂加绝缘层

在金属管表面上涂油漆、沥青、水泥砂浆等保护层，以防止金属和水相接触而产生的腐蚀。一般供水铸铁管在出厂前管壁内外已涂沥青防腐层；钢管可视工作条件及使用年限，选用不同的防腐层材料。

3. 阴极保护法

阴极保护法有两种：一种是使用消耗性的阳极材料，如铝、镁、锌等，隔一定距离用导线连接到管线（阴极）上，在土壤中形成电路，结果阳极腐蚀，管线得到保护；另一种是利用直流电源来强制电流的方向，使埋在管线附近的废铁与电源的阳极连接，电源的阴极与管线连接，使管道成为阴极，因而防止了管道的腐蚀。涂加防腐层与阴极保护法经常同时采用，因为目前还没有一种防腐材料能把金属管道与水或土壤完全隔离开，能长期有效地防止腐蚀；而如果没有防腐层只用阴极保护法时，所需电流过大，经济上不合理。

四、管网的水质管理

在供水区内，部分管段可能出现黄水或浑水等水质不符合要求的现象，其原因除了水厂出厂水质不合格外，还与水管中积垢在水流冲击下脱落、管线末端出现水流停滞、管网边远地区的水中余氯不足而致细菌繁殖等有关。

为保持管网水质正常，可采取以下措施：

（1）通过给水栓、消火栓和放水管，定期放出管网中的部分"死水"，并借此冲洗水管。

（2）长期未用的管线或管线末端，在恢复使用时必须冲洗干净。

（3）管线延伸过长时，应在管网中途加氯，以提高管网边缘地区的余氯量，防止细菌繁殖。

（4）定期清管、刮管和衬涂水管内壁，以减少积垢对水质的影响。

（5）无论是新设的管线还是检修的管线，竣工后均应冲洗消毒，直至排水的浊度和细菌指标合格为止。

第六节　排　水　管　网　管　理

排水管网建成后，为保证其正常工作，必须经常进行养护和管理。排水管网常见的故障有：污物淤塞管道；过重的外荷载、地基不均匀沉陷或污水的侵蚀作用，使管道损坏、裂缝或腐蚀等。管理养护的任务是：①监督排水管网使用规则的执行；②经常检查、冲洗或清通排水管网，以维持其通水能力；③修理管网及其构筑物，并处理意外事故等。

一、排水管网清通

在排水管网中，往往由于水量不足、坡度较小、污水中污物较多或施工质量不良等原因而产生沉淀、淤积，淤积过多将影响管道的通水能力，甚至使管网堵塞。因此，必须定期清通。清通方法主要有水力方法和机械方法。

（1）水力清通。就是利用水对管道进行冲洗，可以利用管道内污水自冲，也可以利用自来水或河水。用管道内污水自冲时，管道本身必须具有一定的流量，同时管内淤泥不宜过多（20％左右）。用自来水冲洗时，通常从消防龙头或街道集中给水栓取水，或用水车将水送到冲洗现场。一般在街坊内的污水支管，每冲洗一次需水 2000～3000L。水力清通方法操作简便，效率较高，操作条件好，目前已得到广泛采用。

（2）机械清通。当管道淤塞严重，淤泥已黏结密实，水力清通效果不好时，需采用机械清通方法。机械清通的工具种类很多，工具的大小与管道管径相适应，当淤泥较少时，可使用小号清通工具，待淤泥清除到一定程度后再用与管径相适应的清通工具。新型的清通工具有气动式通沟机和钻杆通沟机。

排水管网的养护必须注意安全。管网中的污水通常能析出硫化氢、甲烷、二氧化碳等气体，某些生产污水能析出石油、汽油或苯等气体，这些气体与空气中的氮混合能形成爆炸性气体，燃气管失修、渗漏也能导致燃气逸入管道中造成危险。如果养护人要下井，除应有必要的劳保用具外，下井前必须先将安全灯放入井内，如有有害气体，由于缺氧，灯将熄灭；如有爆炸气体，灯在熄灭前会发出闪光。在发现管道中存在有害气体时，应采取有效措施将其排除，例如将相邻两检查井的井盖打开一段时间，或用抽风机吸出气体。排气后应进行复查，即使确认有害气体已排除，养护人员下井时仍应有适当的防护措施。

二、排水管网修复

系统地检查管网的淤塞及损坏情况，有计划地安排管网的修复，是排水管网管理的重要内容。当发现管网系统有损坏时，应及时修复。防止损坏处扩大而造成事故。管网修复有大修与小修之分，应根据各地的技术和经济条件来划分。修理内容包括检查井、雨水口顶盖等修理与更换；检查井内踏步的更换，砖块脱落后的修理；局部管道本身损坏后的修补；由于出户管的增加需要新建的检查井及管道；或由于管道本身损坏严重，无法清通时所需要的整段开挖翻修。

当进行检查井的改建、添建或整段翻修时，常常需要断绝污水的流通，应采取措施，例如安装临时水泵将污水从上游检查井抽送到下游检查井，或临时将污水引入雨水管中。修理项目应尽可能在短时间内完成，如能在夜间进行更好，若需要时间较长时，应与有关交通部门取得联系，设置路障，夜间应挂红灯。

三、排水管网渗漏检测

排水管道的渗漏检测是一项重要的日常管理工作，但常常受到忽略。如果管道渗漏严重，将不能很好地发挥排水的能力。为了保证新管道的施工质量和运行管理的完好状态，应进行新建管道的防渗漏检测和运行管理的日常检测。常利用低压空气检测方法进行，其原理是将低压空气通入一段排水管道中，记录管道中空气压力降低的速率，如果空气压力下降速率超过规定的标准，则表示管道施工质量不合格，或者需要进行修复。

第七节　管网信息化管理

给排水管网是构成复杂、规模巨大的管线网络系统。它纵横交错，分布在地面之下，是乡镇赖以生存的血脉。给排水管网的安全高效管理对乡镇的安全和发展具有重要意义。未来每一个乡镇都会累积一大批给排水管网设计、施工、竣工的图件和表册资料，长期以来供水企业都延用人工方式来管理这些资料。随着城市建设的飞速发展，这种人工管理模式已难以满足现实需要，这主要表现在：基于图件和表册来表示给排水管网以及它们的设施已无法反映管网之间复杂的网络关系，很难展现给排水管网的总体特征，很难查寻管线及其他各种设施的详细属性；日益增多的图纸与表册保存困难，查阅不便，也易造成资料的损坏与丢失；给排水管网的改造、变动频繁，但相应的图件与表册修改更新则严重滞后，资料的现势性越来越差。总之，需及时采用新技术来高效管理供水管线。

1. 实施以人为本和预防为主的科学管理

地下管线的管理，是一项跨系统、跨部门、多学科联合作业的复杂的系统工程，是涉及业主单位、探测单位、监理单位、软件开发单位、多方产权单位共同合作的工程。

业主单位与各合作单位应建立一种有益的协作关系，而不是雇佣关系。要关心他们的工作、生活，并给予积极帮助，解决力所能及的难题。

业主单位对管线产权单位应多做宣传工作，加强友谊与合作，信息共享，争取更好的支持和配合，共同做好普查工作。

为确保工程质量，业主单位应建立必要的管理规章制度，定期召开协调会、生产进度与质量汇报会，采取各种有效的预防措施，保证工程进度和质量。

2. 实现有效更新机制，确保地下管线信息现实性

地下管线普查与系统建设工程对城市建设来讲，是一项比较大的投资工程，应当珍惜这来之不易的成果资料。同时，新建的地下管线资料应不断充实到数据库中，以保证数据库信息的现实性。

为了做好地下管线的动态更新，应实施有效的更新机制，政府应出台相关的政策法规，约束和强制对地下管线践行竣工测量，按照有关技术标准提交竣工资料；应设立专门的管线管理机构，管理和跟踪管线建设工程；竣工测量采集的信息应及时入库或归档。

3. 运用新技术，使管线管理信息化

管线信息和与管线相关的地形、环境信息从根本上讲是地理信息，具有区域分布性（具有空间定位的特点）、数据量巨大、信息载体多样等特殊性质，并且经常需要实施与空间和拓扑相关的查询和分析，所以必须运用地理信息系统（Geographic Information System，GIS）技术。GIS 是用于采集、模拟、处理、检索、分析和表达地理空间数据的计算机信息系统。作为一种通用技术，GIS 针对特定的应用任务，存储事物的空间数据和属性数据，记录事物之间的关系和演变过程。它可根据事物的地理坐标对其进行管理、检索、评价、分析、结果输出等处理，提供决策支持、动态模拟、统计分析、预测预报等服务。通过 GIS 技术，可以将地理信息相关的空间位置、属性特征及时域特征进行统一的管理，并能够更有效地分析和生产新的地理信息。

将 GIS 技术应用于给排水管网管理，能够起到如下作用：全面管理管网空间数据和属性数据，大力推进实现行业管理自动化；实现数据动态更新，保持信息的现势性，查询检索和图件输出方便快捷；有利于规划、设计和指导施工；帮助迅速处理供水事故，降低成本，提高运行效率；提供基础数据，便于实施准确的管网建模等专业分析工具。

基于 MAPGIS 地理信息系统平台，设计和实现了 MAPGIS 给排水管网信息系统，作为给排水管网管理信息化的解决方案。

第八节　安全教育与安全检查生产管理

安全教育与安全检查是乡镇给排水工作安全运行管理的一项活动。重点是进行人的不安全行为与物的不安全状态的控制，消除一切事故，避免事故伤害，减少事故损失。

一、安全教育

安全教育是进行人的行为控制的主要方法。进行安全教育，能增强人的安全生产意识，提高安全生产知识，有效防止人的不安全行为，减少失误。

1. 安全教育目的与方式

安全教育包括知识、技能、意识三个阶段的教育。进行安全教育，不仅使操作者掌握安全生产知识，而且能正确、认真地在作业过程中，表现出安全的行为。安全知识教育，使操作者了解、掌握生产操作过程中潜在的危险因素及防范措施。安全技能训练，使操作者逐渐掌握安全生产技能，获得完善化、自动化的行为方式，减少操作中的失误现象。

2. 安全教育的内容

（1）职工上岗前应进行三级安全教育，偏重于一般安全知识、生产组织原则、生产环境、生产纪律等教育。

（2）结合给排水工程运行管理，适时进行安全知识教育。

（3）结合生产组织安全技能训练。

（4）安全意识教育的内容，可结合发生的事故，进行增强安全意识、坚定掌握安全知识与技能的信心、接受事故教训的教育。

（5）受季节、自然变化影响时，针对由于这种变化而出现生产环境、作业条件的变化进行的教育，其目的在于增强安全意识，控制人的行为，尽快地适应变化，减少人为失误。

（6）采用新技术、使用新设备之前，应对有关人员进行安全知识、技能、意识的全面安全教育，激励操作者实行安全技能的自觉性。

3. 加强教育管理，增强安全教育效果

（1）教育内容全面，重点突出，系统性强，抓住关键反复教育。

（2）反复实践。养成自觉采用安全的操作方法的习惯。

（3）鼓励受教育者树立坚持安全操作方法的信心，养成安全操作的良好习惯。

（4）告诉受教育者怎样做才能保证安全，而不是不应该做什么。

（5）奖励促进，巩固学习成果。

二、安全检查

安全检查是发现不安全行为和不安全状态的重要途径，是消除事故隐患，落实整改措施，防止事故伤害，改善劳动条件的重要方法。安全检查的目的是发现、处理、消除危险因素，避免事故伤害，实现安全生产。

1. 安全检查的形式

安全检查的形式有定期检查和特殊检查。

（1）定期安全检查。指列入安全管理活动计划，有较一致时间间隔的安全检查。定期安全检查周期宜控制在10～15d。班组必须坚持日检。季节性、专业性安全检查，按规定要求确定日程。

（2）特殊检查。对预料中可能会带来新的危险因素的设备、新采用的工艺等进行检查，以"发现"危险因素为专题的安全检查，叫特殊安全检查。

2. 安全检查的内容

安全检查的内容是查思想、查管理、查操作、查现场、查隐患等，具体来说包括以下方面：

（1）对给排水工程运行过程进行全方位的全面安全状况的检查，检查的重点是设备运行、人员的安全操作、水质安全等。

（2）各级生产组织者，应在全面安全检查中，透过作业环境状态和隐患，对照安全生产方针、政策，检查对安全生产认识的差距。

（3）对安全管理的检查，主要是：安全生产是否提到议事日程上，安全教育是否落实，教育是否到位，安全控制措施是否有力，控制是否到位等。

3. 安全检查的方法

常用的有一般检查方法和安全检查表法。

（1）一般方法。常采用看、听、嗅、查、测、验、析等方法。

看：看现场环境和作业条件，看实物和实际操作，看记录和资料等。

听：听汇报、听介绍、听反映、听意见或批评、听机械设备的运转响声或承重物发出的微弱声等。

嗅：对挥发物、腐蚀物、有毒气体进行辨别。

查：查明问题、查对数据、查清原因，追查责任。

测：测量、测试、监测。

验：进行必要的试验或化验。

析：分析安全事故的隐患、原因。

（2）安全检查表法。这是一种原始的、初步的定性分析方法，它通过事先拟定的安全检查明细表或清单，对安全运行进行初步的诊断和控制。安全检查表通常包括检查项目、内容、存在问题、改进措施、检查措施、检查人等内容。

本 章 小 结

乡镇给排水工程运行管理与给排水工程发挥设施效益，实现优质、高效、低成本及安全供水有密切的关系。本章重点阐述乡镇给排水中的水质检验项目与检验方法；水源保护的内容及取水构筑物管理相关知识；净水建筑物的运行管理、泵站运行管理与调度、输配水管网管理、排水管网管理、安全教育与安全检查等相关知识；让学生对乡镇给排水工程运行管理的内容及要求有一个整体的认识和了解。

复 习 思 考 题

一、单选题

（1）管网水的检验频率每月不少于（　　　），管网末梢水的检验频率每月不少于（　　　）。

A. 一次　　　　　B. 两次　　　　　C. 三次　　　　　D. 四次

（2）平流沉淀池沉淀时间一般宜为（　　　）。

A. 1～3h　　　　B. 2～4h　　　　C. 3～5h　　　　D. 1～5h

（3）混凝处理的目的主要是除去水中的胶体和（　　　）。

A. 悬浮物　　　　B. 有机物　　　　C. 沉淀物　　　　D. 无机物

（4）某城镇的生活给水管网有时供水量不能满足供水要求，以下所采用的措施中哪项是错误的？（　　　）

A. 从邻近有足够富裕供水量的城镇生活饮用水管网接管引水

B. 新建或扩建水厂

C. 从本城镇某企业自备的有足够富裕供水量的内部供水管网接管引水

D. 要求本城的用水企业通过技术改造节约用水，减少用水量

二、多选题

（1）供水水厂水质检验必须检验项目包括以下（　　　）项。

A. 浑浊度　　　B. 臭和味　　　C. 余氯　　　D. 大肠菌群　　　E. pH 值和水温

（2）排水管网清通方法有（　　　）。

A. 水力清通　　　B. 机械清通

（3）乡镇供排水工程安全检查方法有（　　　）。

A. 看　　　　B. 听　　　　C. 嗅　　　　D. 测　　　　E. 析

三、简答题

（1）水质检验的方法有哪些？

（2）简述地表水源保护的要求有哪些？

（3）怎样进行地表水取水构筑物的定期维护？

（4）管井的维护管理工作有哪些？

（5）供水管网检漏的方法有哪些？如发现管道漏水应如何抢修？

（6）排水管网管理养护的任务是什么？

（7）进水管有哪些冲洗措施？简要叙述其优缺点。

（8）如何检查水泵的运行是否正常？

附录1 铸铁管水力计算表

Q		DN/mm									
		50		75		100		125		150	
m³/s	L/s	v	1000i	v	1000i	v	1000i	v	1000i	v	1000i
1.80	0.50	0.26	4.99								
2.16	0.60	0.32	6.90								
2.52	0.70	0.37	9.09								
2.88	0.80	0.42	11.6								
3.24	0.90	0.48	14.3	0.21	0.92						
3.60	1.0	0.53	17.3	0.23	2.31						
3.96	1.1	0.58	20.6	0.26	2.76						
4.32	1.2	0.64	24.1	0.28	3.20						
4.68	1.3	0.69	27.9	0.30	3.69						
5.04	1.4	0.74	32.0	0.33	4.22						
5.40	1.5	0.79	36.3	0.35	4.77	0.20	1.17				
5.76	1.6	0.85	40.9	0.37	5.34	0.21	1.31				
6.12	1.7	0.90	45.7	0.39	5.95	0.22	0.45				
6.48	1.8	0.95	50.8	0.42	6.59	0.23	1.61				
6.84	1.9	1.01	56.2	0.44	7.28	0.25	1.77				
7.20	2.0	1.06	61.9	0.46	7.98	0.26	1.94				
7.56	2.1	1.11	67.9	0.49	8.71	0.27	2.11				
7.92	2.2	1.17	74.0	0.51	9.47	0.29	2.29				
8.28	2.3	1.22	80.3	0.53	10.3	0.30	2.48				
8.64	2.4	1.27	87.5	0.56	11.1	0.31	2.66	0.20	0.902		
9.00	2.5	1.33	94.9	0.58	11.9	0.32	2.88	0.21	0.966		
9.36	2.6	1.38	103	0.60	12.8	0.34	3.08	0.215	1.03		
9.72	2.7	1.43	111	0.63	13.8	0.35	3.30	0.22	1.11		
10.08	2.8	1.48	119	0.65	14.7	0.36	3.52	0.23	1.18		
10.44	2.9	1.54	128	0.67	15.7	0.38	3.75	0.24	1.25		
10.80	3.0	1.59	137	0.70	16.7	0.39	0.98	0.25	1.33		
11.16	3.1	1.64	146	0.72	17.7	0.40	4.23	0.26	1.41		
11.52	3.2	1.70	155	0.74	18.8	0.42	4.47	0.265	1.49		
11.23	3.3	1.75	165	0.77	19.9	0.43	4.73	0.27	1.57		

续表

Q		DN/mm											
		50		75		100		125		150		200	
m³/s	L/s	v	1000i	v	1000i	v	1000i	v	1000i	v	1000i	v	1000i
12.24	3.4	1.80	176	0.79	21.0	0.44	4.99	0.28	1.66				
12.60	3.5	1.86	186	0.81	22.2	0.45	5.26	0.29	1.75	0.20	0.723		
12.96	3.6	1.91	197	0.84	23.2	0.47	5.53	0.30	1.84	0.21	0.755		
13.32	3.7	1.96	208	0.86	24.5	0.48	5.81	0.31	1.93	0.212	0.794		
13.68	3.8	2.02	219	0.88	25.8	0.49	6.10	0.315	2.03	0.22	0.834		
14.04	3.9	2.07	231	0.91	27.1	0.51	6.39	0.32	2.12	0.224	0.874		
14.40	4.0	2.12	243	0.93	28.4	0.52	6.69	0.33	2.22	0.23	0.909		
14.76	4.1	2.17	255	0.95	29.7	0.53	7.00	0.34	2.31	0.235	0.952		
15.12	4.2	2.23	268	0.98	31.1	0.55	7.31	0.35	12.42	0.24	0.995		
15.48	4.3	2.28	281	1.00	32.5	0.56	7.63	0.36	2.53	0.25	1.04		
15.84	4.4	2.33	294	1.02	33.9	0.57	7.96	0.364	2.63	0.252	1.08		
16.20	4.5	2.39	308	1.05	35.3	0.58	8.29	0.37	2.74	0.26	1.12		
16.56	4.6	2.44	321	1.07	36.8	0.60	8.63	0.38	2.85	0.264	1.17		
16.92	4.7	2.49	335	1.09	38.3	0.61	8.97	0.39	2.96	0.27	1.22		
17.28	4.8	2.55	350	1.12	39.8	0.62	9.33	0.40	3.07	0.275	1.26		
17.64	4.9	2.60	365	1.14	41.4	0.64	9.68	0.41	3.20	0.28	1.31		
18.00	5.0	2.65	380	1.16	43.0	0.65	10.0	0.414	3.31	0.286	1.35		
18.36	5.1	2.70	395	1.19	44.6	0.66	10.4	0.42	3.43	0.29	1.40		
18.72	5.2	2.76	411	1.21	46.2	0.68	10.8	0.43	3.56	0.30	1.45		
19.08	5.3	2.81	427	1.23	48.0	0.69	11.2	0.44	3.68	0.304	1.50		
19.44	5.4	2.86	443	1.26	49.8	0.70	11.6	0.45	3.80	0.31	1.55		
19.80	5.5	2.92	459	1.28	51.7	0.72	12.0	0.455	3.92	0.315	1.60		
20.16	5.6	2.97	476	1.30	53.6	0.73	12.3	0.46	4.07	0.32	1.65		
20.52	5.7	3.02	493	1.33	55.3	0.74	12.7	0.47	4.19	0.33	1.71		
20.88	5.8			1.35	57.3	0.75	13.2	0.48	4.32	0.333	1.77		
21.24	5.9			1.37	59.3	0.77	13.6	0.49	4.47	0.34	1.81		
21.60	6.0			1.39	61.5	0.78	14.0	0.50	4.60	0.344	1.87		
21.96	6.1			1.42	63.6	0.79	14.4	0.505	4.74	0.35	1.93		
22.32	6.2			1.44	65.7	0.80	14.9	0.551	4.87	0.356	1.99		
22.68	6.3			1.46	67.8	0.82	15.3	0.52	5.03	0.36	2.08	0.20	0.505
23.04	6.4			1.49	70.0	0.83	15.8	0.53	5.17	0.37	2.10	0.206	0.518
23.40	6.5			1.51	72.2	0.84	16.2	0.54	5.31	0.373	2.16	0.21	0.531
23.76	6.6			1.53	74.4	0.86	16.7	0.55	5.46	0.38	2.22	0.212	0.545
24.12	6.7			1.56	76.7	0.87	17.2	0.555	5.62	0.384	2.28	0.215	0.559
24.48	6.8			1.58	79.0	0.88	17.7	0.56	5.77	0.39	2.34	0.22	0.577
24.84	6.9			1.60	81.3	0.90	18.1	0.57	5.92	0.396	2.41	0.222	0.591

Q		DN/mm											
		75		100		125		150		200		250	
m³/s	L/s	v	1000i	v	1000i	v	1000i	v	1000i	v	1000i	v	1000i
25.20	7.0	1.63	83.7	0.91	18.6	0.58	6.09	0.40	2.46	0.225	0.605		
25.56	7.1	1.65	86.1	0.92	19.1	0.59	6.24	0.41	2.53	0.228	0.619		
25.92	7.2	1.67	88.6	0.93	19.6	0.60	6.40	0.413	2.60	0.23	0.634		
26.28	7.3	1.70	91.1	0.95	20.1	0.604	6.56	0.42	2.66	0.235	0.653		
26.64	7.4	1.72	93.6	0.96	20.7	0.61	6.74	0.424	2.72	0.238	0.668		
27.00	7.5	1.74	96.1	0.97	21.2	0.62	6.90	0.43	2.79	0.24	0.683		
27.36	7.6	1.77	98.7	0.99	21.7	0.63	7.06	0.436	2.86	0.244	0.698		
27.72	7.7	1.79	101	1.00	22.2	0.64	7.25	0.44	2.93	0.248	0.718		
28.08	7.8	1.81	104	1.01	22.8	0.65	7.41	0.45	2.99	0.25	0.734		
28.44	7.9	1.84	107	1.03	23.3	0.654	7.58	0.453	3.07	0.254	0.749		
28.80	8.0	1.86	109	1.04	23.9	0.66	7.75	0.46	3.14	0.257	0.765		
29.16	8.1	1.88	112	1.05	24.4	0.67	7.95	0.465	3.21	0.26	0.781		
29.52	8.2	1.91	115	1.06	25.0	0.68	8.12	0.47	3.28	0.264	0.802		
29.884	8.3	1.93	118	1.08	25.6	0.69	8.30	0.476	3.35	0.267	0.819		
30.24	8.4	1.95	121	1.09	26.2	0.70	8.50	0.48	3.43	0.27	0.835		
30.60	8.5	1.98	123	1.10	26.7	0.704	8.68	0.49	3.49	0.273	0.851		
30.96	8.6	2.00	126	1.12	27.3	0.71	8.86	0.493	3.57	0.277	0.874		
31.32	8.7	2.02	129	1.13	27.9	0.72	9.04	0.50	3.65	0.28	0.891		
31.68	8.8	2.05	132	1.14	28.5	0.73	9.25	0.505	3.73	0.283	0.908		
32.04	8.9	2.07	135	1.16	29.2	0.75	9.44	0.51	3.80	0.287	0.930		
32.40	9.0	2.09	138	1.17	29.9	0.745	9.63	0.52	3.91	0.29	0.942		
33.30	9.25	2.15	146	1.2	31.3	0.77	10.1	0.53	4.07	0.30	0.989		
34.20	9.5	2.21	154	1.23	33.0	0.79	10.6	0.54	4.28	0.305	1.04		
35.10	9.75	2.27	162	1.27	34.7	0.81	11.2	0.56	4.49	0.31	1.09		
36.00	10.0	2.33	171	1.30	36.5	0.83	11.7	0.57	4.69	0.32	1.13	0.20	0.384
36.90	10.25	2.38	180	1.33	38.4	0.85	12.2	0.59	4.92	0.33	1.19	0.21	0.400
37.80	10.5	2.44	188	1.36	40.3	0.87	12.8	0.60	5.13	0.34	1.24	0.216	0.421
38.70	10.75	2.50	197	1.40	42.2	0.89	13.4	0.62	5.37	0.35	1.30	0.22	0.438
39.60	11.0	2.56	207	1.43	44.2	0.91	14.0	0.63	5.59	0.354	1.35	0.226	0.456
40.50	11.25	2.62	216	1.46	46.2	0.93	14.6	0.64	5.82	0.36	1.41	0.23	0.474
41.40	11.5	2.67	226	1.49	48.3	0.95	15.1	0.66	6.07	0.37	1.46	0.236	0.492
42.30	11.75	2.73	236	1.53	50.4	0.97	15.8	0.67	6.31	0.38	1.52	0.24	0.510
43.20	12.0	2.79	246	1.56	52.6	0.99	16.4	0.69	6.55	0.39	1.58	0.246	0.529
44.10	12.25	2.85	256	1.59	54.8	1.01	17.0	0.70	6.82	0.394	1.64	0.25	0.552
45.00	12.5	2.91	267	1.62	57.1	1.03	17.7	0.72	7.07	0.40	1.70	0.26	0.572
45.90	12.75	2.96	278	1.66	59.4	1.06	18.4	0.73	7.32	0.41	1.76	0.262	0.592
46.80	13.0	3.02	289	1.69	61.7	1.08	19.0	0.75	7.60	0.42	1.82	0.27	0.612

续表

Q		DN/mm															
		100		125		150		200		250		300		350		400	
m³/s	L/s	v	1000i	v	1000i	v	1000i	v	1000i	v	1000i	v	1000i	v	1000i	v	1000i
47.70	13.25	1.72	64.1	1.10	19.7	0.76	7.87	0.43	1.88	0.272	0.632						
48.60	13.5	1.75	66.6	1.12	20.4	0.77	8.14	0.434	1.95	0.28	0.653						
49.50	13.75	1.79	69.1	1.14	21.2	0.79	8.43	0.44	2.01	0.282	0.674						
50.40	14.0	1.82	71.6	1.16	21.9	0.80	8.71	0.45	2.08	0.29	0.695						
51.30	14.25	1.85	74.2	1.18	22.6	0.82	8.99	0.46	2.15	0.293	0.721						
52.20	14.5	1.88	76.8	1.20	23.3	0.83	9.30	0.47	2.21	0.30	0.743	0.20	0.301				
53.10	14.75	1.92	79.5	1.22	24.1	0.85	9.59	0.474	2.28	0.303	0.766	0.21	0.312				
54.00	15.0	1.95	82.2	1.24	24.9	0.86	9.88	0.48	2.35	0.31	0.788	0.212	0.320				
55.80	15.5	2.01	87.8	1.28	26.6	0.89	10.5	0.50	2.50	0.32	0.834	0.22	0.338				
57.60	16.0	2.08	93.5	1.32	28.4	0.92	11.1	0.51	2.64	0.33	0.886	0.23	0.358				
59.40	16.5	2.14	99.5	1.37	30.2	0.95	11.8	0.53	2.79	0.34	0.935	0.233	0.377				
61.20	17.0	2.21	106	1.41	32.0	0.97	12.5	0.55	2.96	0.35	0.985	0.24	0.398				
63.00	17.5	2.27	112	1.45	33.9	1.00	13.2	0.56	3.12	0.36	1.04	0.25	0.421				
64.80	18.0	2.34	118	1.49	35.9	1.03	13.9	0.58	3.28	0.37	1.09	0.255	0.443				
66.60	18.5	2.40	125	1.53	37.9	1.06	14.6	0.59	3.45	0.38	1.15	0.26	0.464				
68.40	19.0	2.47	132	1.57	40.0	1.09	15.3	0.61	3.62	0.39	1.20	0.27	0.486				
70.20	19.5	2.53	139	1.61	42.1	1.12	16.1	0.63	3.80	0.40	1.26	0.28	0.509				
72.00	20.2	2.60	146	1.66	44.3	1.15	16.9	0.64	3.97	0.41	1.32	0.283	0.532				
73.8	20.5	2.66	1554	1.70	46.5	1.18	17.7	0.66	4.16	0.42	1.38	0.29	0.556	0.213	0.264		
75.60	21.0	2.73	161	1.74	48.8	1.20	18.4	0.67	4.34	0.43	1.44	0.30	0.580	0.22	0.275		
77.40	21.5	2.79	169	1.78	51.2	1.23	19.3	0.69	4.53	0.44	1.50	0.304	0.604	0.223	0.286		
79.20	22.0	2.86	177	1.82	53.6	1.26	20.2	0.71	4.73	0.45	1.57	0.31	0.629	0.23	0.300		
81.00	22.5	2.92	185	1.86	56.1	1.29	21.2	0.72	4.93	0.46	1.63	0.32	0.655	0.234	0.311		
82.80	23.0	2.99	193	1.90	58.6	1.32	22.1	0.74	5.13	0.47	1.69	0.325	0.681	0.24	0.323		
84.60	23.5			1.95	61.2	1.35	23.1	0.76	5.35	0.48	1.77	0.33	0.707	0.244	0.335		
86.40	24.0			1.99	63.8	1.38	24.1	0.77	5.56	0.49	1.83	0.34	0.734	0.25	0.347		
88.20	24.5			2.03	66.5	1.41	25.1	0.79	5.77	0.50	1.90	0.35	0.765	0.255	0.362		
90.00	25.0			2.07	69.2	1.43	26.1	0.80	5.98	0.51	1.97	0.354	0.793	0.26	0.375		
91.80	25.5			2.11	72.0	1.46	27.2	0.82	6.21	0.52	2.05	0.36	0.821	0.265	0.388	0.20	0.204
93.60	26.0			2.15	74.9	1.49	28.3	0.84	6.44	0.53	2.12	0.37	0.850	0.27	0.401	0.207	0.211
95.40	26.5			2.19	77.8	1.52	29.4	0.85	6.67	0.54	2.19	0.375	0.879	0.275	0.414	0.21	0.218
97.20	27.0			2.24	80.7	1.55	30.5	0.87	6.90	0.55	2.26	0.38	0.910	0.28	0.430	0.215	0.225
99.00	27.5			2.28	83.8	1.58	31.6	0.88	7.14	0.56	2.35	0.39	0.939	0.286	0.444	0.22	0.233
100.8	28.0			2.32	86.8	1.61	32.8	0.90	7.38	0.57	2.42	0.40	0.969	0.29	0.458	0.223	0.240
102.6	28.5			2.36	90.0	1.63	34.0	0.92	7.62	0.58	2.50	0.403	1.00	0.296	0.472	0.227	0.248
104.4	29.0			2.40	93.2	1.66	35.2	0.93	7.87	0.59	2.58	0.41	1.03	0.30	0.486	0.23	0.256

续表

Q		DN/mm															
		125		150		200		250		300		350		400		450	
m³/s	L/s	v	1000i	v	1000i	v	1000i	v	1000i	v	1000i	v	1000i	v	1000i	v	1000i
106.2	29.5	2.44	96.4	1.69	36.4	0.95	8.13	0.61	2.66	0.42	1.06	0.31	0.803	0.235	0.264		
108.0	30.0	2.48	99.6	1.72	37.7	0.96	8.40	0.62	2.75	0.424	1.10	0.312	0.518	0.24	0.271		
109.8	30.5	2.53	103	1.75	38.9	0.98	8.66	0.63	2.83	0.43	1.13	0.32	0.533	0.243	0.280		
111.6	31.0	2.57	106	1.78	40.2	1.00	8.92	0.64	2.92	0.44	1.17	0.322	0.548	0.247	0.288		
113.4	31.5	2.61	110	1.81	41.5	1.01	9.19	0.65	3.00	0.45	1.20	0.33	0.563	0.25	0.296		
115.2	32.0	2.65	113	1.84	42.8	1.03	9.46	0.66	3.09	0.453	1.23	0.333	0.582	0.255	0.304	0.20	0.172
117.0	32.5	2.69	117	1.86	44.2	1.04	9.74	0.67	3.18	0.46	1.27	0.34	0.597	0.26	0.313	0.204	0.176
118.8	33.0	2.73	121	1.89	45.6	1.06	10.0	0.68	3.27	0.47	1.30	0.343	0.613	0.263	0.322	0.207	0.181
120.6	33.5	2.77	124	1.92	47.0	1.08	10.3	0.69	3.36	0.474	1.34	0.35	0.629	0.267	0.330	0.21	0.187
122.4	34.0	2.82	128	1.95	48.4	1.09	10.6	0.70	3.45	0.48	1.37	0.353	0.646	0.27	0.339	0.214	0.192
124.2	34.5	2.86	132	1.98	49.8	1.11	10.9	0.71	3.54	0.49	1.41	0.36	0.665	0.274	0.346	0.217	0.196
126.0	35.0	2.90	136	2.01	51.3	1.12	11.2	0.72	3.64	0.495	1.45	0.364	0.682	0.28	0.355	0.22	0.201
127.8	35.5	2.94	140	2.04	52.7	1.14	11.5	0.73	3.74	0.50	1.49	0.37	0.699	0.282	0.364	0.223	0.206
129.6	36.0	2.98	144	2.06	54.2	1.16	11.8	0.74	3.83	0.51	1.52	0.374	0.716	0.286	0.373	0.226	0.211
131.4	36.5	3.02	148	2.09	55.7	1.17	12.1	0.75	3.93	0.52	1.56	0.38	0.733	0.29	0.382	0.23	0.216
133.2	37.0			2.12	57.3	1.19	12.4	0.76	4.03	0.523	1.60	0.385	0.754	0.294	0.392	0.233	0.223
135.0	37.5			2.15	58.8	1.21	12.7	0.77	4.13	0.53	1.64	0.39	0.772	0.30	0.401	0.236	0.228
136.8	38.0			2.18	60.4	1.22	13.0	0.78	4.23	0.54	1.68	0.395	0.789	0.302	0.411	0.24	0.233
138.6	38.5			22.21	62.0	1.24	13.4	0.79	4.33	0.545	1.72	0.40	0.808	0.306	0.420	0.242	0.238
140.4	39.0			2.24	63.6	1.25	13.7	0.80	4.44	0.55	1.76	0.405	0.826	0.31	0.430	0.245	0.242
142.2	39.5			2.27	65.3	1.27	14.1	0.81	4.54	0.56	1.81	0.41	0.848	0.314	0.440	0.248	0.249
144.0	40.0			2.29	66.9	1.29	14.4	0.82	4.63	0.57	1.85	0.42	0.866	0.32	0.450	0.25	0.254
147.6	41	2.35	70.3	1.32	15.2	0.84	4.87	0.58	1.93	0.43	0.904	0.33	0.471	0.26	0.267	0.21	0.160
151.2	42	2.41	73.8	1.35	15.9	0.86	5.09	0.59	2.02	0.44	0.943	0.334	0.492	0.264	0.278	0.214	0.167
154.8	43	2.47	77.4	1.38	16.7	0.88	5.32	0.61	2.10	0.45	0.986	0.34	0.513	0.27	0.289	0.22	0.174
158.4	44	2.52	81.0	1.41	17.5	0.90	5.56	0.62	2.19	0.46	1.03	0.35	0.534	0.28	0.302	0.224	0.181
162.0	45	2.58	84.7	1.45	18.3	0.92	5.79	0.64	2.29	0.47	1.07	0.36	0.557	0.283	0.314	0.23	0.188
165.6	46	2.64	88.5	1.48	19.1	0.94	6.04	0.65	2.38	0.48	1.11	0.37	0.579	0.29	0.326	0.234	0.196
169.2	47	2.70	92.4	1.51	19.9	0.96	6.27	0.66	2.48	0.49	1.15	0.374	0.602	0.293	0.338	0.24	0.203
172.8	48	2.75	96.4	1.54	20.8	0.99	6.53	0.68	2.57	0.50	1.20	0.38	0.625	0.30	0.353	0.244	0.211
176.4	49	2.81	100	1.58	21.7	1.01	6.78	0.69	2.67	0.51	1.25	0.39	0.649	0.31	0.365	0.25	0.218
180.0	50	2.87	105	1.61	22.6	1.03	7.05	0.71	2.77	0.52	1.30	0.40	0.673	0.314	0.378	0.255	0.228
183.6	51	2.92	109	1.64	23.5	1.05	7.30	0.72	2.87	0.53	1.34	0.41	0.697	0.32	0.393	0.26	0.236
187.2	52	2.98	113	1.67	24.4	1.07	7.58	0.74	2.99	0.54	1.39	0.414	0.722	0.33	0.406	0.265	0.244
190.8	53	3.04	118	1.70	25.4	1.09	7.85	0.75	3.09	0.55	1.44	0.42	0.747	0.333	0.420	0.27	0.252

续表

Q		DN/mm																	
		200		250		300		350		400		450		500		600		700	
m³/s	L/s	v	$1000i$	v	$1000i$	v	$1000i$	v	$1000i$	v	$1000i$	v	$1000i$	v	$1000i$	v	$1000i$	v	$1000i$
194.4	54	1.74	26.3	1.11	8.13	0.76	3.20	0.56	1.49	0.43	0.773	0.34	0.433	0.275	0.260				
198.0	55	1.77	27.3	1.13	8.41	0.78	3.31	0.57	1.54	0.44	0.799	0.35	0.449	0.28	0.269				
201.6	56	1.80	28.3	1.15	8.70	0.79	3.42	0.58	1.59	0.45	0.826	0.352	0.463	0.285	0.277				
205.2	57	1.83	29.3	1.17	8.99	0.81	3.53	0.59	1.64	0.454	0.853	0.36	0.477	0.29	0.286				
208.8	58	1.86	30.4	1.19	9.29	0.82	3.64	0.60	1.70	0.46	0.876	0.365	0.494	0.295	0.295	0.20	0.122		
212.4	59	1.90	31.4	1.21	9.58	0.83	3.77	0.61	1.75	0.46	0.905	0.37	0.509	0.30	0.304	0.21	0.127		
216.0	60	1.93	32.5	1.23	9.91	0.85	3.88	0.62	1.81	0.48	0.932	0.38	0.524	0.306	0.315	0.212	0.130		
219.6	61	1.96	33.6	1.25	10.2	0.86	4.00	0.63	1.86	0.485	0.960	0.383	0.539	0.31	0.324	0.216	0.134		
223.2	62	1.99	34.7	1.27	10.6	0.88	4.12	0.64	1.91	0.49	0.989	0.39	0.557	0.316	0.333	0.22	0.137		
226.8	63	2.03	35.8	1.29	10.9	0.89	4.25	0.65	1.97	0.50	1.02	0.40	0.572	0.32	0.343	0.223	0.142		
230.4	64	2.06	37.0	1.31	11.3	0.91	4.37	0.67	2.03	0.51	1.05	0.402	0.588	0.326	0.352	0.226	0.145		
234.0	65	2.09	38.1	1.33	11.7	0.92	4.50	0.68	2.09	0.52	1.08	0.41	0.606	0.33	0.362	0.23	0.150		
237.6	66	2.12	39.3	1.36	12.0	0.93	4.64	0.69	2.15	0.525	1.11	0.415	0.622	0.336	0.372	0.233	0.153		
241.2	67	2.15	40.5	1.38	12.4	0.95	4.76	0.70	2.20	0.53	1.14	0.42	0.639	0.34	0.382	0.237	0.158		
244.8	68	2.19	41.7	1.40	12.7	0.96	4.90	0.71	2.27	0.54	1.17	0.43	0.658	0.346	0.392	0.24	0.161		
248.4	69	2.22	43.0	1.42	13.1	0.98	5.03	0.72	2.33	0.55	1.20	0.434	0.674	0.35	0.402	0.244	0.166		
252.0	70	2.25	44.2	1.44	13.5	0.99	5.17	0.73	2.39	0.56	1.23	0.44	0.691	0.356	0.412	0.248	0.171		
255.6	71	2.28	45.5	1.46	13.9	1.00	5.30	0.74	2.46	0.565	1.27	0.45	0.708	0.36	0.425	0.25	0.175		
259.2	72	2.31	46.8	1.48	14.3	1.02	5.45	0.75	2.52	0.57	1.30	0.453	0.729	0.367	0.435	0.255	0.180		
262.8	73	2.35	48.1	1.50	14.7	1.03	5.59	0.76	2.59	0.58	1.33	0.46	0.746	0.37	0.446	0.26	0.183		
266.4	74	2.38	49.4	1.52	15.1	1.05	5.74	0.77	2.65	0.59	1.37	0.465	0.764	0.377	0.457	0.262	0.189		
270.0	75	2.41	50.8	1.54	15.5	1.06	5.88	0.78	2.71	0.60	1.40	0.47	0.785	0.38	0.468	0.265	0.192		
273.6	76	2.44	52.1	1.56	15.9	1.07	6.02	0.79	2.78	0.605	1.43	0.48	0.803	0.387	0.479	0.27	0.198		
277.2	77	2.48	53.5	1.58	16.3	1.09	6.17	0.80	2.85	0.61	1.46	0.484	0.821	0.39	0.490	0.272	0.201		
280.8	78	2.51	54.9	1.60	16.7	1.10	6.32	0.81	2.92	0.62	1.50	0.49	0.840	0.397	0.501	0.276	0.207		
284.8	79	2.54	56.3	1.62	17.2	1.12	6.48	0.82	2.99	0.63	1.54	0.50	0.858	0.40	0.513	0.28	0.211		
288.0	80	2.57	57.8	1.64	17.6	1.13	6.63	0.83	3.06	0.64	1.58	0.503	0.880	0.407	0.524	0.283	0.216		
291.6	81	2.60	59.2	1.66	18.1	1.15	6.79	0.84	3.13	0.645	1.61	0.51	0.899	0.41	0.536	0.286	0.220	0.21	0.104
295.2	82	2.64	60.7	1.68	18.5	1.16	6.94	0.85	3.20	0.65	1.64	0.516	0.922	0.42	0.550	0.29	0.226	0.213	0.107
298.8	83	2.67	62.2	1.70	19.0	1.17	7.10	0.86	3.28	0.66	1.68	0.52	0.941	0.423	0.562	0.293	0.230	0.216	0.110
302.4	84	2.70	63.7	1.73	19.4	1.19	7.26	0.87	3.35	0.67	1.72	0.53	0.961	0.43	0.574	0.297	0.235	0.218	0.112
306.0	85	2.73	65.2	1.75	19.9	1.20	7.41	0.88	3.42	0.68	1.76	0.534	0.981	0.433	0.586	0.30	0.241	0.22	0.114
309.6	86	2.77	66.8	1.77	20.4	1.22	7.58	0.89	3.50	0.684	1.80	0.54	1.00	0.44	0.598	0.304	0.245	0.223	0.116
313.2	87	2.80	68.3	1.79	20.8	1.23	7.76	0.90	3.57	0.69	1.83	0.55	1.02	0.443	0.610	0.308	0.2551	0.226	0.119
316.8	88	2.83	69.9	1.81	21.3	1.24	7.94	0.91	3.65	0.70	1.87	0.553	1.04	0.45	0.623	0.31	0.256	0.228	0.121
320.4	89	2.86	71.5	1.83	21.8	1.26	8.12	0.93	3.73	0.71	1.91	0.56	1.07	0.453	0.635	0.315	0.261	0.23	0.123
324.0	90	2.89	73.1	1.85	22.3	1.27	8.30	0.94	3.80	0.72	1.95	0.57	1.09	0.46	0.648	0.32	0.266	0.234	0.126
327.6	91	2.93	74.8	1.87	22.8	1.29	8.49	0.95	3.88	0.724	1.98	0.572	1.11	0.463	0.661	0.322	0.272	0.236	0.128
331.2	92	2.96	76.4	1.89	23.3	1.30	8.68	0.96	3.96	0.73	2.03	0.58	1.13	0.47	0.674	0.325	0.276	0.24	0.131
334.8	93	2.99	78.1	1.91	23.8	1.32	8.87	0.97	4.05	0.74	2.07	0.585	1.16	0.474	0.690	0.33	0.282	0.242	0.134
338.4	94	3.02	79.8	1.93	24.3	1.33	9.06	0.98	4.12	0.75	2.12	0.59	1.18	0.48	0.703	0.332	0.287	0.244	0.136
342.0	95			1.95	24.8	1.34	9.25	0.99	4.20	0.76	2.16	0.60	1.20	0.484	0.716	0.336	0.291	0.247	0.139
345.6	96			1.97	25.4	1.36	9.45	1.00	4.29	0.764	2.20	0.604	1.23	0.49	0.730	0.34	0.2998	0.25	0.141
349.2	97			1.99	25.9	1.37	9.65	1.01	4.37	0.77	2.24	0.61	1.25	0.494	0.743	0.343	0.304	0.252	0.144
352.8	98			2.01	26.4	1.39	9.85	1.02	4.46	0.78	2.29	0.62	1.27	0.50	0.757	0.347	0.311	0.255	0.147

Q		DN/mm																			
		300		350		400		450		500		600		700		800		900		1000	
m³/s	L/s	v	$1000i$	v	$1000i$	v	$1000i$	v	$1000i$	v	$1000i$	v	$1000i$	v	$1000i$	v	$1000i$	v	$1000i$	v	$1000i$
511.2	142	2.01	20.7	1.48	9.13	1.13	4.55	0.89	2.53	0.72	1.49	0.50	0.603	0.37	0.284	0.282	0.148	0.22	0.0837		
518.4	144	2.04	21.3	1.50	9.39	1.15	4.67	0.91	2.59	0.73	1.53	0.51	0.619	0.374	0.291	0.286	0.152	0.226	0.0857		
525.6	146	2.07	21.8	1.52	9.65	1.16	4.79	0.92	2.66	0.74	1.57	0.52	0.634	0.38	0.2998	0.29	0.155	0.23	0.0877		
532.8	148	2.09	22.5	1.54	9.92	1.18	4.92	0.93	2.73	0.75	1.61	0.523	0.650	0.385	0.306	0.294	0.159	0.233	0.0905		
540.0	150	2.12	23.1	1.56	10.2	1.19	5.04	0.94	2.80	0.76	1.65	0.53	0.666	0.39	0.313	0.30	0.163	0.236	0.0925		
547.2	152	2.15	23.7	1.58	10.5	1.21	5.16	0.96	2.87	0.77	1.69	0.544	0.684	0.395	0.321	0.302	0.167	0.24	0.0946		
554.4	154	2.18	24.3	1.60	10.7	1.23	5.29	0.97	2.94	0.78	1.73	0.545	0.700	0.40	0.328	0.306	0.171	0.242	0.0967		
561.6	156	2.21	24.0	1.62	11.0	1.24	5.43	0.98	3.01	0.79	1.77	0.55	0.718	0.405	0.335	0.31	0.175	0.245	0.0989		
568.8	158	2.24	25.6	1.64	11.3	1.26	5.57	0.99	3.08	0.80	1.81	0.56	0.733	0.41	0.343	0.314	0.179	0.248	0.101		
576.0	160	2.26	26.2	1.66	11.6	1.27	5.71	1.01	3.14	0.81	1.85	0.57	0.750	0.416	0.352	0.32	0.183	0.25	0.103	0.20	0.0624
583.2	162	2.29	26.9	1.68	11.9	1.29	5.86	1.02	3.22	0.83	1.90	0.573	0.767	0.42	0.360	0.322	0.187	0.255	0.106	0.206	0.0635
590.4	164	2.32	27.6	1.70	12.2	1.31	6.00	1.03	3.29	0.84	1.94	0.58	0.7884	0.426	0.367	0.326	0.191	0.258	0.108	0.209	0.0651
597.6	166	2.35	28.2	1.73	12.5	1.332	6.15	1.04	3.37	0.85	1.98	0.59	0.802	0.43	0.375	0.33	0.195	0.26	0.111	0.21	0.0662
604.8	168	2.38	28.9	1.75	12.8	1.34	6.30	1.06	3.44	0.86	2.03	0.594	0.819	0.436	0.383	0.334	0.200	0.264	0.113	0.214	0.0679
612.0	170	2.40	29.6	1.77	13.1	1.35	6.45	1.07	3.52	0.87	2.07	0.60	0.837	0.44	0.392	0.34	0.204	0.267	0.115	0.216	0.0690
619.2	172	2.43	30.3	1.79	13.4	1.37	6.50	1.08	3.59	0.88	2.12	0.61	0.855	0.447	0.400	0.342	0.208	0.27	0.117	0.219	0.0707
626.4	174	2.46	31.0	1.81	13.7	1.38	6.76	1.09	3.67	0.89	2.16	0.615	0.873	0.45	0.409	0.346	0.2113	0.273	0.120	0.22	0.0719
633.6	176	2.49	31.8	1.83	14.0	1.40	6.91	1.11	3.75	0.90	2.21	0.62	0.891	0.457	0.417	0.35	0.217	0.277	0.123	0.224	0.0736
640.8	178	2.52	32.5	1.85	14.3	1.42	7.07	1.12	3.83	0.91	2.26	0.63	0.909	0.46	0.425	0.354	0.222	0.28	0.125	0.227	0.0753
648.0	180	2.55	33.2	1.87	14.7	1.43	7.23	1.13	3.91	0.92	2.31	0.64	0.931	0.47	0.435	0.36	0.226	0.283	0.128	0.23	0.0765
655.2	182	2.57	34.0	1.89	15.0	1.45	7.39	1.14	3.99	0.93	2.35	0.64	0.95	0.47	0.443	0.36	0.231	0.286	0.130	0.232	0.078
662.4	184	2.60	34.7	1.91	15.3	1.46	7.56	1.16	4.08	0.94	2.40	0.65	0.97	0.48	0.452	0.36	0.235	0.29	0.132	0.234	0.080
669.6	186	2.63	35.5	1.93	15.7	1.48	7.72	1.17	4.16	0.95	2.45	0.66	0.99	0.48	0.461	0.37	0.240	0.292	0.135	0.237	0.081
676.8	188	2.66	36.2	1.95	16.0	1.50	7.89	1.18	4.24	0.96	2.50	0.66	1.01	0.49	0.469	0.37	0.244	0.295	0.137	0.24	0.083
684.0	190	2.69	37.0	1.97	16.3	1.51	8.06	1.19	4.33	0.97	2.55	0.67	1.03	0.49	0.480	0.38	0.249	0.30	0.1441	0.242	0.084
691.2	192	2.72	37.8	2.00	16.7	1.53	8.23	1.21	4.41	0.98	2.60	0.68	1.05	0.50	0.488	0.38	0.254	0.302	0.143	0.244	0.086
698.4	194	2.74	38.6	2.02	17.0	1.54	8.40	1.22	4.50	0.99	2.65	0.69	1.07	0.50	0.497	0.38	0.25590	0.305	0.146	0.247	0.087
705.6	196	2.77	39.4	2.04	17.4	1.56	8.57	1.23	4.59	1.00	2.70	0.69	1.09	0.51	0.506	0.39	0.2263	0.308	0.148	0.25	0.089
712.8	198	2.80	40.2	2.06	17.7	1.58	8.75	1.24	4.69	1.01	2.75	0.70	1.11	0.51	0.515	0.39	0.268	0.31	0.151	0.252	0.091
720.0	200	2.83	41.0	2.08	18.1	1.59	8.93	1.26	4.78	1.02	2.81	0.71	1.13	0.52	0.526	0.40	0.273	0.3114	0.153	0.255	0.093
730.8	203	2.87	42.2	2.11	18.7	1.62	9.20	1.28	4.93	1.03	2.88	0.72	1.16	0.53	0.539	0.400	0.281	0.32	0.158	0.26	0.095
741.6	206	2.91	43.5	2.14	19.2	1.64	9.47	1.30	5.07	1.05	2.96	0.73	1.19	0.53	0.554	0.41	0.288	0.324	0.162	0.262	0.097
752.4	209	2.96	44.8	2.17	19.8	1.66	9.75	1.31	5.22	1.06	3.04	0.74	1.22	0.54	0.569	0.42	0.296	0.33	0.166	0.266	0.100
763.2	212	3.00	46.1	2.20	20.3	1.67	10.0	1.33	5.37	1.08	3.13	0.75	1.25	0.55	0.585	0.42	0.303	0.333	0.170	0.27	0.102
774.0	215			2.23	20.9	1.71	10.3	1.35	5.53	1.09	3.21	0.76	1.29	0.56	0.600	0.43	0.311	0.34	0.175	0.274	0.1005
784.8	218			2.27	21.5	1.73	10.6	1.37	5.68	1.11	3.29	0.77	1.32	0.57	0.614	0.43	0.319	0.343	0.180	0.278	0.108
795.6	221			2.30	22.1	1.76	10.9	1.39	5.84	1.13	3.37	0.78	1.36	0.57	0.630	0.44	0.327	0.35	0.183	0.28	0.110
806.4	224			2.33	22.7	1.78	11.2	1.41	6.00	1.14	3.47	0.79	1.39	0.58	0.646	0.45	0.335	0.352	0.188	0.285	0.113
817.2	227			2.36	23.3	1.81	11.5	1.43	6.16	1.16	3.55	0.80	1.42	0.59	0.662	0.45	0.343	0.357	0.193	0.29	0.115
828.0	230			2.39	24.0	1.83	11.8	1.45	6.32	1.17	3.64	0.81	1.46	0.60	0.679	0.46	0.352	0.36	0.197	0.293	0.118

续表

Q		DN/mm																	
		350		400		450		500		600		700		800		900		1000	
m³/s	L/s	v	1000i	v	1000i	v	1000i	v	1000i	v	1000i	v	1000i	v	1000i	v	1000i	v	1000i
838.8	233	2.42	24.6	1.85	12.1	1.47	6.49	1.19	3.73	0.82	1.49	0.605	0.693	0.463	0.359	0.366	0.202	0.297	0.121
849.6	236	2.45	25.2	1.88	12.4	1.48	6.66	1.20	3.81	0.83	1.53	0.61	0.710	0.47	0.367	0.37	0.207	0.30	0.123
860.4	239	2.48	25.9	1.90	12.7	1.50	6.83	1.22	3.91	0.85	1.56	0.62	0.727	0.475	0.376	0.376	0.212	0.304	0.126
871.2	242	2.52	26.5	1.93	13.1	1.52	7.00	1.23	4.00	0.86	1.60	0.63	0.744	0.48	0.384	0.38	0.216	0.31	0.129
882.0	245	2.55	27.2	1.95	13.4	1.54	7.17	1.25	4.10	0.87	1.64	064	0.762	0.49	0.393	0.385	0.221	0.312	0.132
892.3	248	2.58	27.8	1.97	13.7	1.56	7.35	1.26	1.21	0.88	1.67	0.644	0.777	0.493	0.402	0.39	0.226	0.316	0.1335
903.6	251	2.61	28.5	2.00	14.1	1.58	7.53	1.28	4.31	0.89	1.72	0.65	0.795	0.50	0.411	0.394	0.230	0.32	0.138
914.4	254	2.64	29.2	2.02	14.4	1.60	7.71	1.29	4.41	0.90	1.75	0.66	0.813	0.505	0.420	0.40	0.235	0.323	0.141
925.2	257	2.67	29.9	2.05	14.7	1.62	7.89	1.31	4.52	0.91	1.79	0.67	0.831	0.51	0.429	0.404	0.241	0.327	0.144
936.0	260	2.70	30.6	2.07	15.1	1.63	8.08	1.32	4.62	0.92	1.83	0.68	0.849	0.52	0.438	0.41	0.246	0.33	0.147
946.8	263	2.73	31.3	2.09	15.4	1.65	8.27	1.34	4.73	0.93	1.87	0.683	0.865	0.523	0.447	0.413	0.250	0.335	0.150
957.6	266	2.76	32.0	2.12	15.8	1.67	8.46	1.35	4.84	0.94	1.91	0.69	0.884	0.53	0.456	0.42	0.256	0.34	0.153
968.4	269	2.80	32.8	2.14	16.1	1.69	8.65	1.37	4.95	0.95	1.95	0.70	0.903	0.535	0.466	0.423	0.262	0.342	0.156
979.2	272	2.83	33.5	2.16	16.5	1.71	8.84	1.39	5.06	0.96	1.99	0.71	0.922	0.54	0.475	0.43	0.267	0.346	0.159
990.0	275	2.86	34.2	2.19	16.9	1.73	9.04	1.40	5.17	0.97	2.03	0.715	0.942	0.55	0.485	0.432	0.272	0.35	0.162
1000.8	278	2.89	35.0	2.21	17.2	1.75	9.24	1.42	5.29	0.98	2.07	0.72	0.958	0.553	0.495	0.44	0.277	0.354	0.166
1011.6	281	2.92	35.8	2.24	17.6	1.77	9.44	1.43	5.40	0.99	2.11	0.73	0.978	0.56	0.505	0.442	0.283	0.36	0.169
1022.4	284	2.95	36.5	2.26	18.0	1.79	9.64	1.45	5.52	1.00	2.15	0.74	0.997	0.565	0.514	0.446	0.288	0.362	0.172
1033.2	287	2.98	37.3	2.28	18.4	1.80	9.85	1.46	5.63	1.02	2.20	0.75	1.02	0.57	0.524	0.45	0.294	0.365	0.175
1044.0	290	3.01	38.1	2.31	18.8	1.82	10.0	1.48	5.75	1.03	2.24	0.753	1.03	0.58	0.534	0.456	0.299	0.37	0.178
1054.8	293			2.33	19.2	1.84	10.3	1.49	5.87	1.04	2.28	0.76	1.05	0.583	0.545	0.46	0.305	0.373	0.182
1065.6	296			2.36	19.5	1.86	10.5	1.51	5.99	1.05	2.33	0.77	1.08	0.59	0.555	0.465	0.310	0.377	0.185
1076.4	299			2.38	19.9	1.88	10.7	1.52	6.11	1.06	2.37	0.78	1.10	0.595	0.565	0.47	0.316	0.38	0.189
1087.2	302			2.40	20.3	1.90	10.9	1.54	6.24	1.07	2.42	0.785	1.12	0.60	0.576	0.475	0.322	0.384	0.192
1098.0	305			2.43	20.8	1.92	11.1	1.55	6.36	1.08	2.46	0.79	1.14	0.61	0.586	0.48	0.327	0.39	0.195
1108.8	308			2.45	21.2	1.94	11.3	1.57	6.49	1.09	2.51	0.80	1.16	0.613	0.597	0.484	0.333	0.392	0.199
1119.6	311			2.47	21.6	1.96	11.6	1.58	6.61	1.10	2.55	0.81	1.18	0.62	0.608	0.49	0.340	0.396	0.203
1130.4	314			2.50	22.0	1.97	11.8	1.60	6.74	1.11	2.60	0.82	1.20	0.625	0.618	0.494	0.346	0.40	0.206
1141.2	317			2.52	22.4	1.99	12.0	1.61	6.87	1.12	2.64	0.824	1.22	0.63	0.629	0.50	0.351	0.404	0.210
1152.0	320			2.55	22.8	2.01	12.2	1.63	7.00	1.13	2.69	0.83	1.24	0.64	0.640	0.503	0.357	0.41	0.213
1166.4	324			2.58	23.4	2.04	12.5	1.65	7.18	1.15	2.76	0.84	1.27	0.645	0.655	0.51	0.365	0.412	0.217
1180.8	328			2.61	24.0	2.06	12.9	1.67	7.36	1.16	2.82	0.85	1.30	0.65	0.668	0.52	0.374	0.42	0.223
1195.2	332			2.64	24.6	2.09	13.2	1.69	7.54	1.17	2.88	0.86	1.33	0.66	0.683	0.522	0.382	0.423	0.228
1209.6	336			2.67	25.2	2.11	13.5	1.71	7.72	1.19	2.95	0.87	1.36	0.67	0.698	0.53	0.390	0.43	0.233

续表

Q		DN/mm																	
		350		400		450		500		600		700		800		900		1000	
m³/s	L/s	v	1000i	v	1000i	v	1000i	v	1000i	v	1000i	v	1000i	v	1000i	v	1000i	v	1000i
1224.0	340			2.71	25.8	2.14	13.8	1.73	7.91	1.20	3.01	0.88	1.39	0.68	0.714	0.534	0.398	0.433	0.238
1238.4	344			2.74	26.4	2.16	14.1	1.75	8.09	1.22	3.08	0.89	1.42	0.684	0.729	0.54	0.408	0.44	0.243
1252.8	348			2.77	27.0	2.18	14.5	1.77	8.28	1.23	3.15	0.90	1.45	0.69	0.745	0.55	0.416	0.443	0.248
1267.2	352			2.80	27.6	2.21	14.8	1.79	8.47	1.24	3.22	0.91	1.48	0.70	0.761	0.553	0.425	0.45	0.253
1281.6	356			2.83	28.3	2.24	15.1	1.81	8.67	1.26	3.30	0.93	1.51	0.71	0.777	0.56	0.434	0.453	0.258
1296.0	360			2.86	28.9	2.26	15.5	1.83	8.86	1.27	3.37	0.94	1.54	0.72	0.793	0.57	0.443	0.46	0.263
1310.4	364			2.90	29.6	2.29	15.8	1.85	9.06	1.29	3.45	0.95	1.58	0.724	0.809	0.572	0.451	0.463	0.268
1324.8	368			2.93	30.2	2.31	16.2	1.87	9.26	1.30	3.52	0.96	1.61	0.73	0.826	0.58	0.460	0.47	0.274
1339.2	372			2.96	30.9	2.34	16.5	1.89	9.46	1.32	3.60	0.97	1.64	0.74	0.843	0.585	0.470	0.474	0.280
1353.6	376			2.99	31.5	2.36	16.9	1.91	9.67	1.33	3.68	0.98	1.67	0.75	0.859	0.59	0.479	0.48	0.285
1368.0	380			3.02	32.2	2.39	17.3	1.94	9.88	1.34	3.76	0.99	1.71	0.76	0.876	0.60	0.488	0.484	0.291
1382.4	384					2.41	17.6	1.96	10.1	1.36	3.84	1.00	1.74	0.764	0.893	0.604	0.498	0.49	0.296
1396.8	388					2.44	18.0	1.98	10.3	1.37	3.92	1.01	1.77	0.77	0.911	0.61	0.508	0.494	0.302
1411.2	392					2.46	18.4	2.00	10.5	1.39	4.00	1.02	1.81	0.78	0.928	0.62	0.517	0.50	0.307
1425.6	396					2.49	18.7	2.02	10.7	1.40	4.08	1.03	1.84	0.79	0.946	0.622	0.526	0.504	0.313
1440.0	400					2.52	19.1	2.04	10.9	1.41	4.16	1.04	1.88	0.80	0.964	0.63	0.537	0.51	0.319
1458.0	405					2.55	19.6	2.06	11.2	1.43	4.27	1.05	1.92	0.81	0.986	0.64	0.549	0.52	0.326
1476.0	410					2.58	20.1	2.09	11.5	1.45	4.37	1.07	1.97	0.82	1.01	0.644	0.560	0.522	0.333
1494.0	415					2.61	20.6	2.11	11.8	1.47	4.48	1.08	2.01	0.83	1.03	0.65	0.573	0.53	0.340
1512.0	420					2.64	21.1	2.14	12.1	1.49	4.59	1.09	2.06	0.84	1.05	0.66	0.586	0.535	0.349
1530.0	425					2.67	22.1	2.16	12.3	1.50	4.70	1.10	2.10	0.85	1.08	0.67	0.599	0.54	0.356
1548.0	430					2.70	22.1	2.19	12.6	1.52	4.81	1.12	2.15	0.86	1.10	0.68	0.612	0.55	0.363
1566.0	435					2.74	22.6	2.22	12.9	1.54	4.92	1.13	2.20	0.87	1.12	0.684	0.626	0.554	0.371
1584.0	440					2.77	23.1	2.24	13.2	1.56	5.04	1.14	2.24	0.88	1.15	0.69	0.639	0.56	0.379
1602.0	445					2.80	23.7	2.27	13.5	1.57	5.15	1.16	2.29	0.89	1.17	0.70	0.651	0.57	0.387
1620.0	450					2.83	24.2	2.29	13.8	1.59	5.27	1.17	2.34	0.90	1.20	0.71	0.665	0.573	0.395
1638.0	455					2.86	24.7	2.32	14.2	1.61	5.39	1.18	2.39	0.91	1.22	0.715	0.679	0.58	0.402
1656.0	460					2.89	25.3	2.34	14.5	1.63	5.51	1.19	2.44	0.92	1.25	0.72	0.693	0.59	0.411
1674.0	465					2.92	25.8	2.37	14.8	1.64	5.63	1.21	2.49	0.93	1.27	0.73	0.707	0.592	0.419
1692.0	470					2.96	26.4	2.39	15.1	1.66	5.75	1.22	2.54	0.935	1.30	0.74	0.721	0.60	0.427
1710.0	475					2.99	27.0	2.42	15.4	1.68	5.85	1.23	2.59	0.94	1.32	0.75	0.736	0.605	0.436

Q		DN/mm													
		450		500		600		700		800		900		1000	
m³/s	L/s	v	1000i	v	1000i	v	1000i	v	1000i	v	1000i	v	1000i	v	1000i
1728.0	480	3.02	27.5	2.44	15.8	1.70	5.99	1.25	2.65	0.95	1.35	0.754	0.748	0.61	0.444
1746.0	485			2.47	16.1	1.72	6.12	1.26	2.70	0.96	1.38	0.76	0.763	0.62	0.452
1764.0	490			2.50	16.4	1.73	6.25	1.27	2.76	0.97	1.40	0.77	0.778	0.624	0.461
1782.0	495			2.52	16.8	1.75	6.38	1.29	2.82	0.98	1.43	0.78	0.793	0.63	0.469
1800.0	500			2.55	17.1	1.77	6.50	1.30	2.87	0.99	1.46	0.79	0.808	0.64	0.479
1836.0	510			2.60	17.8	1.80	6.77	1.33	2.99	1.01	1.51	0.80	0.838	0.65	0.496
1872.0	520			2.65	18.5	1.84	7.04	1.35	3.11	1.03	1.56	0.82	0.867	0.66	0.514
1908.0	530			2.70	19.2	1.87	7.31	1.38	3.23	1.05	1.62	0.83	0.899	0.67	0.532
1944.0	540			2.75	19.9	1.91	7.59	1.40	3.35	1.07	1.68	0.85	0.931	0.69	0.550
1980.0	550			2.80	20.7	1.95	7.87	1.43	3.48	1.09	1.74	0.86	0.962	0.70	0.569
2016.0	560			2.85	21.4	1.98	8.16	1.46	3.60	1.11	1.80	0.88	0.995	0.71	0.589
2052.0	570			2.90	22.2	2.02	8.45	1.48	3.73	1.13	1.86	0.90	1.03	0.73	0.609
2088.0	580			2.95	23.0	2.05	8.75	1.51	3.87	1.15	1.92	0.91	1.06	0.740	0.627
2124.0	590			3.00	23.8	2.09	9.06	1.53	4.00	1.17	1.98	0.93	1.10	0.75	0.648
2160.0	600					2.12	9.37	156	4.14	1.19	2.05	0.94	1.13	0.76	0.669
2196	610					2.16	9.68	1.59	4.28	1.21	2.11	0.96	1.17	0.78	0.690
2232	620					2.19	10.0	1.61	4.42	1.23	2.18	0.97	1.20	0.79	0.709
2268	630					2.23	10.3	1.64	4.56	1.25	2.25	0.99	1.24	0.80	0.731
2304	640					2.26	10.7	1.66	4.71	1.27	2.32	1.01	1.28	0.81	0.753
2340	650					2.30	11.0	1.69	4.86	1.29	2.39	1.02	1.31	0.83	0.775
2376	660					2.33	11.3	1.71	5.01	1.31	2.47	1.04	1.35	0.84	0.796
2412	670					2.37	11.7	1.74	5.16	1.33	2.54	1.05	1.39	0.85	0.819
2448	680					2.41	12.0	1.77	5.32	1.35	2.62	1.05	1.43	0.87	0.842
2484	690					2.44	12.4	1.79	5.47	1.37	2.70	1.08	1.47	0.88	0.864
2520	700					2.48	12.7	1.82	5.63	1.39	2.78	1.10	1.51	0.89	0.888
2556	710					2.51	13.1	1.84	5.79	1.41	2.86	1.12	1.55	0.90	0.912
2592	720					2.55	13.5	1.87	5.96	1.43	2.94	1.13	1.59	0.92	0.937
2628	730					2.58	13.9	1.90	6.13	1.45	3.02	1.15	1.63	0.93	0.959
2664	740					2.62	14.2	1.92	6.29	1.47	3.10	1.16	1.67	0.94	0.985
2700	750					2.65	14.6	1.95	6.47	1.49	3.19	1.18	1.72	0.95	1.01
2736	760					2.69	15.0	1.97	6.64	1.51	3.27	1.19	1.76	0.97	1.04

Q		DN/mm									
m³/s	L/s	600		700		800		900		1000	
		v	$1000i$	v	$1000i$	v	$1000i$	v	$1000i$	v	$1000i$
2772	770	2.72	15.4	2.00	6.82	1.53	3.36	1.21	1.80	0.98	1.06
2808	780	2.76	15.8	2.03	6.99	1.55	3.45	1.23	1.85	0.99	1.09
2844	790	2.79	16.2	2.05	7.17	1.57	3.53	1.24	1.89	1.01	1.11
2880	800	2.83	16.6	2.08	7.36	1.59	3.62	1.26	1.94	1.02	1.14
2916	810	2.86	17.1	2.10	7.54	1.61	3.72	1.27	1.99	1.03	1.16
2952	820	2.90	17.5	2.13	7.73	1.63	3.81	1.29	2.04	1.04	1.19
2988	830	2.94	17.9	2.16	7.92	1.65	3.90	1.30	2.09	1.06	1.22
3024	840	2.97	18.4	2.18	8.11	1.67	4.00	1.32	2.14	1.07	1.24
3060	850	3.01	18.8	2.21	8.31	1.69	4.09	1.34	2.19	1.08	1.27
3096	860			2.23	8.50	1.71	4.19	1.35	2.24	1.09	1.30
3132	870			2.26	8.70	1.73	4.29	1.37	2.30	1.11	1.33
3168	880			2.29	8.90	1.75	4.39	1.38	2.35	1.12	1.36
3204	890			2.31	9.11	1.77	4.49	1.40	2.40	1.13	1.39
3240	900			2.34	9.31	1.79	4.59	1.41	2.46	1.15	1.42
3276	910			2.36	9.52	1.81	4.69	1.43	2.51	1.16	1.45
3312	920			2.39	9.73	1.83	4.79	1.45	2.57	1.17	1.48
3348	930			2.42	9.94	1.85	4.90	1.46	2.62	1.18	1.51
3384	940			2.44	10.2	1.87	5.00	1.48	2.68	1.20	1.53
3420	950			2.47	10.4	1.89	5.11	1.19	2.74	1.21	1.57
3456	960			1.49	10.6	1.91	5.22	1.51	2.80	1.22	1.60
3492	970			2.52	10.8	1.93	5.33	1.52	2.85	1.24	1.63
3528	980			2.55	11.0	1.95	5.44	1.54	2.91	1.24	1.67
3564	990			2.57	11.3	1.97	5.55	1.56	2.97	1.26	1.70
3600	1000			2.60	11.5	1.99	5.66	1.57	3.03	1.27	1.74

附录 2 给水管径简易估算

管径/mm	计算流量/(L/s)	使用人口数/人							备注
		用水定额50L/(人·d) $K=2.0$	用水定额60L/(人·d) $K=1.8$	用水定额80L/(人·d) $K=1.7$	用水定额100L/(人·d) $K=1.6$	用水定额120L/(人·d) $K=1.5$	用水定额150L/(人·d) $K=1.4$	用水定额200L/(人·d) $K=1.3$	
1	2	3	4	5	6	7	8	9	10
50	1.3	1120	1040	830	700	620	530	430	
75	1.3~3.0	1120~2600	1040~2400	830~1900	700~1600	620~1400	530~1200	430~100	
100	3.0~5.8	2600~5000	2400~4600	1900~3700	1600~3100	1400~2800	1200~4200	1900~3400	
125	5.8~10.25	5000~8900	4600~8200	3700~6500	3100~5500	2800~4900	2400~4200	1900~3400	
150	10.25~17.5	8900~15000	8200~14000	6500~11000	5500~9500	4900~8400	4200~7200	3400~5800	1. 流速：当 $D \geqslant 400$mm 时，$v \geqslant 1.0$m/s；当 $D \leqslant 350$mm 时，$v \leqslant 1.0$m/s。
200	17.5~31.0	15000~27000	14000~25000	11000~20000	9500~17000	8400~15000	7200~12700	5800~10300	
250	31.0~48.5	27000~41000	25000~38000	20000~30000	17000~26000	15000~23000	12700~20000	10300~16000	
300	48.5~71.00	41000~61000	38000~57000	30000~45000	26000~28000	23000~34000	20000~29000	16000~24000	
350	71.00~111	61000~96000	57000~88000	45000~70000	28000~60000	34000~58000	29000~45000	24000~37000	
400	111~159	96000~145000	88000~135000	70000~107000	60000~91000	58000~81000	45000~70000	37000~56000	2. 本表可根据用水人口数及用水定额查得管径，或根据管井\用水量标准查得服务人口
450	159~196	145000~170000	135000~157000	107000~125000	91000~106000	81000~94000	70000~81000	56000~65000	
500	196~284	170000~246000	157000~228000	125000~181000	106000~154000	94000~137000	94000~137000	65000~95000	
600	284~384	246000~332000	228000~307000	181000~244000	154000~207000	137000~185000	137000~157000	95000~128000	
700	384~505	332000~446000	307000~412000	244000~328000	207000~279000	185000~247000	157000~212000	128000~171000	
800	505~635	446000~549000	412000~507000	328000~404000	279000~343000	247000~304000	212000~261000	211000~261000	
900	635~785	549000~679000	507000~628000	404000~506000	343000~425000	304000~377000	261000~323000	211000~261000	
1000	785~1100	679000~852000	628000~98000	506000~780000	425000~595000	377000~529000	323000~453000	261000~366000	

附录3 钢筋混凝土圆管（不满流 $n=0.014$）计算图

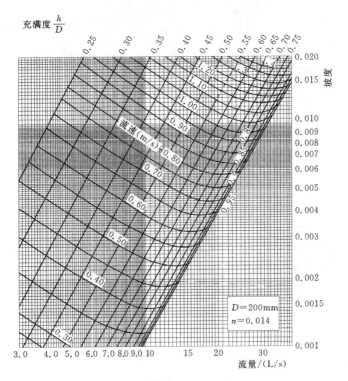

附图 3-1

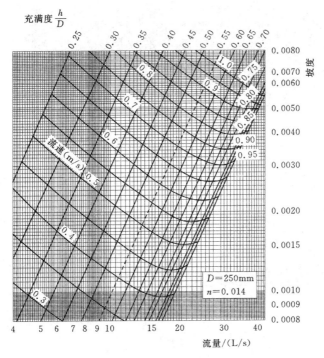

附图 3-2

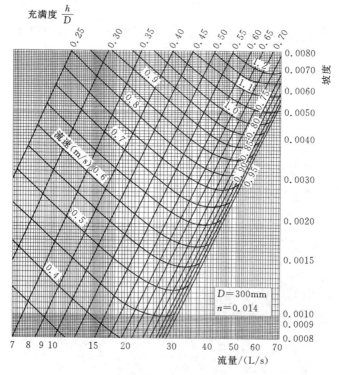

附图 3-3

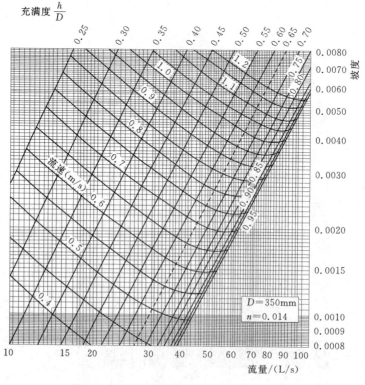

附图 3-4

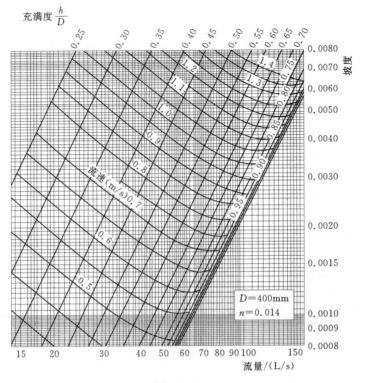

附图 3-5

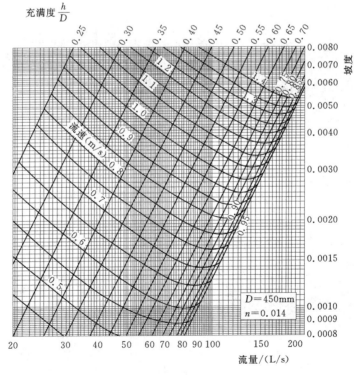

附图 3-6

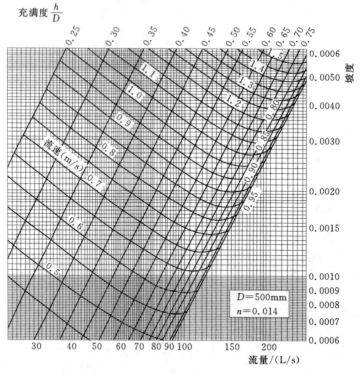

附图 3-7

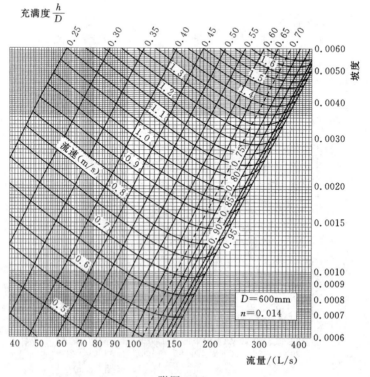

附图 3-8

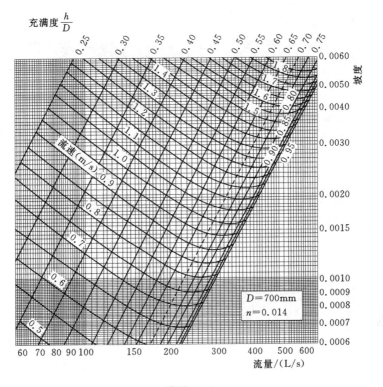

附图 3－9

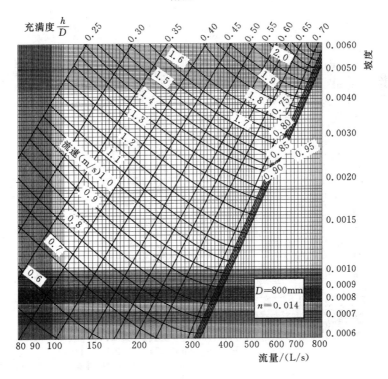

附图 3－10

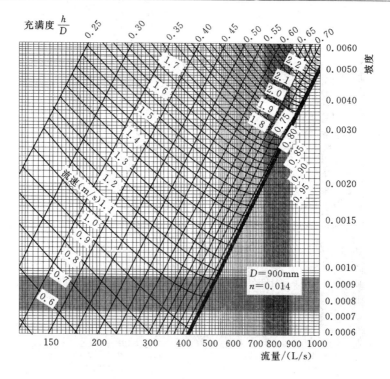

附图 3 - 11

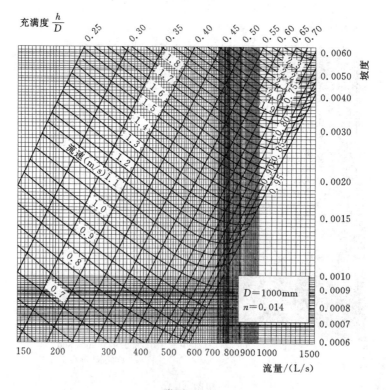

附图 3 - 12

附录4 我国若干城市暴雨强度公式

省、自治区、直辖市	城市名称	暴雨强度公式	资料记录年数/年
北京		$q=\dfrac{2001(1+0.811\lg P)}{(t+8)^{0.711}}$	40
上海		$q=\dfrac{5544(P^{0.3}-0.42)}{(t+10+7\lg P)^{0.82+0.07\lg P}}$	41
天津		$q=\dfrac{3833.34(1+0.85\lg P)}{(t+17)^{0.85}}$	50
河北	石家庄	$q=\dfrac{1689(1+0.898\lg P)}{(t+7)^{0.729}}$	20
	保定	$i=\dfrac{14.973+10.266\lg TE}{(t+13.877)^{0.776}}$	23
山西	太原	$q=\dfrac{880(1+0.86\lg T)}{(t+4.6)^{0.62}}$	25
	大同	$q=\dfrac{1532.7(1+1.08\lg T)}{(t+6.9)^{0.87}}$	25
	长治	$q=\dfrac{3340(1+1.43\lg T)}{(t+15.8)^{0.93}}$	27
内蒙古	包头	$q=\dfrac{1663(1+0.985\lg P)}{(t+5.40)^{0.85}}$	25
	海拉尔	$q=\dfrac{2630(1+1.05\lg P)}{(t+10)^{0.99}}$	25
黑龙江	哈尔滨	$q=\dfrac{2889(1+0.9\lg P)}{(t+10)^{0.88}}$	32
	齐齐哈尔	$q=\dfrac{1920(1+0.89\lg P)}{(t+6.4)^{0.86}}$	33
	大庆	$q=\dfrac{1820(1+0.91\lg P)}{(t+8.3)^{0.72}}$	18
	黑河	$q=\dfrac{1611.6(1+0.9\lg P)}{(t+5.65)^{0.824}}$	22
吉林	长春	$q=\dfrac{1600(1+0.8\lg P)}{(t+5)^{0.76}}$	25
	吉林	$q=\dfrac{2166(1+0.680\lg P)}{(t+7)^{0.831}}$	26
	海龙	$i=\dfrac{16.4(1+0.899\lg P)}{(t+10)^{0.867}}$	30
辽宁	沈阳	$q=\dfrac{1984(1+0.77\lg P)}{(t+9)^{0.77}}$	26
	丹东	$q=\dfrac{1221(1+0.668\lg P)}{(t+7)^{0.605}}$	31
	大连	$q=\dfrac{1900(1+0.66\lg P)}{(t+8)^{0.8}}$	10
	锦州	$q=\dfrac{2322(1+0.875\lg P)}{(t+10)^{0.79}}$	28

省、自治区、直辖市	城市名称	暴雨强度公式	资料记录年数/年
山东	潍坊	$q=\dfrac{4091.17(1+0.824\lg P)}{(t+16.7)^{0.87}}$	20
	枣庄	$i=\dfrac{65.512+52.455\lg TE}{(t+22.378)^{1.069}}$	15
江苏	南京	$q=\dfrac{2989.3(1+0.671\lg P)}{(t+13.3)^{0.8}}$	40
	徐州	$q=\dfrac{1510.7(1+0.514\lg P)}{(t+9)^{0.64}}$	23
	扬州	$q=\dfrac{8248.13(1+0.641\lg P)}{(t+40.3)^{0.95}}$	20
	南通	$q=\dfrac{2007.34(1+0.752\lg P)}{(t+17.9)^{0.71}}$	31
安徽	合肥	$q=\dfrac{3600(1+0.76\lg P)}{(t+14)^{0.84}}$	25
	蚌埠	$q=\dfrac{2550(1+0.77\lg P)}{(t+12)^{0.774}}$	24
	安庆	$q=\dfrac{1986.8(1+0.777\lg P)}{(t+8.404)^{0.659}}$	25
	淮南	$q=\dfrac{2034(1+0.71\lg P)}{(t+6.29)^{0.71}}$	26
浙江	杭州	$q=\dfrac{10174(1+0.844\lg P)}{(t+25)^{1.038}}$	24
	宁波	$i=\dfrac{18.105+13.90\lg TE}{(t+13.265)^{0.778}}$	18
江西	南昌	$q=\dfrac{1386(1+0.69\lg P)}{(t+1.4)^{0.64}}$	7
	赣州	$q=\dfrac{3173(1+0.56\lg P)}{(t+10)^{0.79}}$	8
福建	福州	$i=\dfrac{6.162+3.881\lg TE}{(t+1.774)^{0.567}}$	24
	厦门	$q=\dfrac{850(1+0.745\lg P)}{t^{0.514}}$	7
河南	安阳	$q=\dfrac{3680P^{0.4}}{(t+16.7)^{0.658}}$	25
	开封	$q=\dfrac{5075(1+0.61\lg P)}{(t+19)^{0.92}}$	16
	新乡	$q=\dfrac{1102(1+0.623\lg P)}{(t+3.20)^{0.60}}$	21
	南阳	$i=\dfrac{3.591+3.970\lg TM}{(t+3.434)^{0.416}}$	28
湖北	汉口	$q=\dfrac{983(1+0.65\lg P)}{(t+4)^{0.56}}$	26
	老河口	$q=\dfrac{6400(1+1.059\lg P)}{t+23.36}$	25
	黄石	$q=\dfrac{2417(1+0.79\lg P)}{(t+7)^{0.7655}}$	28
	荆州市	$q=\dfrac{684.7(1+0.854\lg P)}{t^{0.526}}$	20

续表

省、自治区、直辖市	城市名称	暴雨强度公式	资料记录年数/年
湖南	长沙	$q=\dfrac{3920(1+0.68\lg P)}{(t+17)^{0.86}}$	20
	常德	$i=\dfrac{6.890+6.251\lg TE}{(t+4.367)^{0.602}}$	20
	益阳	$q=\dfrac{914(1+0.882\lg P)}{t^{0.584}}$	11
广东	广州	$q=\dfrac{2424.17(1+0.533\lg T)}{(t+11.0)^{0.668}}$	31
	佛山	$q=\dfrac{1930(1+0.58\lg P)}{(t+9)^{0.66}}$	16
海南	海口	$q=\dfrac{2338(1+0.4\lg P)}{(t+9)^{0.65}}$	20
广西	南宁	$q=\dfrac{10500(1+0.707\lg P)}{t+21.1P^{0.119}}$	21
	桂林	$q=\dfrac{4230(1+0.402\lg P)}{(t+13.5)^{0.841}}$	19
	北海	$q=\dfrac{1625(1+0.437\lg P)}{(t+4)^{0.57}}$	18
	梧州	$q=\dfrac{2670(1+0.466\lg P)}{(t+7)^{0.72}}$	15
陕西	西安	$q=\dfrac{1008.8(1+1.475\lg P)}{(t+14.72)^{0.704}}$	22
	延安	$q=\dfrac{932(1+1.292\lg P)}{(t+8.22)^{0.7}}$	22
	宝鸡	$q=\dfrac{1838.6(1+0.94\lg P)}{(t+12)^{0.932}}$	20
	汉中	$q=\dfrac{434(1+1.04\lg P)}{(t+4)^{0.518}}$	19
宁夏	银川	$q=\dfrac{242(1+0.83\lg P)}{t^{0.477}}$	6
甘肃	兰州	$q=\dfrac{1140(1+0.96\lg P)}{(t+8)^{0.8}}$	27
	平凉	$i=\dfrac{4.452+4.841\lg TE}{(t+2.570)^{0.668}}$	22
青海	西宁	$q=\dfrac{308(1+1.39\lg P)}{t^{0.58}}$	26
新疆	乌鲁木齐	$q=\dfrac{195(1+0.82\lg P)}{(t+7.8)^{0.63}}$	17
重庆		$q=\dfrac{2822(1+0.775\lg P)}{(t+12.8P^{0.076})^{0.77}}$	8
四川	成都	$q=\dfrac{2806(1+0.803\lg P)}{(t+12.8P^{0.231})^{0.768}}$	17
	渡口	$q=\dfrac{2495(1+0.49\lg P)}{(t+10)^{0.84}}$	14
	雅安	$q=\dfrac{1272.8(1+0.63\lg P)}{(t+6.64)^{0.56}}$	30

省、自治区、直辖市	城市名称	暴 雨 强 度 公 式	资料记录年数/年
贵州	贵阳	$i=\dfrac{6.853+4.195\lg TE}{(t+5.168)^{0.601}}$	13
	水城	$i=\dfrac{42.25+62.60\lg P}{t+35}$	19
云南	昆明	$i=\dfrac{8.918+6.183\lg TE}{(t+10.247)^{0.649}}$	16
	下关	$q=\dfrac{1534(1+1.035\lg P)}{(t+9.86)^{0.762}}$	18

注　1. 表中 P、T 代表设计降雨的重现期；TE 代表非年最大值法选样的重现期；TM 代表年最大值法选择的重现期。

2. i 的单位是 mm/min，q 的单位是 L/(s·hm²)。

3. 此附录摘自《给水排水设计手册》第 5 册表 1–73。

附录5 钢筋混凝土圆管（满流 n＝0.013）计算图

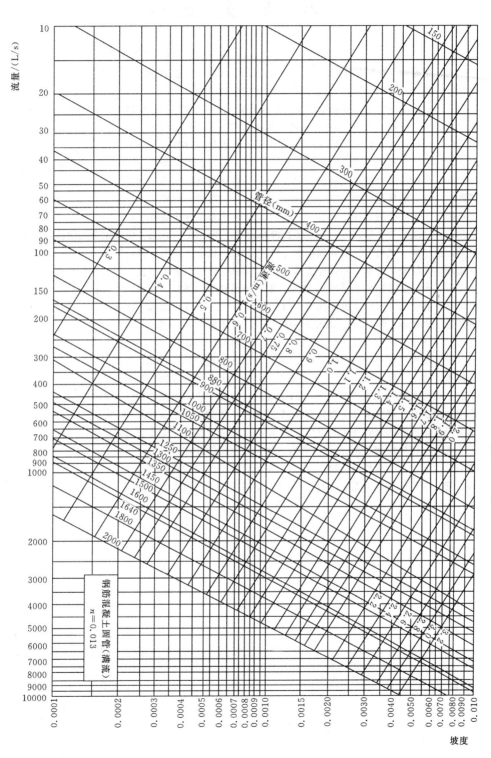

参 考 文 献

［1］　王宪国，张丽芳．村镇给水排水［M］．北京：中国建筑工业出版社，2002.

［2］　韩会玲．城镇给排水［M］．北京：中国水利水电出版社，2010.

［3］　张朝升，方茜．小城镇给水排水管网设计与计算［M］．北京：中国建筑工业出版社，2008.

［4］　黄敬文．城市给排水工程［M］．郑州：黄河水利出版社，2008.

［5］　孙士权．村镇供水工程［M］．郑州：黄河水利出版社，2008.

［6］　李仰斌．村镇供水工程设计100例［M］．郑州：黄河水利出版社，2008.

［7］　吕宏德．水处理工程技术［M］．北京：化学工业出版社，2005.

［8］　顾夏生主编．水处理工程［M］．北京：清华大学出版社，1985.

［9］　张希衡．水污染控制工程［M］．第2版．北京：冶金工业出版社，2004.

［10］雷仲存，钱凯，刘念华，等．工业水处理原理及应用［M］．北京：化学工业出版社，2003.

［11］王琳，王宝贞．饮用水深度处理技术［M］．北京：化学工业出版社，2002.

［12］吴婉娥，葛红光．废水生物处理技术［M］．北京：化学工业出版社，2004.

［13］张宝军．水污染控制技术［M］．北京：中国环境科学出版社，2007.

［14］王金梅，薛叙明．水污染控制技术［M］．北京：化学工业出版社，2004.

［15］符儿龙．水处理工程［M］．北京：中国建筑工业出版社，2000.

［16］赵由才．环境工程化学［M］．北京：化学工业出版社，2003.

［17］张自杰．废水处理理论与设计［M］．北京：中国建筑工业出版社，2000.

［18］张自杰．排水工程［M］．第4版．北京：中国建筑工业出版社，2000.

［19］邵刚．膜法水处理技术［M］．第2版．北京：冶金工业出版社，2001.

［20］邵刚．膜法水处理技术及工程实例［M］．北京：化学工业出版社，2002.

［21］丁亚兰．国内外废水处理工程设计实例［M］．北京：化学工业出版社，2000.

［22］王燕飞．水污染控制技术［M］．北京：化学工业出版社，2001.

［23］李圭白．城市水工程概论［M］．北京：中国建筑工业出版社，2002.

［24］李广贺．水资源利用与保护［M］．北京：中国建筑工业出版社，2002.